普通高等院校信息类CDIO项目驱动型规划教材

丛书主编：刘平

Java语言程序设计
（项目教学版）

王岩 主编

靳新 谢进军 杨柯 副主编

清华大学出版社
北京

内 容 简 介

本书是一部真正以项目教学方式展开的Java语言程序设计教材,主要针对应用型人才培养目标,遵循"应用为本,学以致用"的办学理念,在学习和借鉴CDIO国际工程教育理念与方法的基础上,凭借多年的校企深度融合的有利条件,形成了"基础理论与实际应用相结合,教学内容与工程实践相结合"的项目教学内容体系。项目驱动,任务引领,教师指导,学生从学到做,形成从独立设计到实现的一体化过程。该书由一个完整的课程级项目"图书借阅系统"牵引,分为8个子项目,将相关知识点有机融合到各个子项目里,逐一完成,最终完成一个基本的图书借阅系统的研发。核心子项目,由教师带领学生完成一定量的示范任务,而其余的任务由学生独立完成,渐进分为两种方式,一种给出设计方案及步骤,学生独立完成指定的内容,即会直接做即可;在此基础上,另外一种方式,仅给出任务要求,学生需要独立进行分析、设计及实现。这样,既培养了学生的工程实践能力,又在一定程度上培养了学生的创新能力,激发了学生的学习积极性。

本书真实地遵循实际的项目教学过程,内容安排便于教师教学,可作为应用类本科学生Java语言程序设计或Java应用开发的项目教学教材,也可作为高职高专Java应用技术教材,对于计算机应用人员和计算机爱好者,本书也是一本实用的参考书。

本书封面贴有清华大学出版社防伪标签,无标签者不得销售。
版权所有,侵权必究。侵权举报电话:010-62782989　13701121933

图书在版编目(CIP)数据

Java语言程序设计:项目教学版/王岩主编. --北京:清华大学出版社,2015
普通高等院校信息类CDIO项目驱动型规划教材
ISBN 978-7-302-39962-9

Ⅰ. ①J… Ⅱ. ①王… Ⅲ. ①JAVA语言－程序设计－高等学校－教材 Ⅳ. ①TP312

中国版本图书馆CIP数据核字(2015)第085935号

责任编辑:付弘宇　薛　阳
封面设计:常雪影
责任校对:焦丽丽
责任印制:王静怡

出版发行:清华大学出版社
网　　址:http://www.tup.com.cn, http://www.wqbook.com
地　　址:北京清华大学学研大厦A座　　邮　编:100084
社 总 机:010-62770175　　邮　购:010-62786544
投稿与读者服务:010-62776969,c-service@tup.tsinghua.edu.cn
质 量 反 馈:010-62772015,zhiliang@tup.tsinghua.edu.cn
课 件 下 载:http://www.tup.com.cn,010-62795954

印 装 者:北京国马印刷厂
经　　销:全国新华书店
开　　本:185mm×260mm　　印　张:19.5　　字　数:470千字
版　　次:2015年5月第1版　　印　次:2015年5月第1次印刷
印　　数:1~2000
定　　价:39.50元

产品编号:062242-01

丛书序

  在课堂教学越来越难以吸引学生注意力的高校课堂,越来越多的教师开始引入项目教学,用以激发学生的学习兴趣和内在潜力。然而,真正适应项目教学的实用教材却非常匮乏,许多冠以项目教学或任务驱动型的教材,仅仅是在原教材的体系基础上,在每章或部分章的后面增加一个项目或任务而已。

  为此,我们贯彻"应用为本、学以致用"的办学理念,在学习和借鉴CDIO国际工程教育理念与方法的基础上,通过多年的项目教学实践,建立了"教学内容与实际工作相结合、校内培养与企业培养相结合、学生角色与员工角色相结合"的项目教学内容体系,同时开发了这套普通高等院校信息类CDIO项目驱动型规划教材。其最大特点在于用项目驱动教学,用任务引领学习。每本教材均由一个完整的课程项目发端,再分为若干个子项目,将相关知识点有机融合到各个子项目里。

  教师由传统的授课角色转为项目发包人兼项目导师的角色,通过发包实际任务激发学生的学习热情,挖掘学生的内在潜力;通过指导学生亲自完成实际任务来掌握相关知识要点,掌握工程项目实施理念和方法。

  这种以项目为核心的教学方式打破了教室和实验室的界限,实现了理论教学与实践教学的高度融合,学生的工程实践能力得到显著加强。通过做项目,培养了学生的创新精神与团队合作意识,使学生通过做项目学会了做事,也学会了合作,使学生毕业时真正成为"懂专业、技能强、能合作、会做事"的可以直接上岗的技术应用型人才。

  虽然,CDIO项目教学引入我国已经有了一段时间,但仍处于探索推广阶段,需要广大的教育工作者共同努力,勇于探索,积极交流。为此,我们热切欢迎广大读者提出宝贵的意见和建议,同时也欢迎有志于项目教学探索与推广的老师参与到系列教材的编写开发中来。交流邮箱:liuping661005@126.com。

刘平 教授
普通高等院校信息类CDIO项目驱动型规划教材丛书主编
沈阳工学院信息与控制学院院长
2012年10月于李石开发区

前 言

应用型人才培养目标,要求培养出来的学生能够学以致用,真正掌握并运用所学知识解决实际问题。对于程序设计课程而言,最终的目的是培养学生的研发能力,亦即利用所学语言进行软件开发的能力。而一个真正的软件系统的开发,会涉及很多方面的技术,包括数据库技术、数据库访问技术及程序设计等。而且,在掌握所需技术的基础上,更重要的是还需要知道如何进行系统开发,即系统开发的流程。所有的这些知识及技术融合在一起,就要求必须采用项目教学来驱动,才能够实现上述培养目标。而采用项目教学也可以激发学生的学习兴趣和内在潜力,充分调用学生的学习积极性。目前,真正适应项目教学的实用教材非常匮乏,大多数冠以项目教学或任务驱动型的教材,仅仅是在原教材的体系基础上,在每章或部分章的后面增加一个小项目或任务而已,没有给学生一个完整的项目开发的概念。

为此,沈阳工学院贯彻"应用为本,学以致用"的办学理念,积极推动建设"项目驱动,任务引领"系列教材。本书即为其中之一,沈阳工学院计算机科学与技术专业,进行专业级的 CDIO 改革,针对专业核心课程——Java 系列课程开展项目教学,具体的课程及项目关系如图 1 所示。

其中,本教材主要针对 Java 核心技术,即 Java 语言程序设计课程,采用图书借阅系统实施项目教学。项目中涉及的数据库部分基础知识已经在前驱"数据库原理与应用"课程中进行了讲解,此课程在此基础上,利用 Java 技术和数据库技术进行 C/S 系统开发。为进一步开展 C/S 系统设计与开发实训奠定基础,并为后续的 Java Web、SSH 程序开发及 Java 综合开发做铺垫。

这种以项目为核心的教学方式打破了教室和实验室的界限,实现了理论教学与实践教学的高度融合,学生的工程实践能力得到显著加强。教师由主讲到导引到发布任务,而学生则由学习到完成任务,到自主设计研发,通过实际任务激发学生的学习热情,挖掘学生的内在潜力;通过做项目,也培养了学生的创新精神与团队合作意识,使学生通过做项目学会了做事,也学会了合作,使学生毕业时真正成为"懂专业、技能强、能合作、善做事"的可以直接上岗的技术应用型人才。

图 1　Java 方向相关课程及项目关系图

　　本教材在内容的选择、深度的把握上充分考虑初学者的特点,并结合了多年的教学、管理及开发经验进行编写,将完整的"图书借阅管理系统"项目融合到教学中,内容安排上力求做到循序渐进,不仅适合教学,也适合与 Java 的各类培训和使用 Java 进行系统开发的用户学习与参考。

　　本书得到了相关院校领导与老师的积极支持和密切配合,在此一并表示衷心的感谢!本书的编写也参阅了有关的文献资料,在此向原作者表示诚挚的谢意!

编　者

教学建议

教学目的

本课程的教学目的是通过做项目激发学生的学习热情和求知欲望,使学生在做项目的过程中对Java语言的编程思想、基础语法、核心技术及在真实项目中的应用有较深的理解,掌握系统开发的流程,从需求分析、软件设计到编码调试的整个过程。培养学生具备良好的Java实际应用开发能力,掌握Java技术的同时,使其掌握项目开发的流程,从而形成良好的软件开发思维方式和编程习惯,能够灵活地应用Java解决实际的问题。通过该课程培养学生分析问题、解决问题的能力,同时,培养学生创新精神和团队协作意识。

先修、后续课程及关系

对于计算机科学与技术专业的学生来说,本课程是核心专业课,是在学习C语言程序设计、数据库原理与应用、计算机网络技术等课程基础上综合培养学生Java软件开发能力,培养学生面向对象编程思维方式、软件开发综合实践能力及创新意识的重要课程,在课程体系中居于重要作用。

本课程的先修课程是"C语言程序设计"、"数据库原理与应用"、"计算机网络技术"等,后续课程则是"C/S系统开发综合实训"、"Java Web程序设计"、"SSH框架技术"等课程,具体如前言中图1所示。

教学方式、方法及手段建议

教学方法与手段:项目教学。教师由主讲到导引到发布任务,而学生则由学习到完成任务,再到自主设计研发,通过实际任务激发学生的学习热情,挖掘学生的内在潜力。

这种以项目为核心的教学方式打破了教室和实验室的界限,实现了理论教学与实践教学的高度融合,学生的工程实践能力得到显著加强。通过做项目,培养了学生的创新精神与团队合作意识,使学生通过做项目学会了做事,也学会了合作,使学生毕业时真正成为"懂专业、技能强、会合作、善做事"的可以直接上岗的技术应用型人才。

在项目实施的过程中,还可以采取启发式教学和讨论式教学法、学生分享教学法(学生讲解相关知识)等多种教学方法和手段,通过整合多种方法与手段,充分发掘学生的潜力,锻炼学生的实际动手能力,突出应用能力培养。

项目教学考核方法建议

学生的考核原则是:注重学生的操作能力,注重学生的过程学习,注重学生的学习实效,端正学生的学习态度,提高学生的学习兴趣。

考核成绩计算办法:过程考核×0.2+技术知识考核×0.8。

项目学习	过程考核(比例:20%)			
	平时作业 5%	考勤 5%	讨论学习 5%	问题回答 5%
	技术知识考核(比例:80%)			
	分为 7 个子项目阶段测试			期末考试
	5% 7% 8% 9% 9% 9% 3%			30%

1) 过程考核依据

(1) 工作态度和工作表现(如平时作业完成情况);

(2) 出勤情况及组织纪律性方面的表现;

(3) 小组讨论参与程度、与组员协作与沟通情况;

(4) 为了客观地评价学生的学习效果,需要进行项目完成的现场评分和演示答辩,对学生的工作绩效、技术应用、语言表达等方面进行客观评价。

2) 技术知识考核依据

(1) 技术知识考核主要以过程化为主,兼顾理论知识考核。

(2) 子项目单元教学结束后,学生需要撰写项目学习报告,并递交相关工作文档。

学时与进程分配表(供参考):

Java 语言程序设计建议学时在 60~80 学时之间,以下的设计为按照 80 学时(包括授课学时和项目考核学时)分配。其中,授课学时即课程学时的安排,由于是项目教学,理论和实践相融合,因此,没有单独设置理论学时和实验学时,而是将其统一涵盖在课内学时中;课外学时为学生利用业余时间,完成项目任务所需的时间,这个学时数,根据学生能力的不同,不尽相同,在此以学习中等同学的学时数作为参考;项目考核学时为项目教学需要考核学生整个项目每一过程的完成情况,此学时根据具体的考核方式和学生人数的多少会有所增减,此值仅供参考。教学进程按照周 6 学时进行安排。

教学进程	内 容	授课学时	课外学时	项目考核学时
第 1 周	子项目 1:图书借阅系统项目总览	2	0	0
第 1 周	子项目 2:图书借阅系统需求分析	2	2	0
第 1、2 周	子项目 3:图书借阅系统数据库设计	6	4	2
第 3、4 周	子项目 4:图书借阅系统中类的应用	10	4	2
第 5~7 周	子项目 5:图书借阅系统界面设计与实现	12	4	4
第 7~10 周	子项目 6:图书借阅系统数据访问方法	12	6	4
第 10~12 周	子项目 7:图书借阅系统功能设计与实现	12	8	4
第 13 周	子项目 8:图书借阅系统进度界面设计与实现	6	2	0
第 14 周	课程复习与总结、机动	2	0	0
	合 计	64	30	16

本书提供书中所有案例源码及整个项目的源代码和相关文档。

由于编者水平有限,书中难免有疏漏和不足之处,恳请广大读者批评指正。

编者

2015 年 3 月

目 录

图书借阅管理系统 1

  0.1 项目成果展示 1

  0.2 项目架构 4

子项目1 图书借阅管理系统开发环境部署 6

  1.1 项目任务 6

  1.2 项目的提出 6

  1.3 项目实施 7

      1.3.1 任务1：安装 MyEclipse 9.0 7

      1.3.2 任务2：认识 MyEclipse 9.0 开发工具 9

      1.3.3 任务3：安装 SQL Server 2008 10

      1.3.4 任务4：认识 SQL Server Management Studio 15

  1.4 项目实施过程中可能出现的问题 16

  1.5 后续项目 16

子项目2 图书借阅管理系统需求分析 17

  2.1 项目任务 17

  2.2 项目的提出 17

  2.3 项目实施 18

      2.3.1 任务1：图书借阅管理系统的需求分析 18

      2.3.2 任务2：图书借阅管理系统的功能结构设计 18

      2.3.3 任务3：图书借阅管理系统的系统流程图 19

  2.4 本项目实施过程中可能出现的问题 20

  2.5 后续项目 21

子项目3 图书借阅管理系统数据库设计　22

3.1　项目任务　22
3.2　项目的提出　22
3.3　项目预备知识　23
　　3.3.1　数据库的设计　23
　　3.3.2　SQL语句　23
3.4　项目实施　25
　　3.4.1　任务1：概念结构设计　25
　　3.4.2　任务2：逻辑结构设计　27
　　3.4.3　任务3：物理结构设计　28
3.5　本项目实施过程中可能出现的问题　34
3.6　后续项目　35

子项目4 图书借阅管理系统中类的应用　36

4.1　项目任务　36
4.2　项目的提出　37
4.3　实施项目的预备知识　37
　　4.3.1　标识符、关键字及注释　37
　　4.3.2　数据类型　40
　　4.3.3　变量与常量　42
　　4.3.4　运算符与表达式　48
　　4.3.5　面向对象程序设计　55
　　4.3.6　Java语言简介　57
　　4.3.7　类的定义　60
　　4.3.8　构造方法和创建对象　61
　　4.3.9　类成员的定义　62
　　4.3.10　包　65
　　4.3.11　封装　67
4.4　项目实施　69
　　4.4.1　任务1：创建项目　69
　　4.4.2　任务2：创建包　70
　　4.4.3　任务3：创建图书类　72
　　4.4.4　任务4：创建图书类型类　77
　　4.4.5　任务5：创建读者类　77
　　4.4.6　任务6：创建读者类型类　78
　　4.4.7　任务7：创建用户类　78
　　4.4.8　任务8：创建图书借阅类　78

4.5　本项目实施过程中可能出现的问题　79
4.6　后续项目　79

子项目 5　图书借阅管理系统界面设计与实现　80

5.1　项目任务　80
5.2　项目的提出　81
5.3　实施项目的预备知识　81
 5.3.1　类的继承与覆盖　81
 5.3.2　重载　86
 5.3.3　图形用户界面概述　88
 5.3.4　顶层容器　89
 5.3.5　中间容器　92
 5.3.6　基本组件　100
 5.3.7　布局管理　111
 5.3.8　日期时间类　118
5.4　项目实施　122
 5.4.1　任务1：创建登录界面　122
 5.4.2　任务2：创建主界面　125
 5.4.3　任务3：创建读者信息管理界面　128
 5.4.4　任务4：创建图书信息管理界面　136
 5.4.5　任务5：创建图书借阅管理界面　138
 5.4.6　任务6：创建基础信息维护界面　139
 5.4.7　任务7：创建用户管理界面　140
5.5　本项目实施过程中可能出现的问题　141
5.6　后续项目　142

子项目 6　图书借阅管理系统数据访问方法　143

6.1　项目任务　143
6.2　项目的提出　144
6.3　实施项目的预备知识　144
 6.3.1　流程控制　144
 6.3.2　数组　153
 6.3.3　字符串　159
 6.3.4　集合类　164
 6.3.5　异常处理　174
 6.3.6　抽象类　181
 6.3.7　接口　182
 6.3.8　使用JDBC访问数据　187

6.4 项目实施 198
    6.4.1 任务1：基本数据访问操作类 199
    6.4.2 任务2：读者操作类 200
    6.4.3 任务3：图书操作类 206
    6.4.4 任务4：读者类型操作类 211
    6.4.5 任务5：图书类型操作类 213
    6.4.6 任务6：图书借阅操作类 215
    6.4.7 任务7：用户操作类 217
6.5 本项目实施过程中可能出现的问题 219
6.6 后续项目 222

子项目7 图书借阅管理系统功能设计与实现 223

7.1 项目任务 223
7.2 项目的提出 224
7.3 实施项目的预备知识 224
    7.3.1 Java事件处理机制 224
    7.3.2 Java事件类 226
    7.3.3 事件监听器 228
    7.3.4 事件适配器 230
    7.3.5 内部类 232
    7.3.6 多态 237
7.4 项目实施 239
    7.4.1 任务1：实现登录界面功能 239
    7.4.2 任务2：实现主界面功能 244
    7.4.3 任务3：实现读者信息添加功能 245
    7.4.4 任务4：实现读者信息查询与修改功能 252
    7.4.5 任务5：实现图书信息添加功能 263
    7.4.6 任务6：实现图书信息查询与修改功能 264
    7.4.7 任务7：实现图书借阅管理功能 265
    7.4.8 任务8：实现图书归还功能 266
    7.4.9 任务9：实现读者类别设置功能 268
    7.4.10 任务10：实现图书类别设置功能 270
    7.4.11 任务11：实现罚金设置功能 270
    7.4.12 任务12：实现修改密码功能 270
    7.4.13 任务13：实现用户添加功能 271
    7.4.14 任务14：实现用户删除功能 271
7.5 本项目实施过程中可能出现的问题 272
7.6 后续项目 273

子项目 8　图书借阅管理系统运行进度界面设计与实现　274

 8.1　项目任务　274
 8.2　项目的提出　274
 8.3　实施项目的预备知识　275
  8.3.1　线程的概念　275
  8.3.2　线程的创建　276
  8.3.3　线程的状态及调度　282
  8.3.4　线程调度与优先级　284
  8.3.5　线程的同步　287
 8.4　项目实施　291
 8.5　本项目实施过程中可能出现的问题　293
 8.6　项目总结　293

参考文献　295

图书借阅管理系统

0.1 项目成果展示

本教材为项目教学教材,在学习的同时,同步进行项目的开发,所有教材内容学完,就可以利用 Java 语言,结合 SQL Server 2008 数据库开发出图书借阅管理系统,该系统主要针对中小型高校图书馆实现教师及学生的图书借阅管理。想知道学完能做什么吗?那就看看成品吧。下面针对该系统的主要功能界面及操作进行演示。

运行系统,首先出现系统的运行进度界面,如图 0-1 所示。

图 0-1 系统运行进度界面

当进度达到 100% 之后,进入登录界面,如图 0-2(a)所示。该界面要求输入登录系统的管理员的用户名和密码,用户输入正确的信息后,单击"确定"按钮登录到系统主界面如图 0-3 所示。

单击"读者信息管理"菜单,出现"读者信息添加"和"读者信息查询与修改"子菜单,单击"读者信息添加"子菜单,出现如图 0-4 所示的界面。在该界面实现添加读者的功能。

单击"读者信息管理"菜单的"读者信息查询与修改"子菜单,打开如图 0-5 所示界面。

(a)   (b)

图 0-2　系统登录界面

图 0-3　"图书借阅管理"主界面

图 0-4　"读者信息添加"界面

图 0-5 "读者信息查询与修改"界面

单击"图书借阅管理"菜单中的"图书借阅"子菜单,出现"图书借阅"界面,输入读者的编号,回车,其对应的读者姓名和类别信息自动生成,同时,该读者的借书情况也显示在中间的表格中,运行效果如图 0-6 所示。在该界面的下半部分,输入该读者要借阅的图书的 ISBN 号,回车,图书的其余信息也都全部显示出来。其中,当前日期为自动生成,是系统的当前时间,操作人员为当前登录系统的管理员名,自动生成。

图 0-6 "图书借阅"界面

0.2 项目架构

初学 Java 即可完成上面的系统,应该是一件很兴奋的事。那么到底用什么做,需要完成哪些工作呢?

1. 项目的开发环境——用什么做

要完成图书借阅管理系统,需要有相应的工具,亦即开发环境。本系统采用的开发环境如下。

(1) 操作系统:Windows 7。
(2) 数据库:SQL Server 2008。
(3) 开发工具:MyEclipse 9.0。
(4) Java 开发包:JDK6.0。

2. 项目的组织架构——需要完成的工作

前面展示了图书借阅管理系统的运行界面,那么要想实现该系统,最终要完成哪些工作呢?

1) 数据库组织架构

图书借阅管理系统数据采用 SQL Server 2008 数据库管理系统管理,最终完成数据库 db_bookborrow 和表的创建,具体如图 0-7 所示。

2) 应用程序组织架构

应用程序开发采用 MyEclipse 9.0 开发,图 0-8 为最终完成的系统组织架构。本系统的项目名称为 BookBorrowManager,各文件夹的内容如下。

图 0-7 图书借阅系统数据库组织架构图

图 0-8 图书借阅系统 BookBorrowManager 组织架构图

(1) src 项目源文件夹

src 为创建项目时,系统自动生成的文件夹,用于存放系统的源文件,即 Java 文件。其下自行创建了以下三个包。

① com.bbm.db:用于存放数据库操作类的文件。
② com.bbm.model:用于存放实体类的文件。
③ com.bbm.view:用于存放实现窗体类的文件。

三个包中包含的 Java 文件，如表 0-1 所示。

表 0-1　src 文件夹内容

包　名	文　件　名	说　明
com.bbm.db	Dao.java	实现数据库的连接和封装查询、修改方法
	BookDao.java	实现图书的增、删、改、查
	BookTypeDao.java	实现图书类型的增、删、改、查
	BookBorrowDao.java	实现图书的借阅与归还
	ReaderDao.java	实现读者的增、删、改、查
	ReaderTypeDao.java	实现读者类型的增、删、改、查
	UserDao.java	实现用户的查看、修改密码、添加、删除
com.bbm.model	Book.java	图书类模型
	BookType.java	图书类型类模型
	BorrowBook.java	图书借阅类模型
	Reader.java	读者类模型
	ReaderType.java	读者类型类模型
	Users.java	用户类模型
com.bbm.view	Index.java	运行系统界面
	Login.java	登录界面
	Library.java	系统主界面
	BookAdd.java	图书添加界面
	BookBorrow.java	图书借阅界面
	BookReturn.java	图书归还界面
	BookSelectandUpdate.java	图书查询与修改界面
	BookTypeManage.java	图书类型管理界面
	ReaderAdd.java	读者添加界面
	ReaderSelectandUpdate.java	读者查询与修改界面
	ReaderTypeManage.java	读者类型管理界面
	FineSet.java	罚金设置界面
	UpdatePWD.java	更改用户密码界面
	UserAdd.java	添加用户界面
	UserDel.java	删除用户界面

（2）Referenced Libraries

Referenced Libraries 中，保存了数据库 SQL Server 的驱动包 sqljdbc4.jar，此包需要自行导入，具体的导入方法将在子项目 3 中详细介绍。

（3）img 文件夹

img 文件夹中，保存了运行系统的图片文件。方法：可以将磁盘上的文件，直接复制粘贴到此文件夹下即可。

子项目 1　图书借阅管理系统开发环境部署

1.1　项目任务

本项目主要完成以下任务。
(1) 确定图书借阅管理系统的开发环境。
(2) 部署前端应用的开发环境。
(3) 部署后台数据库的开发环境。
具体任务指标如下。
(1) 安装 MyEclipse 9.0。
(2) 认识 MyEclipse 9.0 常用开发工具。
(3) 安装 SQL Server 2008。
(4) 认识 SQL Server 2008 常用开发工具。

1.2　项目的提出

工欲善其事，必先利其器。要开发一个项目，必须要准备好相应的开发工具。

开发一个 Java 应用程序，通常可以在记事本中完成，然而在大型项目中，使用 IDE (Integrated Development Environment，集成开发环境) 编程设计，可以快速开发软件，大幅度减轻程序员工作量，方便程序的调试与发布。目前常用于开发 Java 应用程序的 IDE 包括 NetBeans、JBuilder、JCreater、Eclipse 和 MyEclipse 等。其中，MyEclipse 企业级工作平台 (MyEclipse Enterprise Workbench，简称 MyEclipse) 是对 Eclipse IDE 的扩展，它是功能丰富、支持广泛并且具有跨平台性的一个集成开发环境，包括完备的编码、调试、测试和发布功能。

数据库开发工具包括 Access、VB、SQL Server、Oracle、DB2 等。其中，SQL Server 2008 是一个全面的数据库平台，使用集成的商业智能工具提供了企业级的数据管理。SQL Server 2008 数据库引擎为关系型数据和结构化数据提供了更安全可靠的存储功能，使用户可以构建和管理用于业务的高可用和高性能的数据应用程序。

根据上面的分析，结合本项目开发的实际需求，依据简单、方便、安全可靠、性能等方面的考虑，本系统采用 MyEclipse 9.0 和 SQL Server 2008 作为开发工具，本章主要完成开发工具的安装，以及对工具的初步认识。

1.3 项目实施

1.3.1 任务1：安装 MyEclipse 9.0

登录 MyEclipse 的官方网站，下载所需版本 MyEclipse 9.0，并得到一个可执行文件 MyEclipse 9.0.exe。双击可执行文件，显示如图 1-1 所示的 MyEclipse 初始安装界面。

图 1-1　MyEclipse 初始安装界面

单击安装界面中的 Next 按钮，显示如图 1-2 所示的接受许可证协议界面，选中 I accept the terms of the license argument 复选框，方可进行安装。

单击接受许可证协议界面中的 Next 按钮，显示如图 1-3 所示的选择安装路径界面，用户可以单击 Browse 按钮，重新选择 MyEclipse 的安装路径，也可不修改采用默认的路径。然后，单击 Next 按钮执行下一步操作。

进入安装界面，如图 1-4 所示，单击 Install 按钮，则 MyEclipse 开始安装，直至完成。

图 1-2　接受许可证协议界面

图 1-3　选择安装路径界面

图 1-4　安装完成界面

1.3.2　任务 2：认识 MyEclipse 9.0 开发工具

MyEclipse 9.0 安装成功后，单击"开始"菜单，鼠标依次指向"所有程序"|MyEclipse|MyEclipse 9.0 M1，单击 MyEclipse 9.0 M1 启动 MyEclipse 应用程序，弹出如图 1-5 所示的 Workspace Launcher 对话框，在 Workspace 文本框中，可以选择存放项目的工作空间，这将是以后项目存放的默认路径，用户也可以单击 Browse 按钮改变项目路径。

图 1-5　Workspace Launcher 工作空间选择

工作空间选择完成后，单击 OK 按钮，进入 MyEclipse Java Enterprise 工作台主界面，如果是第一次运行 MyEclipse，将显示欢迎界面，选择 Workbench 也可进入工作台主界面，工作台主界面如图 1-6 所示。在工作台主界面中,包含多个视图界面,其中常用的视图包括以下几种。

(1) Package Explorer:显示当前 workspace 目录下的工程文件及子文件。
(2) Outline:显示当前打开的 Java 文件结构。
(3) Problems:显示当前编辑 Java 类的错误信息。
(4) Console:显示程序控制台的输出信息。

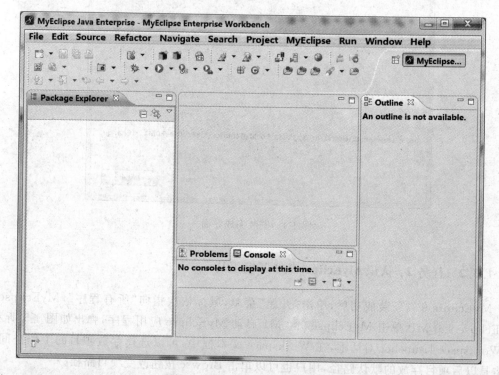

图 1-6　MyEclipse 工作台主界面

1.3.3　任务 3:安装 SQL Server 2008

安装 SQL Server 2008,从运行软件介质中的 Setup.exe 程序开始,可以完成计划、安装、维护、工具、资源、高级、选项等功能。

1. 安装计划

如图 1-7 所示,可进行如下工作:硬件和软件要求、安全文档、联机发行说明、系统配置检查器、安装升级顾问、联机安装帮助、如何开始使用 SQL Server 2008 故障转移群集、升级文档等。

2. 安装类别

如图 1-8 所示,可以选择安装类别,如全新安装、群集安装、群集节点安装和升级安装等。选择"全新 SQL Server 独立安装或向现有安装添加功能"。

子项目1　图书借阅管理系统开发环境部署

图 1-7　安装计划

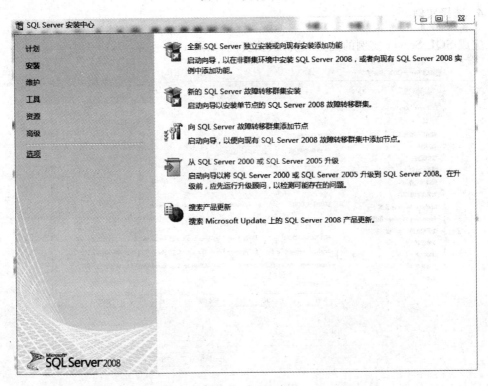

图 1-8　安装类别

3. 选择组件

接下来要输入产品密钥和选择安装功能组件等，如图 1-9 所示，安装全部功能。

图 1-9 选择安装组件

4. 选择实例

完成 SQL Server 实例的配置，选择默认实例，如图 1-10 所示。

图 1-10 选择实例

5. 服务器配置

完成服务器的配置任务,完成各服务的启动类型等,常用的服务设置为自动启动(例如 Database Engine),否则设为手动启动,如果根本用不到,也可以禁用,如图 1-11 所示。

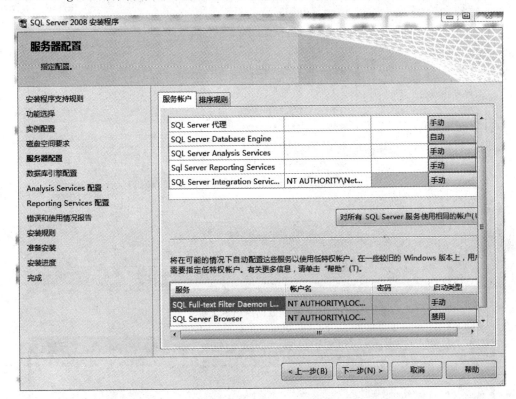

图 1-11 服务器配置

6. 数据库引擎配置

配置数据库的验证模式,可以是 Windows 验证模式,也可以是混合模式。选择"Windows 验证模式"时,SQL Server 使用 Windows 的安全机制。要连接到 SQL Server,用户必须具有一个有效的 Windows 用户账户,同时要获得操作系统的确认;选择"混合模式"时,用户可以使用 Windows 用户账户或者 SQL Server 登录账户连接到 SQL Server。在 SQL Server 验证模式下,必须输入并确认 SQL Server 系统管理员(sa)账户的密码,在安装了非 Windows 操作系统(如 Linux)和 Internet 环境下,必须使用此模式。此处选择"混合模式",如图 1-12 所示。

7. 完成安装

如果没有意外发生,则将完成安装任务,其摘要日志也相应地保存在本地磁盘中,如图 1-13 所示。如果安装不成功,系统将提示出错原因,必须按提示信息排除故障,直到安装成功。

图 1-12　数据库引擎配置

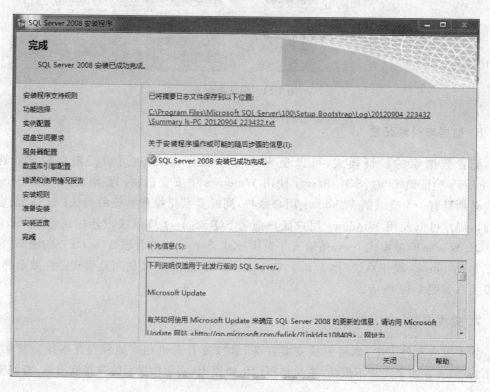

图 1-13　成功完成安装

1.3.4 任务4：认识 SQL Server Management Studio

SQL Server 2008 安装成功后，单击"开始"菜单，鼠标依次指向"所有程序"|Microsoft SQL Server 2008 R2，单击 SQL Server Management Studio 启动。弹出如图 1-14 所示的"连接到服务器"对话框，其中，服务器类型选择"数据库引擎"，服务器名称如果是本机可以设置为 localhost，身份验证方式选择"Windows 身份验证"，单击"连接"按钮，即可打开 SQL Server Management Studio。

图 1-14 "连接到服务器"对话框

SQL Server Management Studio 是 SQL Server 2008 提供的一个可视化图形集成管理平台，具体如图 1-15 所示，可用于访问、配置、控制、管理和开发 SQL Server 的所有组件。进行数据库的开发就需要使用此工具。Microsoft SQL Server Management Studio 不仅可以用图形方式操作完成各项任务，还可以编写、分析编辑和运行 T-SQL 脚本。Management Studio 中的对象资源管理器具有查看和管理所有服务器类型的对象的功能。

图 1-15 SQL Server Management Studio 工具

1.4 项目实施过程中可能出现的问题

1. 安装 SQL Server 2008 过程中可能出现的问题

服务器配置页面,出现××××凭据无效的问题：
(1) 为 SQL Server 代理服务提供的凭据无效；
(2) 为 SQL Server 服务指定的凭据无效；
(3) 为 Analysis Services 服务提供的凭据无效；
(4) 为 Reporting Services 服务提供的凭据无效；
(5) 为 Integration Services 服务提供的凭据无效。

解决方法：
(1) SQL Server 代理选择 SYSTEM；
(2) SQL Server Database Engine 选择 NETWORK SERVICE；
(3) SQL Server Analysis Services 选择 NETWORK SERVICE；
(4) SQL Server Reporting Services 选择 NETWORK SERVICE；
(5) SQL Server Integration Services 选择 NETWORK SERVICE。

2. "连接服务器"过程中可能出现的问题

在"连接服务器"对话框中,单击"连接"按钮,出现如图 1-16 所示错误。

图 1-16 错误提示

原因之一可能是数据库的服务没有开启,解决方法如下。

单击"开始"菜单,依次找到"控制面板"|"管理工具"|"服务"|SQL Server (MSSQLSERVER),右击,选择"启动"命令,此时,该项服务的状态变成"已启动",之后再进行数据库服务器的连接。

1.5 后续项目

开发图书借阅管理系统的环境已经部署完成,接下来就可以正式进入项目的研发流程,按照软件工程的流程,首先要进行需求分析,确定项目到底要做什么,之后再进行设计、编程实现等。所以,接下来就要进行项目的整体需求分析,确定项目要实现哪些功能。

子项目 2 图书借阅管理系统需求分析

2.1 项目任务

本项目主要完成以下任务。
（1）图书借阅管理系统的需求分析。
（2）图书借阅管理系统的功能结构设计。
（3）图书借阅管理系统的系统流程图。
具体任务指标如下。
（1）设计图书借阅管理系统的功能模块图。
（2）设计图书借阅管理系统的系统流程图。

2.2 项目的提出

随着计算机的普及和信息技术的发展，人们的生活发生了日新月异的变化，各类计算机软件逐渐渗透到了社会的每个角落，大大地改善了人们的生活质量，提高了人们的工作效率。在高校中，图书借阅是学生获取知识的一个很重要的途径，如何既能方便学生借书，又能减轻图书馆管理人员的工作负担，高效地完成图书借阅管理工作，是一件非常重要的事情。

A 高校拥有一个小型图书馆，为全校师生提供学习、阅读的空间。近几年来，随着生源的不断扩大，图书馆的规模也随之扩大，图书数量也相应地大量增加，有关图书借阅的各种信息成倍增加。面对如此巨大的信息量，图书馆管理人员很难支撑，因此，学校领导决定建立一套合理实用的图书借阅管理系统软件，以对校内的图书借阅信息进行统一、集中的管理。

该软件要求实现图书借阅管理的系统化、规范化和自动化,从而实现图书借阅信息的集中、统一管理。

2.3 项目实施

2.3.1 任务1:图书借阅管理系统的需求分析

图书借阅管理系统对高校图书馆而言是不可缺少的一部分,传统手工方式效率低且容易出错,而且工作流程烦琐。图书借阅管理系统,能够实现计算机化的图书借阅管理,能够提供方便快速的图书信息检索功能和便捷的图书借阅和归还功能,并且能够对图书信息和读者信息进行管理,方便管理员和读者的借阅处理。要求系统具备以下特点。

(1) 操作简单,易用。
(2) 数据存储可靠,具备较高的处理效率。
(3) 系统安全、稳定。
(4) 开发技术先进、功能完备、扩展性强。

2.3.2 任务2:图书借阅管理系统的功能结构设计

本系统主要实现对图书馆图书借阅信息的管理,主要管理读者信息、图书信息、借阅与归还信息、系统用户的信息。

(1) 读者信息管理:能够对读者的基本信息进行管理,包括新增读者,如学校新来一名教师,想要借书,就必须先添加读者信息;读者信息的修改,如学生转到别的专业,此时要修改学生的基本信息;删除读者的信息,比如某个学生中途退学了,可以将其信息删除。查询读者的信息,比如有同学拾到了一张借阅卡,卡上有学生的编号,通过此号来查询学生的联系电话,从而可以找到该学生。

(2) 图书信息管理:能够对图书的基本信息进行管理,包括新增图书,学校每年会购进新书,此时,需要将新书的信息录入系统中;图书信息的修改,如学生借书后将图书丢失,此时需要修改图书的总数量,使总数减1;删除图书,学校在购进新书的同时,每年会对过期的图书进行清理,不再提供借阅,此时就需要将这些图书的信息从系统中删除。查询图书的信息,比如要查看有哪些是 Java 相关的书籍,或者指定 ISBN 号的图书等。

(3) 图书借阅信息管理:能够对图书的借阅信息进行记录,包括读者信息、图书信息、借阅时间等信息。

(4) 图书归还信息管理:能够对图书的归还信息进行记录,包括读者信息、图书信息、归还时间、是否超期、罚金等信息。

(5) 系统用户信息管理:能够对系统用户的信息进行管理,包括增加新的系统操作用户,对当前系统用户的密码进行修改,以及删除某一用户。

根据上述功能需求,本系统具体的功能模块图如图 2-1 所示。

图 2-1　图书借阅系统功能结构图

本系统功能分为读者信息管理模块、图书信息管理模块、图书借阅管理模块、基础信息维护模块和用户管理模块。

(1) 读者信息管理:包括读者信息添加和读者信息查询与修改功能。用户登录成功之后,可以浏览所有读者信息,也可以检索特定读者的信息;同时,可以对读者信息进行维护,包括增加、删除及修改。

(2) 图书信息管理:包括图书信息添加和图书信息查询与修改功能。用户登录成功之后,可以浏览所有图书信息和检索特定图书的信息;也可以对图书信息进行维护,包括添加图书、删除图书以及修改图书信息。

(3) 图书借阅管理:包括图书借阅和图书归还功能。图书借阅功能,先输入读者的编号,然后输入要借阅的图书的信息,记录系统当前时间即借阅时间;图书归还功能,输入读者的编号,选择其名下已借阅的图书,判断当前日期即归还日期与借阅日期的差值是否超过了规定的期限,计算罚金,从而进行图书的归还操作。

(4) 基础信息维护:包括图书类别设置、读者类别设置及罚金设置。图书类别设置,可以对图书的类别进行增加、删除、修改和查询;读者类别设置可以对读者的类别进行增加、删除、修改和查询;罚金设置,可以指定超期一天的罚金标准。

(5) 用户管理:包括修改密码、用户添加和删除。修改密码,是指当前用户修改自己的密码;用户添加和删除,是对新增和去除系统操作用户时对用户信息的维护。

2.3.3　任务 3:图书借阅管理系统的系统流程图

根据上述功能的描述,系统的管理员即操作用户需要先登录,然后才能使用系统的各项功能,会涉及相应的信息。具体的图书借阅管理系统的流程图如图 2-2 所示。

图 2-2　图书借阅系统流程图

2.4　本项目实施过程中可能出现的问题

本项目的实施内容,主要是分析图书借阅系统的用户需求,划分图书借阅系统的功能,设计每一个模块的具体功能,描述系统的流程。在本项目的实施过程中,需要注意以下问题。

1. 基础信息的维护

在图书借阅管理系统中,图书信息、读者信息还有图书借阅信息,是比较明显且直观的。而图书类别、读者类别和罚金是比较隐蔽的。通过实际的调研,发现需要对图书的类别信息进行维护,比如学校新增加一类图书,此时就需要增加一个图书类别,如果不单独维护图书类别信息,而是将图书类别名称直接绑定到图书基本信息中,则对于此种情况,若添加了100本该类别的图书,对应的该图书类型也会被添加100遍,存在数据的冗余存储。另外,读者的类别也需要进行维护,比如现有读者类型为教师和学生,考虑将来教师可能按照职称或学历细分,那就需要对现有的读者类型进行修改;如果借阅图书超期,需要缴纳罚金,罚金的计算是将超期天数与罚金标准进行乘积求得的,因此需要对罚金的标准进行设置。这三个功能是从其他的功能中提取出来的,也是比较容易忽略的,实践出真知,在做项目的时候一定要认真进行需求分析,不仅要考虑直观的必须要完成的功能,还要深入地分析,其内含哪些需要完成的功能。

2．功能结构图和系统流程图的画法

功能结构图和系统流程图，可以使用 Visio 来绘制。Microsoft Office Visio 是微软公司出品的 Microsoft Office 办公软件中的一款。它有助于 IT 和商务专业人员轻松地可视化、分析和交流复杂信息。它能够将难以理解的复杂文本和表格转换为一目了然的 Visio 图表。使用 Visio 中的基本流程图就可以画出本章所示的功能结构图和系统流程图。

2.5 后续项目

在完成图书借阅系统的功能分析之后，接下来可以对系统涉及的数据进行分析，完成数据库的分析、设计与构建。

子项目 3　图书借阅管理系统数据库设计

3.1　项目任务

本项目主要完成以下任务。
(1) 图书借阅管理系统的数据需求分析。
(2) 图书借阅管理系统数据库概念设计。
(3) 图书借阅管理系统数据库逻辑设计。
(4) 图书借阅管理系统数据库物理设计。
具体任务指标如下。
(1) 完成图书借阅管理系统 E-R 图的绘制。
(2) 完成图书借阅管理系统关系模型的设计。
(3) 创建图书借阅管理系统数据库 db_bookborrow。
(4) 创建图书借阅管理系统数据表：图书表 book、图书类型表 booktype、图书借阅表 borrowbook、读者表 reader、读者类型表 readertype、用户表 users。
具体任务成果如图 3-1 所示。

图 3-1　图书借阅管理系统数据库及表组织结构

3.2　项目的提出

如何对图书借阅管理中相关的图书信息、读者信息及借阅信息等信息进行存储与管理，方便高效地对数据进行检索与维护？本系统决定采用数据库系统对数据进行管理。针对系统的开发操作系统是 Windows 7，为了保证操作系统与数据库的无缝对接，并保证适当领先的原则，本系统采用 SQL Server 2008 数据库管理系统来进行系统数据库开发，使数据能够合理有效地存储、安全高效地使用，保证数据的完整性和一致性，并且拥有良好的可扩展性。本子项目主要完成图书借阅管理系统数据库的设计与实现。

3.3 项目预备知识

3.3.1 数据库的设计

在给定的 DBMS、操作系统和硬件环境下，高效表达用户的需求，并将其转换为有效的数据库结构，构成较好的数据库模式，这个过程称为数据库设计。关系型数据库的设计一般包括需求分析、概念设计、逻辑设计和物理设计 4 个阶段。

1. 需求分析

需求分析的任务是通过详细调查现实世界要处理的对象（组织、部门、企业等），充分了解原系统（手工系统或计算机系统）工作概况，明确用户的各种需求，然后在此基础上确定新系统的功能。需求分析的重点是调查、收集与分析用户在数据管理中的信息要求、处理要求、安全性与完整性要求。其中，信息要求是指用户需要从数据库中获得信息的内容与性质。由用户的信息要求可以导出数据要求，即在数据库中需要存储哪些数据。处理要求是指用户要求完成什么处理功能，对处理的响应时间有什么要求，处理方式是批处理还是联机处理。新系统的功能必须能够满足用户的信息要求、处理要求。安全性与完整性是指数据的一致性、正确性、有效性等。

2. 概念设计

概念设计是将需求分析中关于数据的需求，综合为一个统一的概念模型，其过程是首先根据单个应用的需求，画出能反映每一个应用需求的局部 E-R 模型。然后把这些 E-R 图合并起来，消除冗余和可能存在的矛盾，得出系统总体的 E-R 模型。它独立于逻辑结构设计和 DBMS。

3. 逻辑设计

逻辑设计是将 E-R 模型转换成某一特定的数据库管理系统能够接受的逻辑模式。对关系数据库来说，即将 E-R 模型转换为关系模式，也就是主要完成表的结构和关联的设计。

4. 物理设计

物理设计是确定数据库的存储结构，包括确定数据库文件和索引文件的记录格式和物理结构、选择存取方法等，这个阶段的设计最困难。不过现在这些工作基本上由数据库管理系统来完成，操作起来非常简单。

对于一般的数据库管理员和编程人员来说，其主要关心的是中间两个阶段，即概念设计和实现设计，而在概念设计阶段通常采用的设计方法是实体-联系（E-R）图。

3.3.2 SQL 语句

结构化查询语言（Structured Query Language，SQL）是一种数据库查询和程序设计语言，用于存取数据以及查询、更新和管理关系数据库系统；同时也是数据库脚本文件的扩展名。它不要求用户指定对数据的存放方法,也不需要用户了解具体的数据存放方式,所以具有完全不同底层结构的不同数据库系统可以使用相同的结构化查询语言作为数据输入与管理的接口。SQL 是设计用于访问关系数据库的标准语言。

SQL 语句主要分为以下 4 类。

(1) 数据定义语言(Data Definition Language,DDL):负责数据的模式定义与数据的物理存取构建。其语句包括动词 CREATE、ALTER 和 DROP,分别用于对数据库中的对象进行创建、修改和删除操作。

(2) 数据操作语言(Data Manipulation Language,DML):负责数据操纵。其语句包括 INSERT、SELECT、UPDATE 和 DELETE,它们分别用于添加、查询、修改和删除表中的行。

(3) 数据控制语言(Data Control Language,DCL):负责权限管理,其语句包括 GRANT(授权)、REVOKE(回收授权)和 DENY(拒绝授权),确定单个用户和用户组对数据库对象的访问权限。

(4) 事务控制语言(Transaction Control Language,TCL):用于将对行所做的修改永久地存储到表中,或者取消这些修改操作。包括 BEGIN TRANSACTION(启动事务)、COMMIT(提交事务,永久性地保存对行所做的修改)和 ROLLBACK(回滚,取消对行所做的修改)。

本项目中使用到的 SQL 语句语法如下。

1. 创建数据库

基本语法格式如下:

```
CREATE DATABASE <数据库名>
    [ ON
        { <文件说明> ] [,…,n ] }
    ]
[ LOG ON
{ <文件说明> ] [,…,n ] }
    ]
```

语句功能:执行 CREATE DATABASE 语句,创建一个数据库,其中"数据库名"是用户定义的数据库名称,[ON]和[LOG ON]中的"文件说明"分别为数据文件和日志文件的名称、位置、初始大小、增长速率等。一个数据库允许对应多个数据文件和多个日志文件。

2. 创建表

基本语法:

```
CREATE TABLE <表名>
(
<列名 1> 类型 列级完整性约束,
    [ ⋮
<列名 N> 类型 列级完整性约束,
<其他参数>]
)
```

语句功能：执行 CREATE TABLE 语句后，在当前数据库中创建一个基本表的结构（空表）。在每列的定义中说明列名、数据类型及对应列的完整性约束条件，所有列定义之后，可以通过<其他参数>来设置表级完整性约束。

3.4 项目实施

本任务的项目教学实施过程如下。

1. 教师带领学生完成内容

(1) 系统概念结构设计；
(2) 系统逻辑结构设计；
(3) 创建数据库 db_bookborrow；
(4) 创建图书信息表 book。

2. 学生自行完成部分

(1) 创建读者信息表 reader；
(2) 创建读者类型表 readertype；
(3) 创建用户表 users；
(4) 创建图书借阅表 borrowbook；
(5) 创建图书类型表 booktype。

3.4.1 任务1：概念结构设计

分析图书借阅管理系统的需求，将现实世界中的图书借阅管理中涉及的人、物、事进行抽象，得到系统的实体、实体属性、实体间的联系及联系的类型、实体的键，利用 E-R 图表示，得出系统的概念模型，也即概念结构设计。概念结构设计一般分为三个步骤：①确定实体；②确定联系；③确定属性和键。

一般情况下，从需求分析中找出名词从而确定实体，找出动词从而确定实体间的联系。从子项目1中的需求分析中找出的名词有图书、读者、图书类型、读者类型及管理员。因此，可以确定的实体有图书、读者、图书类型、读者类型和管理员。另外，从需求分析中还可以得到，读者和图书之间存在借阅关系，一名读者可以借阅多本图书，而一本书也可以借给多个不同的读者，因此读者和图书之间存在多对多联系。图书有系统的分类方法，每一种图书属于一个图书类型，而一种图书类型可以包含许多图书，因此，图书类型和图书之间存在着一对多的联系；同样的道理，读者类型和读者之间也存在着一对多的联系。

确定了系统的实体与联系之后，下一步确定实体与联系的属性和主键。具体分析如下。

(1) 图书，包括图书编号 ISBN、图书名称、作者、出版社、出版日期、印刷次数及单价。其中，图书编号 ISBN 为主键。

(2) 图书类型，包括图书类型编号、图书类型名称。其中，图书类型编号为主键。

(3) 读者，包括读者编号、姓名、年龄、性别、电话、所在系部、注册日期。其中，读者编号为主键。

（4）读者类型，包括读者类型编号、读者类型名称、最多可借图书数量、最长可借图书天数。其中，读者类型编号为主键。

（5）管理员，包括管理员编号、用户名、密码。其中，管理员编号为主键。

1. 图书借阅系统各实体属性图

根据上面的分析，图书借阅系统主要包括 5 个基本实体，分别为图书实体（属性图如图 3-2 所示）、图书类型实体（属性图如图 3-3 所示）、读者实体（属性图如图 3-4 所示）、读者类型实体（属性图如图 3-5 所示）和管理员实体（属性图如图 3-6 所示）。每个实体属性图中带下划线的属性为该实体的主键。

图 3-2　图书实体属性图

图 3-3　图书类型实体属性图

图 3-4　读者实体属性图

图 3-5　读者类型实体属性图

图 3-6　管理员实体属性图

2. 图书借阅系统的 E-R 图

上述主要实体间的联系类型如下。

(1) 图书类型与图书：1∶n。
(2) 读者类型与读者：1∶n。
(3) 图书与读者：m∶n。

画出图书借阅系统的主要实体联系图，如图 3-7 所示。

图 3-7　图书借阅管理系统主体 E-R 图

3.4.2　任务 2：逻辑结构设计

数据库逻辑结构设计是将概念设计的 E-R 图，按照转换规则，转换成数据模型的过程。在关系数据库管理系统中，即将所有的实体集和联系转化为一系列的关系模式。

1. 转换规则

1) 一个实体集转换为一个关系模式

一个实体集对应一个关系模式，实体集名即为关系名，实体集的属性即是关系的属性，实体集的关键字即是关系的关键字。

2) 一个 1∶1 联系的转换

如果两实体集间是 1∶1 联系，转换时只要将其中一方的关键字纳入另一方，就能实现彼此的联系。

3) 一个 1∶n 联系的转换

如果两实体间是 1∶n 联系，就将 1 方实体集的关键字纳入 n 方实体集对应的关系中作为外部关键字，同时把联系的属性也一并纳入 n 方的关系中。例如，图书与图书类型之间的联系类型就是 1∶n，图书类型为 1 方实体集，图书为 n 方实体集，在进行关系模式转换时，可以将图书类型纳入到图书中，在图书的关系模式中增加图书类型编号，从而实现两个实体集间的关联。同样的道理，需要在读者的关系模式中增加读者类型编号。

4) 一个 m∶n 联系的转换

如果两实体集间是 m∶n 联系,则需对联系单独建立一个关系,用来联系双方实体集,该关系的属性中至少要包括被它所联系的双方实体集的关键字,如联系有属性,也要归入这个关系中。例如,读者与图书之间的联系类型就是 m∶n,因此,需要单独再建立一个图书借阅的关系模式来描述两者之间的关联,图书借阅关系模式应该包含图书的关键字即图书编号和读者的关键字即读者编号,同时,图书借阅联系还有属性借阅日期、归还日期和罚金,这些属性也都应该放到图书借阅关系模式中,所以,图书借阅关系模式包含读者编号、图书编号、借阅日期、归还日期和罚金。

2. 图书借阅管理系统逻辑设计

根据上述的转换规则与分析,将图书借阅系统 E-R 图转换为关系模式,共包括 6 个,下划线标识的为关键字,具体如下。

(1) 图书(<u>图书编号 ISBN</u>,图书类型编号,图书名称,作者,出版社,出版日期,印刷次数,单价)。

(2) 图书类型(<u>图书类型编号</u>,图书类型名称)。

(3) 读者(<u>读者编号</u>,读者类型编号,姓名,年龄,性别,电话,所在系部,注册日期)。

(4) 读者类型(<u>读者类型编号</u>,读者类型名称,最多可借图书数量,最长可借图书天数)。

(5) 用户(<u>用户编号</u>,用户名,密码)。

(6) 图书借阅(<u>读者编号</u>,<u>图书编号</u>,借阅日期,归还日期,罚金)。

3.4.3 任务 3:物理结构设计

物理设计的任务是将逻辑设计在具体的数据库管理系统中实现。本系统采用 SQL Server 2008 实现数据库管理。下面完成图书借阅系统数据库和表的创建。

1. 创建图书借阅管理系统数据库

数据库的创建包括两种方式:使用 Microsoft SQL Server Management Studio 图形工具交互向导方式和使用 SQL 语句方式。下面分别介绍两种方法建立数据库。

第一种方法:交互向导方式。

(1) 启动 SQL Server 2008

依次单击"开始"|"所有程序"| Microsoft SQL Server 2008 R2 | SQL Server Management Studio,启动 SQL Server 数据库管理系统。

(2) 登录数据库服务器

在打开的"连接到服务器"对话框中,"服务器类型"选择"数据库引擎","服务器名称"选择"本地计算机名"或 localhost,"身份验证"选择"Windows 身份验证",单击"连接到服务器"对话框中的"连接"按钮连接到 SQL Server 2008 数据库服务器。

(3) 创建数据库 db_bookborrow

在 SQL Server 2008 数据库管理系统的"对象资源管理器"中右击"数据库",在弹出的快捷菜单中,单击"新建数据库"命令,出现如图 3-8 所示的"新建数据库"对话框,在此处输入数据库名称 db_bookborrow,还可以设置数据库的文件名称、文件类型、文件组、初始大小、自动增长及存储路径,本系统保持各数据库参数默认值不变,单击"确定"按钮。在"对象资源管理器"中,右击"数据库",选择"刷新"命令,即可看到新建的 db_bookborrow 数据库了。

图 3-8　交互向导方式创建图书借阅管理系统数据库 db_bookborrow

第二种方法:使用 SQL 语句方式。

(1) 输入 SQL 语句

在 SQL Server 2008 数据库管理系统的工具栏中单击"新建查询",在新建查询窗口中,输入创建数据库的 SQL 语句,如图 3-9 所示。具体创建数据库语句如下:

```
CREATE DATABASE db_bookborrow            -- 创建数据库的名字为 db_bookborrow
ON primary                               -- 文件组的名称为 primary,也可以是自定义文件组
(                                        -- 以下括号内是数据文件的信息
    NAME = db_bookborrow,                -- 逻辑名称
    FILENAME = 'D:\ db_bookborrow.mdf',  -- 物理名称
    SIZE = 3MB,                          -- 文件初始大小
    FILEGROWTH = 1MB                     -- 文件的增长方式
)
LOG ON -- 以下括号内是日志文件的信息
(
    NAME = db_bookborrow_log,                  -- 逻辑名称
    FILENAME = 'E:\ db_bookborrow_log.ldf',    -- 物理名称
    SIZE = 1MB,                                -- 文件初始大小
    MAXSIZE = unlimited,                       -- 文件的最大值
    FILEGROWTH = 10 %                          -- 文件的增长方式
)
```

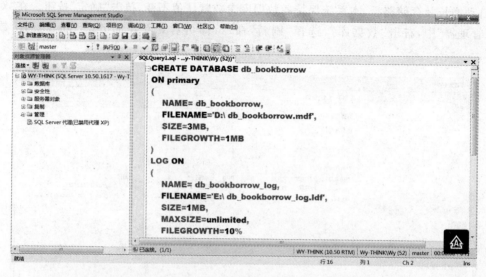

图 3-9 用 SQL 语句创建图书借阅管理系统数据库 db_bookborrow

(2) 执行 SQL 语句

在 SQL Server 2008 数据库管理系统的工具栏中单击"执行"按钮,在消息窗口中提示"命令已成功完成",说明数据库已经成功创建。

在"对象资源管理器"中,右击"数据库",选择"刷新"命令,即可看到新建的 db_bookborrow 数据库了。

2. 创建图书借阅管理系统数据表

经过前面的分析,根据逻辑设计阶段得到的 6 个关系模式,创建 6 个数据表,即图书表、图书类型表、读者表、读者类型表、图书借阅表以及用户表。与创建数据库的方式类似,表的创建也包括两种方式:一种是利用 Microsoft SQL Server Management Studio 图形工具建表,一种是利用 SQL 语句建表。

1) 创建图书信息表

图书借阅系统中,图书信息表 book 包括 8 个字段,分别是图书的 ISBN、图书类型编号、图书名称、作者、出版社、出版日期、印刷次数及单价。具体每个字段的设置如表 3-1 所示。

表 3-1 图书信息表 book

字 段 名	类 型	长 度	是否为空	描 述
ISBN	char	10	否	图书的 ISBN(主键)
typeid	varchar	10	是	图书类型编号
bookname	varchar	30	是	图书名称
author	varchar	30	是	作者
publish	varchar	30	是	出版社
publishdate	date		是	出版日期
printtime	int		是	印刷次数
unitprice	money		是	单价

根据上述要求,创建图书信息表。

第一种方法:利用图形工具建表。

(1) 打开 SQL Server Management Studio。

(2) 在"对象资源管理器"中,展开"数据库",找到之前创建的 db_bookborrow 数据库展开,右击"表",在弹出的快捷菜单中选择"新建表"命令。

(3) 在"列名"列中输入列名,在"数据类型"列中选择相应的数据类型,在"允许空"列中选择是否允许空值,创建图书表,如图 3-10 所示。

列名	数据类型	允许 Null 值
ISBN	char(10)	☐
typeid	varchar(20)	☑
bookname	varchar(30)	☑
author	varchar(30)	☑
publish	varchar(30)	☑
publishdate	date	☑
printtime	int	☑
unitprice	money	☑

图 3-10 利用图形工具创建表 book

(4) 为表添加约束条件。图书表中,ISBN 列为主键,设置主键的方法为:右击 ISBN 列,在弹出的快捷菜单中选择"设置主键"命令,设置成功后,该列的前面就会出现钥匙的标识 ISBN,代表此列为主键列。

(5) 所有列输入结束后,关闭窗口,系统提示是否存盘,单击"是"按钮,并输入表名 book,即创建了数据表 book。此时,在"对象资源管理器"中,右击 db_bookborrow 数据库下的"表",在弹出的快捷菜单中选择"刷新"命令,再展开"表",就可看到创建的表 book。

第二种方法:利用 SQL 语句建表。

(1) 打开 SQL Server Management Studio。

(2) 单击工具栏中的"新建查询"按钮,在新建查询窗口中输入创建表的语句,如图 3-11 所示,其中创建表的 SQL 语句如下:

```
CREATE TABLE book(
    ISBN char(10) primary key,
    typeid varchar(20) ,
    bookname varchar(30) ,
    author varchar(30) ,
    publish varchar(30) ,
    publishdate date ,
    printtime int ,
    unitprice money
)
```

其中,primary key 表示将 ISBN 列定义为主键约束。

(3) 语句输入结束后,单击工具栏中的"执行"按钮,完成 book 表的创建。右击左侧"对象资源管理器"中的"表",单击"刷新"命令即可看到新建的表 book。

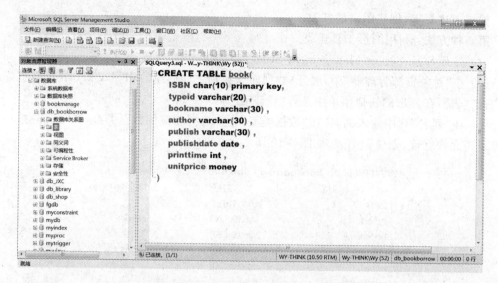

图 3-11 利用 SQL 语句创建表 book

（4）创建完表之后，在左侧"对象资源管理器"中，依次单击表名 book 前面的加号，展开表，再展开"列"，就会看到如图 3-12 所示的 book 表结构。

本任务中其他表的创建方法与此类似，下面仅列出其余表的具体要求，请读者参照图书表的建立过程独立完成。

2）创建读者信息表

读者信息表 reader，包括 8 个字段，分别是读者编号、读者类型编号、读者姓名、年龄、性别、联系电话、所在系部及注册日期。具体每个字段的设置如表 3-2 所示。

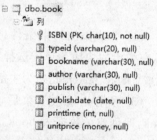

图 3-12 对象资源管理器中 book 表的表结构

表 3-2 读者信息表 reader

字 段 名	类 型	长 度	是否为空	描 述
readerid	char	8	否	读者编号（主键）
type	int		是	读者类型编号
name	char	20	是	读者姓名
age	int		是	年龄
sex	char	4	是	性别
phone	char	11	是	联系电话
dept	varchar	20	是	所在系部
regdate	date		是	注册日期

3）创建读者类型表

读者类型表 readertype，包括 4 个字段，分别是读者类型编号、读者类型名称、最多可借图书数量以及最长可借图书天数。具体每个字段的设置如表 3-3 所示。

表 3-3 读者类型表 readertype

字 段 名	类 型	长 度	是否为空	描 述
id	int		否	读者类型编号（主键）
typename	varchar	20	是	读者类型名称
maxborrownum	int		是	最多可借图书数量
limit	int		是	最长可借图书天数

4）创建用户表

用户表 users，包括三个字段，分别是用户编号、用户名、用户密码。具体每个字段的设置如表 3-4 所示。

表 3-4 用户表 users

字 段 名	类 型	长 度	是否为空	描 述
id	int		否	用户编号（主键）
name	varchar	20	是	用户名称
password	varchar	20	是	用户密码

5）创建图书类型表

图书类型表 booktype，包括两个字段，分别是图书类型编号和图书类型名称。具体每个字段的设置如表 3-5 所示。

表 3-5 图书类型表 booktype

字 段 名	类 型	长 度	是否为空	描 述
id	int		否	图书类型编号（主键）
typename	varchar	30	是	图书类型名称

6）创建图书借阅表

图书借阅表 borrowbook，包括 5 个字段，分别是读者编号、图书 ISBN、借阅日期、归还日期、罚金。其中，读者编号和图书 ISBN 号为复合主键。具体每个字段的设置如表 3-6 所示。

表 3-6 图书借阅表 borrowbook

字 段 名	类 型	长 度	是否为空	描 述
readerid	char	8	否	读者编号（主键）
ISBN	char	10	否	图书 ISBN（主键）
borrowdate	date		否	借阅日期
returndate	date		是	归还日期
fine	money		是	罚金

使用图形工具创建图书借阅表，此表中复合主键的设置方法为，首先在 readerid 所在行的最左边单击选中 readerid 所在行，然后按住 Ctrl 键，再用同样的方法选中 ISBN 所在行，此时，readerid 所在行和 ISBN 所在行同时被选中，然后右击，在弹出的快捷菜单中，选择"创建主键"命令，此时在两行的前面同时出现钥匙形图标，表示两行均为主键，即复合主键，如

图 3-13 所示。

创建图书借阅表的 SQL 语句如下：

```
CREATE TABLE borrowbook (
    readerid char(8),
    ISBN char(10),
    borrowdate date not null,
    returndate date,
    fine money,
    primary key(readerid,ISBN)
)
```

其中，为 borrowdate 列设置 not null 约束，表示该列不允许为空值；创建复合主键约束属于表级约束（前面表中单列主键创建的是列级约束），需要在所有字段定义结束之后，使用 primary key(readerid,ISBN)来指定，表示将 readerid 和 ISBN 列设置为复合主键。

在左侧对象资源管理器中，展开表 borrowbook，再展开其下的"列"，就会看到如图 3-14 所示的结果，其中，readerid 列和 ISBN 列前均有主键标识。

图 3-13 图书借阅表　　　　　　　　图 3-14 对象资源管理器中 borrowbook 表结构

3.5 本项目实施过程中可能出现的问题

本项目主要完成图书借阅系统的数据库的设计部分，主要任务是完成数据库的概念设计、逻辑设计及物理设计，要求能够完成数据库和表的创建。现总结项目实施过程中可能存在的问题。

1. 注意区分实体与表

在画 E-R 图的过程中，一定要区分实体和表，有的同学在命名实体的时候直接写成了表名，例如"图书信息表实体"，这是不对的，实体名应该为图书，而不是图书信息表。实体是客观存在的，是可被描述的事物，如一个学生就是一个实体，一般把同一类实体的数据放在一个表内，表中的一行就是一个实体，一般地，一个实体集对应一张表。

2. 表的创建

本系统创建的用户表名为 users，之所以加 s，是因为 user 为 SQL Server 的关键字，不允许使用其为名称创建对象，所以，用此方法来解决关键字冲突的问题。

在创建过程中，如果出错就需要对表进行修改，使用图形工具修改表的方法为：选中要修改的表,右击,在弹出的快捷菜单中选择"设计"命令,然后对表的结构进行修改。如果要修改表中的数据,选中表,右击选择"编辑前200行"命令,然后可以对表中的数据进行修改。如果要使用SQL语句修改表结构,需要使用ALTER TABLE语句,下面列出几个在本项目中可能用到的修改表结构的语句。

以下表为例:

```
CREATE TABLE users(
    id int not null,
    name varchar(20)
)
```

1) 重命名表

【例3-1】 EXEC SP_RENAME 'users','operator';//将表users改成表operator。

2) 修改表增加列

【例3-2】 ALTER TABLE operator ADD password varchar(20);//增加password列。

3) 修改表增加主键约束

【例3-3】 ALTER TABLE operator ADD primary key(id);//将id列设置为主键。

4) 修改表列

【例3-4】 ALTER TABLE operator DROP COLUMN password; //删除password列。

5) 删除表

【例3-5】 DROP TABLE operator//删除表operator。

3.6 后续项目

子项目3完成了图书借阅管理系统数据库和数据表的创建。在此基础上,后续将进行图书借阅管理系统应用程序设计与实现,首先,创建图书借阅系统的类。

子项目 4 图书借阅管理系统中类的应用

4.1 项目任务

本项目需要完成以下任务。
(1) 创建项目。
(2) 创建存放各实体类的包。
(3) 创建图书借阅管理系统中的各个实体类。
具体任务指标如下。
(1) 创建项目 BookBorrowManager。
(2) 创建包 com.bbm.model。
(3) 创建图书借阅管理系统中的实体类：Book 类、BookType 类、Reader 类、ReaderType 类、Users 类和 BorrowBook 类。
具体如表 4-1 所示。

表 4-1 图书借阅管理系统实体类表

包 名	文 件 名	说 明
com.bbm.model	Book.java	图书类模型
	BookType.java	图书类型类模型
	BorrowBook.java	图书借阅类模型
	Reader.java	读者类模型
	ReaderType.java	读者类型类模型
	Users.java	用户类模型

具体任务成果如图 4-1 所示。

图 4-1 图书借阅系统实体类文件组织结构

4.2 项目的提出

图书借阅系统需求分析和数据库创建之后,需要实现系统的功能,在实现功能的过程中,需要对数据表进行操作,可以在程序中直接访问数据库,这样做的问题在于,降低了系统的安全性,同时,系统后续维护和扩展也非常不方便。因此,可以通过创建实体类,实现数据库表的映射,封装数据库中的数据,通过对实体类的操作,映射到数据库表,这样,既提高了系统的安全性,使程序代码简洁,又提高了复用性和可扩展性。

4.3 实施项目的预备知识

预备知识的重点内容:
(1)掌握 Java 语言的标识符、关键字、注释及分隔符。
(2)掌握 Java 语言的数据类型。
(3)掌握 Java 语言的变量与常量。
(4)掌握面向对象程序设计。
(5)掌握类的定义和对象的创建。
(6)掌握类成员的定义。
(7)掌握类的访问与封装。
(8)掌握 Java 语言的包。

4.3.1 标识符、关键字及注释

1. 标识符

Java 语言标识符的命名规则如下。
(1)标识符由字母、数字、下划线、美元符组成,且第一个字符必须是字母、下划线或美元符。标识符的长度不能超过 65 535 个字符。

(2) 标识符严格区分大小写。
(3) 不能使用关键字。
(4) 标识符应具有一定含义,即能反映对象的含义

标识符的命名应该遵守一定的规范,以使程序具有良好的可读性,具体的命名规范如表 4-2 所示。

表 4-2 Java 标识符命名规范

标识符类型	常规命名原则	示 例
类名	每个单词的首字母大写	Book,BorrowBook
变量名|方法名	第一个单词全部小写,后面每个单词首字母大写	showBook
常量名	所有字母大写,单词之间用下划线连接	MAX_VALUE
包名	全部小写,一般为公司域名反转	com.bbs.model

2. 关键字

关键字是 Java 语言本身使用的标识符,它有其特定的语法含义,用户只能按系统规定的方式使用,如 public 表示公有的,static 为静态的。所有的 Java 语言中关键字都不能当作一般的标识符使用。关键字都用小写的英文字母表示,具体如下。

abstract	do	implements	private	this
boolean	double	import	protected	throw
break	else	instanceof	public	throws
byte	extends	int	return	transient
case	false	interface	short	true
catch	final	long	static	try
char	finally	native	strictfp	void
class	float	new	super	volatile
continue	for	null	switch	while
default	if	package	synchronized	

关键字按用途分类如下。

用于数据类型:boolean,byte,char,double,false,float,int,long,new,null,short,true,void,instanceof。

用于语句:break,case,catch,continue,default,do,else,finally,for,if,return,super,switch,this,throw,try,while。

用于修饰:abstract,final,native,private,protected,public,static,synchronized,transient,volatile。

用于方法、类、接口、包:class,extends,implements,interface,package,import,throws。

3. 注释符

注释是程序员为了提高程序的可读性和可理解性,帮助记忆和代码维护,在源程序的开

始或中间对程序的功能、作者、使用方法等所写的注解。注释语句仅用于阅读源程序,系统编译程序时,编译器会把注释语句排除在外,也就是说,注释语句是不会被编译执行的。

一个好的程序应该包含足够的注释。Java 支持如下三种格式的注释。

1) //注释内容

以//开始,最后以回车结束,称为单行注释格式,表示注释一行,一般放在被注释语句上一行或行末。如果注释一行写不完,需要在后一行开头再加//。

2) /*注释内容*/

以/*开始,最后以*/结束,中间可以写多行,称为块注释格式,表示注释一行或多行。

3) /**注释内容*/

以/**开始,最后以*/结束,称为 Java 文档注释格式,可以采用 JDK 中提供的 javadoc 工具来根据注释内容自动生成 HTML 代码说明文档,这些注释只应用在声明之前。

4. 分隔符

Java 有以下常用分隔符。

. 点号:用于分隔包、子包和类或分隔引用变量中的变量和方法。

; 分号:是 Java 语句结束的标记。

, 逗号:分隔方法的参数和变量声明中连续的标识符,或在 for 语句中连接语句等。

: 冒号:说明语句标号。

{ } 大括号:用来定义复合语句、方法体、类体及数组的初始化。

[ ] 方括号:用来定义数组类型及引用数组的元素值。

( ) 圆括号:用于在方法定义和访问中将参数表括起来,或在表达式中定义运算的先后次序,或在控制语句中将表达式和类型转换括起来。

例如:标识符、关键字、注释和分隔符的使用。

```
/*
 *第一个 Java 程序
 *演示标识符、关键字、注释和分隔符的使用
 */
public class Example{
    public static void main(String args[ ]){
        //定义整型变量
        int i = 3 ;
        System.out.println(i);
    } }
```

说明:

(1) 程序的前面是一个多行注释,对程序加以描述。main()方法里设置了单行注释,用来解释语句 int i=3;。

(2) class 是关键字,用来定义类,public 说明这个类是公有的。Example 是标识符,用来说明类的名称。为了与类的其他成员区别,要将类名的第一个字母大写。

(3) 第一行末尾与最后一行是一对大括号,括号中为类体。类体中定义了类的成员:变量和方法,并指明成员的访问权限,本例中定义了一个方法 main,定义了整型变量 i。

(4) 第二行由 public static void 关键字说明方法 main 是公有的、静态的、无返回值的成

员方法。()里的内容是参数定义,args是数组名,也称为命令行参数标识符,String是字符串类名,说明args参数数组为字符串类,[]说明args数组是一维的,是固定用法。

(5) 第三行定义了一个整型变量i,其中i为变量标识符,并赋初始值为3。

(6) 第四行,输出显示变量i的值,显示结束换行。

程序的运行结果显示如下,即将变量i的值3输出显示:

3

【补充】 上述程序的编写与运行,需要使用MyEclipse开发工具。第一步,创建项目。第二步,在项目的默认包中直接创建类,右击项目名,选择New命令,再选择Class命令;或者也可以先创建包,再创建类,具体参见4.4.1~4.4.3节。

4.3.2 数据类型

Java语言是一种强类型的语言,在声明任何变量时,必须为该变量指定一种数据类型。Java语言提供了两种数据类型:基本数据类型和引用数据类型,其分类如下。

1. 基本数据类型

不同的数据类型在计算机里面表示的数值范围和占用的内存大小都不一样,表4-3给出了Java基本数据类型的长度和表示范围。

表4-3 Java基本数据类型

数据类型	名称	位长	默认值	取值范围
字节型	byte	8	0	$-2^7 \sim 2^7-1$
短整型	short	16	0	$-2^{15} \sim 2^{15}-1$
整型	int	32	0	$-2^{31} \sim 2^{31}-1$
长整型	long	64	0	$-2^{63} \sim 2^{63}-1$
单精度型	float	32	0.0	$-3.4 \times 10^{38} \sim +3.4 \times 10^{38}$
双精度型	double	64	0.0	$-1.7 \times 10^{308} \sim +1.7 \times 10^{308}$
字符型	char	16	'\u0000'	'\u0000' ~ '\uffff'
布尔型	boolean	1	false	true,false

表 4-3 中，前 6 种为数值型数据类型，在 Java 语言中，所有数值类型都与系统平台无关。

【例 4-1】 基本数据类型示例。

```java
public class Variable {
    publicstaticvoid main(String[] args) {
        System.out.println("字符型:" + 'B');
        System.out.println("短整型:" + 32767);
        System.out.println("整型:" + 23);
        System.out.println("长整型:" + 123456789L);
        System.out.println("布尔型: " + true);
        System.out.println("字节型: " + 65);
        System.out.println("单精度型: " + 12.3456789F);
        System.out.println("双精度型: " + 1.23E - 308);
    }
}
```

程序运行结果如下：

字符型:B
短整型:32767
整型:23
长整型:123456789
布尔型:true
字节型: 65
单精度型: 12.3456789
双精度型: 1.23E - 308

2．引用数据类型

Java 中引用数据类型包括数组、类和接口。8 种基本数据类型在 Java 中都有对应的封装类型，也就是引用类型，它们不仅包含基本数据类型所能表示的数据，而且包含一些特定的方法，通过这些方法可以对数据进行专门的操作。

（1）整数类型：Byte、Short、Integer、Long。
（2）浮点数类型：Float、Double。
（3）字符型：Character。
（4）布尔类型：Boolean。

常用 Java 引用数据类型如表 4-4 所示。

表 4-4　Java 引用数据类型

数据类型	关键字	功能举例	功能说明
字符型	Character	Character.toUpperCase('a')	将小写字母转变成大写字母
		Character.toLowerCase('A')	将大写字母转变成小写字母
整型	Integer	Integer.valueOf("123")	将字符串转变成 int 数据
		Integer.MIN_VALUE	表示 int 类型数据的最小值
		Integer.MAX_VALUE	表示 int 类型数据的最大值

续表

数据类型	关键字	功能举例	功能说明
浮点型	Float	Float.toString(2.3F)	将 float 数值转变成字符串
		Float.MIN_VALUE	表示 float 类型数据的最小值
		Float.MAX_VALUE	表示 float 类型数据的最大值
双精度型	Double	Double.valueOf("2.3")	将字符串转变成 double 数据
		Double.MIN_VALUE	表示 double 类型数据的最小值
		Double.MAX_VALUE	表示 double 类型数据的最大值
字符串类	String	String.valueOf(123)	将数值 123 转换成字符串

【例 4-2】 引用数据类型示例。

```
public class DataType {
    public static void main(String[ ] args) {
        System.out.println(Character.toUpperCase('a'));    //将小写 a 转换成大写 A
        System.out.println(Integer.parseInt("12"));        //将字符串"12"转变成 int 数据
        System.out.println(Integer.MIN_VALUE);             //得到 Integer 型数据的最小值
        System.out.println(Integer.MAX_VALUE);             //得到 Integer 型数据的最大值
        System.out.println(Long.parseLong("12"));          //将字符串转变成 long 值
        System.out.println(Float.toString(2.3F));          //将 float 数转变成字符串"2.3"
        System.out.println(Double.valueOf("2.3"));         //将"2.3"转变成 double 值
        System.out.println(String.valueOf(123));           //将 123 转换成字符串
    }
}
```

程序运行结果如下：

```
A
12
-2147483648
2147483647
12
2.3
2.3
123
```

引用数据类型和基本数据类型不同,基本数据类型的变量名是变量本身,而引用数据类型的变量名是变量的存储地址。因此,引用数据类型的变量不能用==来判断是否相等,实际上==是检查两个引用变量是否指向同一地址,而不是检查其中的内容是否相等。

4.3.3 变量与常量

1. 常量

常量是指在程序中直接给出的一个符号串,作用是为变量赋值或参与表达式的运算。它可以是一个具体的数值或字符串。常量在程序执行过程中是不可更改的,它与变量的区别是不占用内存。Java 约定常量标识符名全部由大写字母组成,如 PI；多个单词间以下划线连接,如 MAX_INTEGER、MAX_ARRAY_NUM。

1) 整型常量

整型常量即用计算机表示某个整数值,书写时可采用十进制、十六进制和八进制形式。十进制常量以非 0 开头后跟多个 0~9 之间的数字,如十进制(12);八进制以 0 开头后跟多个 0~7 之间的数字,如八进制(017);十六进制则以 0x 开头后跟多个 0~9 之间的数字或 a~f 之间的小写字母或 A~F 之间的大写字母,如十六进制(0x1F)。

Java 语言中提供了 4 种整型数据类型:byte、short、int 和 long。byte 和 short 类型主要应用于底层文件处理或在存储空间非常宝贵,又需要保存大型数组的特殊情况中。long 类型可以表示非常大的整数。int 类型是最常用的,默认为 32 位,而要表示 64 位的 long 类型常量则在普通数字后面要加上 L 或 l,如 23L。

2) 实型常量

Java 的实型常量有以下两种表示形式。

(1) 十进制数形式:由数字和小数点组成,并且必须有小数点,如.123、0.123、123.0。

(2) 科学记数法形式:对于较大或较小的数可以使用科学记数法形式,如 1.26E5 或 1.26E−5,其中字母 e 或 E 之前必须有数字,且 e 或 E 后面的指数必须为整数。

对于一个实数,由于表示的精度不同,有单精度(float)和双精度(double)之分,由于 Java 中实型常量默认为在计算机中占 64 位的 double 型,所以单精度数后面要加 f 或 F 来表示,如 5.1f、.4f、2e3f 等。精度更高的小数,双精度数后面带 d 或 D 来表示,后者只是小数不加后缀,如 5.1d、.4、2e−3 等。

3) 字符常量

单个 ASCII 字符用单引号括起来,即为字符常量,如'a'、'8'等。Java 的字符型采用国际编码标准 Unicode,每个码有 16 位,可容纳 65 536 个字符,有效地解决了用 ASCII 双字节码表示东方文字带来的诸多不便,使 Java 处理多语种的能力大大加强,如'\u0027'。对无法通过键盘输入的字符,可用转义符表示,如表 4-5 所示。

表 4-5 转义符号表

转义符号	Unicode 编码	功能
'\b'	'\u0008'	光标退一格,相当于 Back Space 键
'\t'	'\u0009'	水平制表符(Tab),将光标移至下一个制表符位置
'\n'	'\u000a'	换行,将光标移至下一行的开始处
'\f'	'\u000c'	进纸,换页
'\r'	'\u000d'	回车,将光标移至当前行的开始,不移到下一行
'\"'	'\u0022'	双引号,输出一个双引号
'\''	'\u0027'	单引号,输出一个单引号
'\\'	'\u005c'	反斜杠,输出一个反斜杠

4) 布尔型常量

布尔型常量只有两个值 true 和 false,分别代表真和假两种状态,且它们不对应于任何整数值,用于逻辑条件的判断。注意,书写时直接使用 true 和 false 这两个英文单词,不能加引号。

5) 字符串常量

字符串常量是用一对双引号括起来的一串字符。当字符串只包含一个字符时,不要与字符常量混淆,例如,'A'是字符常量,而"A"是字符串常量。字符串常量中可包含转义字符,例如,"Hello \nWorld"在中间加入了一个换行符,那么输出时这两个单词将显示在两行上。

6) null 常量

null 常量只有一个值,用 null 表示,表示对象的引用为空。

2. 变量

变量是程序中存储单元的标识符表示,是内存中的一块空间,提供了可以存放信息和数据的地方,具有记忆数据的功能。通常用小写字母或单词作为变量名,程序运行过程中其值是可以改变的。Java 程序中的变量具有名称、类型、值和作用域等特性。

1) 变量命名

变量必须有一个名字,且变量名的定义必须符合以下变量的命名规则。

(1) 变量名是由 Unicode 字母或是数字组成的不间断序列(中间不能有空格),长度不限,但系统只接受前 32 个字符。并且必须以小写字母开头,第一个字符不能是数字。

(2) 变量名必须是一个合法的标识符,不能是一个关键字(如 int)、布尔值(true 或 false)或保留字(null)。

(3) 变量名在同一个作用域中必须是唯一的,变量名区分大小写。

(4) 如果变量名由多个单词组成,则将单词连在一起写,除第一个单词,后面的每个单词的首字母大写,如:regDate、totalNum。

2) 变量的声明

Java 是强类型语言,这就意味着每一个变量都必须有一个数据类型。变量在使用之前必须先声明,声明变量包括两项内容:变量名和变量的类型。通过变量名可使用变量包含的数据。变量的类型决定了它可以容纳什么类型的数值以及可以对它进行什么样的操作。声明变量的格式为:

类型 变量名[,变量名 2,…,变量名 n];

或

类型 变量名[,变量名 2,…,变量名 n] = 初值,…;

3) 变量初始化

变量在声明后,可以通过赋值语句对其进行初始化。Java 用 = 号来表示给变量赋值,语法为:

varName = [varName2 =]表达式;

如:

```
double salary;
salary = 200d;
```

变量赋值将右边的"表达式"的值保存在左边的变量中,也可以用另一种形式同时给多个变量赋值:

类型 varName = 表达式 1[, varName2 = 表达式 2];

如：

double salary1, salary2 ;
salary1 = 200d, salary2 = 300d;

变量还可以在声明的同时进行初始化：

double salary = 200d;

注意：变量的赋值需要=号两边的数据类型一致，即定义的变量是 float，给它赋值的常量也必须用 float 型的常量，除非它们可以进行自动类型转换。

另外，Java 语言中还有一种特殊的 final 类型的变量，称作常量。final 类型的变量在初始化后就不能再重新对其赋值，常用于表示一些固定不变的值。声明常量的格式：

final 类型 常量名[,常量名] = 值,…;

如：

final double PI = 3.1415926;

【例 4-3】 变量示例。

```java
public class Assign {
    public static void main (String args [ ] ) {
        int x , y ;                  //定义 x、y 两个整型变量
        float z = 1.234f ;           //指定变量 z 为 float 型,且赋初值为 1.234
        double w = 1.234 ;           //指定变量 w 为 double 型,且赋初值为 1.234
        boolean flag = true ;        //指定变量 flag 为 boolean 型,且赋初值为 true
        char c ;                     //定义字符型变量 c
        String str ;                 //定义字符串变量 str
        String str1 = " Hi " ;       //指定变量 str1 为 String 型,且赋初值为 Hi
        c = 'A' ;                    //给字符型变量 c 赋值'A'
        str = " bye " ;              //给字符串变量 str 赋值"bye"
        x = 12 ;                     //给整型变量 x 赋值为 12
        y = 300;                     //给整型变量 y 赋值为 300
    }
}
```

4) 变量的作用域

变量要先定义，后使用，但也不是在变量定义后的语句一直都能使用前面定义的变量。变量定义所在的位置决定了变量的作用域，根据变量定义所在的位置不同，可以分为以下 4 类。图 4-2 为变量的作用域图。

(1) 类成员变量。
(2) 局部变量。
(3) 方法参数变量。
(4) 异常处理参数变量。

可以用大括号将多个语句包起来形成一个复合语句，变量只能在定义它的复合语句中使用。

图 4-2 变量的作用域

【例 4-4】 常量的定义、变量的定义和其作用范围等。

```
public class TypeDefinition {
    static char charVar = '\t';        //定义字符型变量 charVar
    static final float floatVar = 3.1415926f;      //定义单精度浮点常量 floatVar
    public static void main(String[] args) {
    String stringVar = "Java";        //字符串变量 stringVar 在该语句块中有效
    System.out.print("类中定义: floatVar = " + floatVar + charVar + "stringVar = " + stringVar);
    System.out.println();              //光标换行,下面的结果在新行输出
    show();
      }
       static void show(){
         String stringVar = "北京";
         System.out.println("类中定义: floatVar = " + floatVar);
         System.out.println("方法中定义: stringVar = " + stringVar);
    }
}
```

程序运行结果如下：

类中定义: floatVar = 3.1415925 stringVar = Java
类中定义: floatVar = 3.1415925
方法中定义: stringVar = 北京

5）变量类型的转换

类型转换就是指在不同的数据类型之间进行运算时,需要转换成统一的类型来进行,不同的数据类型之间有一定的转换规则。

变量的类型转换可以分为自动类型转换和强制类型转换两种。

自动类型转换也称为隐式类型转换,即不用在编程时说明,系统会自动进行类型转换。自动类型转换的规则与数据的精度有关,一般原则是低精度可以自动转换到高精度。整型、实型、字符型数据可以混合运算。运算中,不同类型的数据先转化为同一类型,然后进行运算,转换从低级到高级。

图 4-3 可以表示进行自动类型转换的方向。如 byte 可自动转换成 short 型,也可以自动转换成 int 型。但如果高精度转换成低精度的就需要进行强制类型转换。

$$\text{byte,short, char} \rightarrow \text{int} \rightarrow \text{long} \rightarrow \text{float} \rightarrow \text{double}$$

低 ⟶ 高

图 4-3　不同类型数据间的优先关系

强制类型转换采用在值前加上数据类型的形式进行。

变量类型强制转换的格式为:

(数据类型) 数据表达式

例如:

```
int i;
byte b = (byte)i;     /* 把 int 型变量 i 强制转换为 byte 型 */
```

注意:在进行强制类型转换时,目标类型要能容纳原类型的所有信息。整型和字符型变量位长是不同的,整型是 32 位,而字符型是 16 位,所以从整型转换到字符型可能会丢失信息;同样,把 64 位的长整型转换为整型时,由于长整型有比 32 位更多的信息,也很可能会丢失信息;即使两个数有相同的位数,如 int 型和 float 型(都是 32 位),从 float 型转换为 int 型时也会丢失信息。表 4-6 列出了不会丢失信息的类型转换。

表 4-6　不会丢失信息的数据类型转换

原始类型	目标数据类型	原始类型	目标数据类型
byte	short、char、int、long、float、double	int	long、float、double
short	int、long、float、double	long	float、double
char	int、long、float、double	float	double

【例 4-5】 数据转换时的数据丢失。

```
public class TypeConversion {
    public static void main(String[] args) {
        int intVar = 0xff56;          //十六进制的整数
        byte byteVar = (byte)intVar;
        System.out.println("intVar = " + Integer.toString(intVar,2) + "; " + intVar);
        System.out.println("byteVar = " + Integer.toString(byteVar,2) + "; " + byteVar);
        System.out.println("32 位的整数强制转换为 8 位的字节数后数据丢失.");
    }
}
```

程序运行结果如下:

intVar = 1111111101010110; 65366
byteVar = 1010110; 86

32位的整数强制转换为8位的字节数后数据丢失。

4.3.4 运算符与表达式

Java 的运算符代表着特定的运算指令,程序运行时将对运算符连接的操作数进行相应的运算。表达式是算法语言的基本组成部分,它表示一种求值规则,通常是由操作数和运算符按一定的语法形式组成的符号序列。操作数是参加运算的数据,可以是常量、常数、变量或成员方法引用。表达式中出现的变量名必须已经被初始化。

表达式按照运算符的优先级进行计算,求得一个表达式的值。Java 规定了表达式的运算规则,对操作数类型、运算符性质、运算结果类型及运算次序都做了严格的规定,程序员使用时必须严格遵循系统的规定,不能自定义。

按照运算符功能来分,Java 运算符有 6 种:算术运算符、关系运算符、逻辑运算符、条件运算符、赋值运算符、位运算符。

按照连接操作数的数目来分,可有一元运算符、二元运算符、三元运算符。

1. 算术运算符与表达式

Java 语言的算术运算符和功能如表 4-7 所示。

表 4-7 算术运算符

运算符	含义	示例	功能描述
-	负号运算符	-x	单目运算,将 x 取负值
++	自增运算符	i++	单目运算,等价于 i=i+1
--	自减运算符	i--	单目运算,等价于 i=i-1
+	加法运算符	5+3→8	将 5 和 3 相加,结果为 8
-	减法运算符	5-3→2	从 5 减去 3,结果为 2
*	乘法运算符	5*3→15	将 5 和 3 相乘,结果为 15
/	除法运算符	5/3→1	5 除以 3,结果为 1
%	求余运算符	5%3→2	5 除以 3 取余数,结果为 2

算术运算符按操作数的多少可分为一元运算符和二元运算符。一元运算符(-、++、--)只有一个操作数进行运算,而二元运算符有两个操作数参加运算。一元运算符与操作数之前不允许空格。自增、自减运算符不能用于表达式,只能用于简单变量。

如果对负数取模,可以把模数负号忽略不记,如 5%-2=1。但被模数是负数就另当别论了。

对于除号/,它的整数除和小数除是有区别的:整数之间做除法时,只保留整数部分而舍弃小数部分。如 int x=3510; x=x/1000*1000;实际运行结果是 3000;7%2=1 而 7.0%2=1.0。

Java 中的＋除了有加法算术运算功能外,还可以用来合并两个字符串,且当＋合并一个字符串与一个操作数时,Java 还能自动将操作数转化为字符串,如"x"＋123;的结果是"x123"。

【例 4-6】 算术运算符的使用。

```
public class TestArithmeticOP
{
    public static void main(String[] args) {
        int n = 1859,m;          //m存放n逆序后的整数
        int a,b,c,d;             //分别表示整数n的个、十、百和千位上的数字
        d = n/1000;
        c = n/100 % 10;
        b = n/10 % 10;
        a = n % 10;
        m = a * 1000 + b * 100 + c * 10 + d;
        System.out.println("原来的四位数: n = " + n);
        System.out.println("每位逆序后四位数: m = " + m);
    }
}
```

程序运行结果如下:

原来的四位数: n = 1859
每位逆序后四位数: m = 9581

2. 关系运算符与表达式

关系运算符是二元运算符,用于比较两个操作数的值并确定它们之间的关系,运算结果是一个布尔值。Java 编程语言中共有 6 个关系运算符,如表 4-8 所示。

表 4-8 关系运算符

运算符	含 义	示 例	功 能 描 述
>	大于运算符	'A'>'a'→false	比较 A 的编码值大于 a 的编码值,结果取值 false
<	小于运算符	'A'<'a'→true	比较 A 的编码值小于 a 的编码值,结果取值 true
>=	大于等于运算符	4>=3→true	比较 4 大于或等于 3,结果取值 true
<=	小于等于运算符	4<=3→false	比较 4 小于或等于 3,结果取值 false
==	等于运算符	4==3→false	比较 4 等于 3,结果取值 false
!=	不等于运算符	4!=3→true	比较 4 不等于 3,结果取值 true

注意:
(1) 关系运算符的结果都是 boolean 型,也就是要么是 true,要么是 false。
(2) 关系运算符＝＝不能误写成＝。

3. 逻辑运算符与表达式

逻辑运算符只能对布尔类型的操作数进行运算,并且运算结果也是布尔类型的值。

Java 语言中提供了 6 种逻辑运算符,如表 4-9 所示。

表 4-9 逻辑运算符

运算符	含 义	示 例	功 能 描 述
&&	逻辑与运算符	(4>3)&&(6>5)→true	"条件与",仅当两个表达式的值都为 true 时,结果取值 true
||	逻辑或运算符	(4>3)||(6<5)→true	"条件或",至少有一个表达式的值为 true 时,结果取值 true
^	逻辑异或运算符	(4>3)^(6<5)→true	"异或",仅当两个表达式的值相异时,结果取值 true
!	逻辑非运算符	!(4>=3)→false	"非",当表达式的值为 true 时,结果取值 false
&	布尔逻辑与运算符	(4>3)&(6>5)→true	"与",仅当两个表达式的值都为 true 时,结果取值 true
|	布尔逻辑或运算符	(4>3)|(6<5)→true	"或",至少有一个表达式的值为 true 时,结果取值 true

逻辑表达式通常由多个关系表达式构成,最终运算结果为布尔值 true 或 false。

& 和 && 的区别在于,如果使用前者连接,那么无论任何情况,& 两边的表达式都会参与计算。如果使用后者连接,当 && 的左边表达式为 false,则将不会再计算其右边的表达式即可得出结论。所以,最有可能取 false 值的表达式尽量放在左面,以提高表达式的运算速度。

| 和 || 的区别与 & 和 && 的区别一样。如果使用后者连接,当 || 的左边表达式为 true,则将不会再计算其右边的表达式即可得出结论。所以,最有可能取 true 值的表达式尽量放在左面,以提高表达式的运算速度。

【例 4-7】 逻辑运算符的使用。

```
public class TestLogicOP {
    public static void main(String[] args) {
        boolean b1,b2 = true,b3,b4;
        b1 = !b2;
        System.out.println("逻辑值: b1 = " + b1 + " b2 = " + b2 + " b1&b2 = " + (b1&b2));
        int x = 2,y = 7;
        b3 = x > y&&x++ == y-- ;
        System.out.println("逻辑值: b3 = " + b3 + " x = " + x + " y = " + y);
        x = 2;y = 7;
        b4 = x > y&x++ == y-- ;
        System.out.println("逻辑值: b4 = " + b4 + " x = " + x + " y = " + y);
    }
}
```

程序运行结果如下。

逻辑值: b1 = false   b2 = true   b1&b2 = false
逻辑值: b3 = false   x = 2   y = 7
逻辑值: b4 = false   x = 3   y = 6

4. 条件运算符与表达式

条件运算符是三元运算符,有三个操作数。条件表达式的格式为:

<表达式 1>?<表达式 2>: <表达式 3>

条件运算符的执行顺序是:先计算表达式 1 的值,当值为真时,则将表达式 2 的值作为整个表达式的值;反之则将表达式 3 的值作为整个表达式的值。

【例 4-8】 用三目条件运算符求三个小数的最大值和最小值。

```java
public class FindMaxMin
{
    public static void main(String args[])
    {
        double d1 = 1.1,d2 = -9.9,d3 = 96.9;
        double temp,max,min;
        //求三个数的最大值
        temp = d1 > d2?d1:d2;
        max = temp > d3?temp:d3;
        //求三个数的最小值
        temp = d1 < d2?d1:d2;
        min = temp < d3?temp:d3;
        //显示结果
        System.out.println("max = " + max);
        System.out.println("min = " + min);
    }
}
```

程序运行结果:

max = 96.9
min = -9.9

5. 位运算符与表达式

位运算符是对整数中的位进行测试、置位或移位处理,是对数据进行按位操作的手段。位运算符如表 4-10 所示。

表 4-10 位运算符

运算符	含 义	示 例	功 能 描 述
&	位与运算符	op1&op2	op1 和 op2 对应位进行与运算
|	位或运算符	op1 | op2	op1 和 op2 对应位进行或运算
^	位异或运算符	op1 ^ op2	op1 和 op2 对应位进行异或运算
~	位非运算符	~op1	对 op1 的每一位求反,即 1 变 0,0 变 1
<<	位左移运算符	op1<<op2	op1 的每一位左移 op2 个位置
>>	位右移运算符	op1>>op2	op1 的每一位右移 op2 个位置
>>>	位右移运算符	op1>>>op2	op1 的每一位无符号右移 op2 个位置

注意：在操作数为布尔类型时，运算符 &、| 和 ^ 是作为逻辑运算符。但是当操作数为数值类型时，运算符 &、| 和 ^ 是作为位运算符。

位运算的操作数仅限于**整型数据**（short、int、long）和**字符型数据**（char），按每个整数的二进制位进行运算，结果为一个整数。

例如：

~4=-5	等价于二进制	~00000100=11111011
6|2=6	等价于二进制	0110|0010=0110
4&2=0	等价于二进制	0100&0010=0000
6^2=4	等价于二进制	0110^0010=0100
8>>2=2	1000 右移两位为 0010	
1<<2=4	0001 左移两位为 0100	

>> 与 >>> 的功能都是右移，但 >> 可保持符号位不变，而 >>> 则用零来填充右移后留下的空位，包括符号位。

【例 4-9】 位运算符的使用。

```
public class TestBitOperation
{
    public static void main(String[] args) {
        byte b1 = 125, b2 = 38;
        int i1, i2, i3;
        i1 = b1 ^ b2;
        System.out.println(" b1 = " + Integer.toString(b1,2));
        System.out.println(" b2 = " + Integer.toString(b2,2));
        System.out.println(" b1 ^b2 = " + Integer.toString(i1,2));
        i2 = b1 >> 2;
        i3 = b1 << 2;
        System.out.println(b1 + "右移两位相当于除 4: " + i2);
        System.out.println(b1 + "左移两位相当于乘 4: " + i3);
    }
}
```

程序运行结果如下：

b1 = 1111101
b2 = 100110
b1 ^b2 = 1011011
125 右移两位相当于除 4: 31
125 左移两位相当于乘 4: 500

6. 赋值运算符与表达式

赋值运算符可以与二元、布尔和位运算符组合成简洁的使用方式，从而简化一些常用的表达式。赋值运算符如表 4-11 所示。

表 4-11 赋值运算符

运算符	用法	等效表达式	示例	功能描述
=	op1=op2		x=5	把 5 赋给变量 x
+=	op1 += op2	op1 = op1 + op2	x=5，x+=10	相当于 x= x+10,把 15 赋给变量 x
-=	op1 -= op2	op1 = op1-op2	x=5，x-=10	相当于 x= x-10,把 -5 赋给变量 x
*=	op1 *= op2	op1 = op1 * op2	x=5，x*=10	相当于 x= x*10,把 50 赋给变量 x
/=	op1 /= op2	op1 = op1 / op2	x=5，x/=2	相当于 x= x/2,把 2 赋给变量 x
%=	op1 %= op2	op1 = op1 % op2	x=5，x%=2	相当于 x= x%2,把 1 赋给变量 x
&=	op1 &= op2	op1 = op1 & op2	x=5，x&=2	相当于 x= x&2,把 0 赋给变量 x
|=	op1 |= op2	op1 = op1 | op2	x=5，x|=2	相当于 x= x|2,把 7 赋给变量 x
^=	op1 ^= op2	op1 = op1 ^ op2	x=5，x^=2	相当于 x= x^2,把 7 赋给变量 x
<<=	op1 <<= op2	op1 = op1 << op2	x=5，x<<=2	相当于 x= x<<2,把 20 赋给变量 x
>>=	op1 >>= op2	op1 = op1 >>op2	x=-5，x>>=2	相当于 x= x>>2,把 -1 赋给变量 x
>>>=	op1>>>= op2	op1= op1 >>> op2	x=-5,x>>>=2	相当于 x= x>>>2,把 1 赋给变量 x

Java 的赋值运算符与 C 语言类似,a+=b;等效于 a=a+b;其他 -=,*=,/=,%= 都是类似的。此外,在 Java 里可以把赋值语句连在一起,例如:

x = y = z = 5;

在这个语句中,相当于三个表达式 z=5,y=z,x=y,所以三个变量都得到同样的值 5。

【例 4-10】 通过赋值交换两个整型变量的值。

```java
public class ExchangeTest {
    public static void main(String[] args) {
        int a = 5,b = 6;
        System.out.println("a = " + a + "\tb = " + b);
        a = a + b;
        b = a - b;
        a = a - b;
        System.out.println("a = " + a + "\tb = " + b);
    }
}
```

程序运行结果如下:

```
a = 5   b = 6
a = 6   b = 5
```

7. 运算符的优先级与表达式的类型提升

表达式的运算按照运算符的优先顺序从高到低进行,同级运算符具有相同的优先级,从左到右进行。运算符具有结合性,大多数双目运算符均为自左向右的结合性,单目运算符为自右向左的结合性。结合性确定同级运算符的运算顺序。Java 语言运算符的优先级和结合性如表 4-12 所示。

例如,对于表达式 Result=sum==0?1:num/sum;Java 处理时会按照表 4-12 的次序进行先高后低的计算,分为以下 4 步完成。

第 1 步:result=sum==0?1:(num/sum)

第 2 步:result=(sum==0)?1:(num/sum)

第 3 步:result=((sum==0)?1:(num/sum))

第 4 步:result=

任何时候,无法确定某种计算的执行次序时,可以用加括号的方法明确为编译器指定运算顺序。

表 4-12   Java 语言运算符的优先级和结合性

优先级	运算符	含义	操作数	结合性
1	. [ ] ( )			
2	expr++ expr--	后自增自减 1	单目	右
3	++expr --expr	前自增自减 1	单目	左
4	! ~ instanceof	逻辑非,按位取反	单目	右
5	new (type)	内存分配,强制类型转换	单目	右
6	* / %	算术乘,除,取余	双目	左
7	+ -	算术加,减	双目	左
8	>> >>> <<	移位运算	双目	左
9	> < >= <=	关系运算	双目	左
10	== !=	等于、不等于运算	双目	左
11	&	位与运算符	双目	左
12	|	位或运算符	双目	左
13	^	位异或运算符	双目	左
14	&&	逻辑与运算符	双目	左
15	||	逻辑与运算符	双目	左
16	?:	条件运算符	三目	右
17	= *= /= %= += -= <<= >>= >>>= &= ^= |=	赋值运算符	双目	右

【例 4-11】 求一个三位数的数字之和。

首先求得这个三位数的个、十、百位上的数字,将各位数字相加就是该三位数的数字之和。本例演示整数类型的运算。程序如下:

```
public class Digsum3
{
    public static void main(String args[])
    {
        int n = 123, a = 0, b = 0, c = 0, digsum = 0;
        a = n % 10;                    //个位
        b = (n % 100) /10;             //十位
        c = n / 100;                   //百位
        digsum = a + b + c;
        System.out.println("Digsum(" + n + ") = " + digsum);
    }
}
```

程序运行结果如下：

Digsum(123) = 6

【例 4-12】 求圆的面积。

给出一个圆的半径，可以求出圆的面积值。本例演示实数类型的运算，定义 PI 为 float 型常量。程序如下：

```
public class Circle_area
{
    public static void main(String args[])
    {
        final float PI = 3.14f;
        float r = 2.5f, area;
        area = PI * r * r;
        System.out.println("Area(" + r + ") = " + area);
    }
}
```

程序运行结果如下：

Area(2.5) = 19.625

4.3.5 面向对象程序设计

过去的几十年中，程序设计语言对抽象机制的支持程度不断提高：从机器语言到汇编语言，到高级语言，直到面向对象语言。汇编语言出现后，程序员就避免了直接使用 0、1，而是利用符号来表示机器指令，从而更方便地编写程序；当程序规模继续增长的时候，出现了 FORTRAN、C、Pascal 等高级语言，这些高级语言使得编写复杂的程序变得容易，程序员们可以更好地对付日益增加的复杂性。但是，如果软件系统达到一定规模，即使应用结构化程序设计方法，局势仍将变得不可控制。作为一种降低复杂性的工具，面向对象语言产生了，面向对象程序设计也随之产生。

客观世界是由许多不同种类的对象构成的，每一个对象都有自己的运动规律和内部状态，不同对象之间相互联系、相互作用。面向对象是客观世界模型的自然延伸，从现实世界中客观存在的事物（即对象）出发来构造软件系统，将现实世界中任何实体都可以看作是对象,作为系统基本构成单位。现实世界中任何实体都可归属于某类事物,任何对象都是某一类事物的实例。利用对现实世界中对象的抽象和对象之间相互关联和作用的描述来对现实世界进行模拟,并使其映射到目标系统中。面向对象的编程思想更加符合人的思维方式,编写的程序更加健壮和强大,具有更好的可重用性、可扩展性和可管理性。所以面向对象的主要概念包括对象、类、继承、封装、多态等。

1. 对象

对象是系统中用来描述客观事物的一个实体,是现实实体的抽象,也是构成系统的基本单位。它不仅能表示有形的实体,也能表示无形的(抽象的)规则、计划或事件。对象由数据(描述事物的属性)和作用于数据的操作(体现事物的行为)构成一独立整体。例如,汽车的属性有型号、颜色、价格、生产厂家等;行为有启动、加速、减速等。从程序设计者来看,对象是一个程序模块,从用户来看,对象为他们提供所希望的行为。

2. 类

类是对象的模板。即类是对一组有相同数据和相同操作的对象的定义,一个类所包含的方法和数据描述一组对象的共同属性和行为。类是在对象之上的抽象,对象则是类的具体化,是类的实例。类可有其子类,也可有父类,形成类层次结构。

3. 消息

消息是对象之间进行通信的一种规格说明。

4. 封装

封装是一种信息隐蔽技术,它体现于类的说明,是对象的重要特性。封装使数据和加工该数据的方法封装为一个整体,以实现独立性很强的模块,使得用户只能见到对象的外特性(对象能接受哪些消息,具有哪些处理能力),而对象的内特性(保存内部状态的私有数据和实现加工能力的算法)对用户是隐蔽的。封装的目的在于把对象的设计者和对象的使用者分开,使用者不必知晓行为实现的细节,只需用设计者提供的消息来访问该对象。

5. 继承

继承性是子类自动共享父类的数据和方法的机制。它由类的派生功能体现。一个类直接继承其他类的全部描述,同时可修改和扩充。继承具有传递性。继承分为单继承(一个子类只有一父类)和多重继承(一个类有多个父类)。类的对象是各自封闭的,如果没有继承性机制,则类对象中数据、方法就会出现大量重复。继承不仅支持系统的可重用性,而且还促进系统的可扩充性。

6. 多态

对象根据所接收的消息而做出动作。同一消息为不同的对象接收时可产生完全不同的行动,这种现象称为多态性。利用多态性用户可发送一个通用的信息,而将所有的实现细节都留给接收消息的对象自行决定,如是,同一消息即可调用不同的方法。例如,Print 消息被发送给一图或表时调用的打印方法与将同样的 Print 消息发送给一正文文件而调用的打印方法会完全不同。多态性的实现受到继承性的支持,利用类继承的层次关系,把具有通用功能的协议存放在类层次中尽可能高的地方,而将实现这一功能的不同方法置于较低层次,这样,在这些低层次上生成的对象就能给通用消息以不同的响应。

4.3.6 Java 语言简介

1. Java 语言的由来

Java 语言是 1995 年 5 月由 Sun 公司在 SunWorld 大会上发布的,由于其语言简单、健壮、安全性高、面向对象编程等众多优点,一经推出就受到广大程序人员的热捧,成为当今 IT 行业中编程用的主流语言,被称为网络"世界语"。

1991 年,Sun 公司的 Jame Gosling、Bill Joe 等人,为电视、控制烤面包机等家用电器的交互操作开发了一个 Oak(一种橡树名字)软件,它是 Java 的前身。当时,Oak 并没有引起人们的注意,直到 1994 年,随着互联网和 3W 的飞速发展,他们用 Java 编制了 HotJava 浏览器,得到了 Sun 公司首席执行官 Scott McNealy 的支持,得以研制和发展。由于促销和法律的原因,1995 年 Oak 更名为 Java。Java 的得名还有段小插曲。一天,Java 小组成员正在喝 Java 咖啡时,议论给新语言取名字的问题,有人提议用 Java(Java 是印度尼西亚盛产咖啡的一个岛屿),这个提议得到其他成员的赞同,于是就采用了 Java 来命名此新语言。很快 Java 被工业界认可,许多大公司如 IBM、Microsoft、DEC 等购买了 Java 的使用权,并被美国著名杂志 PC Magazine 评为 1995 年十大优秀科技产品。从此,开始了 Java 应用的新篇章。

Java 发展大事记:

(1) 1995 年 3 月,Sun 公司发布 Java,Java 语言诞生。

(2) 1996 年 1 月,JDK 1.0 发布。

(3) 1997 年 2 月,JDK 1.1 发布。

(4) 1998 年 12 月,JDK 1.2 发布,这是 Java 语言的里程碑,Java 也被首次划分为 J2SE\J2EE\J2ME 三个开发技术。不久 Sun 公司将 Java 改称 Java 2,Java 语言也开始被国内开发者学习和使用。

(5) 2000 年 5 月,JDK 1.3 发布。

(6) 2002 年 2 月,JDK 1.4 发布。

(7) 2004 年 10 月,JDK 1.5 发布,同时 Sun 公司将 JDK 1.5 改名为 J2SE 5.0。

(8) 2006 年 6 月,JDK 1.6 发布,也称 Java SE 6.0,同时 Java 的各版本去掉 2 的称号,J2EE 改称 Java EE,J2SE 改称 Java SE,J2ME 改称 Java ME。

(9) 2009 年 4 月 20 日,甲骨文以 74 亿美元收购 Sun 公司,取得 Java 的版权。

(10) 2011 年 7 月 28 日,甲骨文发布 Java 7.0 的正式版。

【补充】 JDK(Java Development Kit,Java 开发包,Java 开发工具)是一个编写 Java 程序的开发环境。它由一个处于操作系统层之上的运行环境,还有开发者编译、调试和运行用 Java 语言程序所需的工具组成,针对 Java 开发员的产品。自从 Java 推出以来,JDK 已经成为使用最广泛的 Java SDK(Software Development Kit)。JDK 中还包括完整的 JRE(Java Runtime Environment,Java 运行环境)。

JDK 一般有以下三种版本。

(1) Java SE(Standard Edition)，标准版，用于桌面程序、控制台开发。

(2) Java EE(Enterprise Edtion)，企业版，用于企业级开发。

(3) Java ME(Micro Edtion)，主要用于移动设备、嵌入式设备上的 Java 应用程序开发。

2. Java 语言的特点

在 Sun 公司的白皮书中，对 Java 的定义是"Java 是一种简单的，面向对象的，分布式的，解释型的，健壮安全的，结构中立的，可移植的，性能优异、多线程的动态语言"，这也充分体现了 Java 语言的特点。

(1) Java 语言是简单的。Java 语言的语法与 C 语言和 C++语言很接近，使得大多数程序员很容易学习和使用 Java。另一方面，Java 丢弃了 C++中很少使用的、很难理解的、令人迷惑的那些特性，如操作符重载、多继承、自动的强制类型转换。特别地，Java 语言不使用指针，并提供了自动的垃圾收集，使得程序员不必为内存管理而担忧。

(2) Java 语言是面向对象的。Java 语言提供类、接口和继承等，为了简单起见，只支持类之间的单继承，但支持接口之间的多继承，并支持类与接口之间的实现机制(关键字为 implements)。Java 语言是一个纯的面向对象程序设计语言。

(3) Java 语言是分布式的。Java 语言支持 Internet 应用的开发，在基本的 Java 应用编程接口中有一个网络应用编程接口(java.net)，它提供了用于网络应用编程的类库，包括 URL、URLConnection、Socket、ServerSocket 等。Java 的 RMI(远程方法激活)机制也是开发分布式应用的重要手段。

(4) Java 语言是健壮的。Java 的强类型机制、异常处理、垃圾自动收集等是 Java 程序健壮性的重要保证。Java 的安全检查机制使得 Java 更具健壮性。

(5) Java 语言是安全的。Java 通常被用在网络环境中，为此，Java 提供了一个安全机制以防恶意代码的攻击。除了 Java 语言具有的许多安全特性以外，Java 对通过网络下载的类具有一个安全防范机制(类 ClassLoader)，如分配不同的名字空间以防替代本地的同名类、字节代码检查，并提供安全管理机制(类 SecurityManager)让 Java 应用设置安全哨兵。

(6) Java 语言是体系结构中立的。Java 程序(后缀为 java 的文件)在 Java 平台上被编译为体系结构中立的字节码格式(后缀为 class 的文件)，然后可以在实现这个 Java 平台的任何系统中运行。这种途径适合于异构的网络环境和软件的分发。

(7) Java 语言是可移植的。这种可移植性来源于体系结构中立性，另外，Java 还严格规定了各个基本数据类型的长度。Java 系统本身也具有很强的可移植性，Java 编译器是用 Java 实现的，Java 的运行环境是用 ANSI C 实现的。

(8) Java 语言是解释型的。如前所述，Java 程序在 Java 平台上被编译为字节码格式，然后可以在实现这个 Java 平台的任何系统中运行。在运行时，Java 平台中的 Java 解释器对这些字节码进行解释执行，执行过程中需要的类在连接阶段被载入到运行环境中。

(9) Java 是高性能的。与那些解释型的高级脚本语言相比，Java 的确是高性能的。Java 的字节码能够迅速地转换成机器码，充分地利用硬件平台资源，从而可以得到较高的整体性能。另外，Java 平台含有大量的程序包，从开发的角度看，也是高效的。

(10) Java 语言是多线程的。Java 具有多线程机制，这使得程序能够并行地执行。它的同步机制也保证了对共享数据的共享操作,而且线程具有优先级的机制,有助于分别使用不同线程完成特定行为,也提高了交互的实时响应能力。

(11) Java 语言是动态的。Java 语言的设计目标之一是适应于动态变化的环境。Java 程序需要的类能够动态地被载入到运行环境,也可以通过网络来载入所需要的类。这也有利于软件的升级。另外,Java 中的类有一个运行时刻的表示,能进行运行时刻的类型检查。

Java 语言的优良特性使得 Java 应用具有无比的健壮性和可靠性,这也减少了应用系统的维护费用。Java 对对象技术的全面支持和 Java 平台内嵌的 API 能缩短应用系统的开发时间并降低成本。Java 编译一次,到处可运行的特性使得它能够提供一个随处可用的开放结构和在多平台之间传递信息的低成本方式。特别是 Java 企业应用编程接口(Java Enterprise APIs)为企业计算及电子商务应用系统提供了有关技术和丰富的类库。

3. Java 程序的编辑、编译和运行

Java 虚拟机(Java Virtual Machine,JVM)是整个 Java 实现跨平台的最核心的部分,所有的 Java 程序会首先被编译为.class 的类文件,这种类文件可以在虚拟机上执行,也就是说 class 并不直接与机器的操作系统相对应,而是经过虚拟机间接与操作系统交互,由虚拟机将程序解释给本地系统执行。JVM 是 Java 平台的基础,和实际的机器一样,它也有自己的指令集,并且在运行时操作不同的内存区域。JVM 通过抽象操作系统和 CPU 结构,提供了一种与平台无关的代码执行方法,即与特殊的实现方法、主机硬件、主机操作系统无关。JVM 是用软件模拟的计算机,它定义了指令集、寄存器集、类文件结构栈、垃圾收集堆、内存区域等,提供了跨平台能力的基础框架。

Java 程序分成两类:Java Applet 小应用程序和 Java Application 应用程序。Java 程序从源文件(*.java)经过编译生成字节码文件(*.class),再由解释器运行。

Java 程序开发的一般过程如图 4-4 所示。

图 4-4　Java 程序的开发过程

字节码文件也称类文件,它是 Java 虚拟机中可执行文件的格式,是与平台无关的二进制码,执行时由解释器解释成本地机器码,解释一句,执行一句。Java 编译器针对不同平台的硬件提供了不同的编译代码规范,使得 Java 软件能够独立于平台。

4.3.7 类的定义

Java 语言是一种面向对象语言。类是 Java 程序的基本组成单位,是描述一类对象的共同属性和行为方法的封装体,是对象的原型。开发人员编写 Java 程序实际上是在编写类代码,然后使用类来创建需要的对象。

Java 程序中,类是由类的声明和类的主体两部分组成。声明部分描述了类的修饰、名称及所继承的父类或实现的接口;类体部分包括变量和方法的声明。定义类的一般形式如下:

```
[public|abstract|final]class 类名[extends 父类名][implements 接口名]
{
    类的主体;
}
```

1. 类的声明

类定义中,"class"关键字和类的名字是必需项,其他都是可选项。

(1) 类的修饰。

① public:表示这个类不但能被同一个包中的其他类访问,而且能被其他包中的类访问。默认情况下,类只能由和它在同一个包中的其他类访问。

② abstract:表示这个类是抽象类,不能被实例化,也就是说不能定义这个类的对象。抽象类可以包含抽象方法,而抽象方法是没有实现的方法,所以,抽象类不具备具体功能,只用于衍生子类。

③ final:表示这个类是最终类,它不能有子类。

(2) extends 父类名:指示它所继承来的类的名称,也就是父类的名称。

(3) implements 接口名:表示这个类实现一个或多个接口,如果有多个接口,接口名之间应当用逗号隔开。

2. 类的主体

类的主体包括两部分:成员变量和成员方法。成员变量,用于表示类和对象的状态;成员方法,用于实现类和对象的行为。

【例 4-13】 创建一个图书类 Book,图书类中包含三个变量:图书编号 ISBN、图书名称 bookname、出版社 publish,还有一个方法 showBook()显示图书信息,具体定义如下:

```java
public class Book {
    //成员变量
    String ISBN;
    String bookname;
    String publish;
    //成员方法
    public void showBook () {
        System.out.println (ISBN + ":" + bookname + ":" + publish);
    }
}
```

其中,String ISBN 为定义成员变量的语句,String 为数据类型,ISBN 为成员变量名;定义成员方法 showBook(),public 为成员方法的访问修饰符,代表此方法为公有方法,可以被其他类访问;void 为该成员方法的返回值类型,void 代表没有返回值。

4.3.8 构造方法和创建对象

1. 构造方法

构造方法是一类特殊的成员方法,创建对象时,由构造方法对其成员进行初始化。构造方法具有以下特点。

(1) 构造方法名必须与类名相同。
(2) 没有返回类型,也不能定义为 void。
(3) 不能在构造方法中使用 return 语句返回值。
(4) 在类实例化时,由系统自动调用,完成对象的初始化工作。
(5) 一个类如果在定义类时没有定义构造方法,系统会自动创建一个无参数方法体为空的默认构造方法,该构造方法不执行任何代码。例如,例 4-13 中的 Book,没有定义构造方法,系统会自动创建一个同名的构造方法 Book()。

2. 创建对象

定义类之后,就可以创建对象,需要使用 new 关键字。例如创建一个 Book 类的对象,可以使用如下的两种方法实现。

方法一:先声明 Book 类型的变量 book,再创建 book 对象。

```
Book book;
book = new Book();        //Book()方法为 Book 类的默认构造方法
```

声明变量 book 后,该变量的初始值是 null,此时对象尚未创建。创建对象需要使用 new。为对象分配存储空间,并将它的内存地址赋给变量 book,从而创建了对象 book。

方法二:声明对象和创建对象一步完成。

```
Book book = new Book();
```

创建完对象后,就可以通过运算符"."来访问其变量和方法。例如,给图书的 ISBN、书名及出版社赋值,调用 showBook()方法显示图书的相关信息,如下:

```
book.ISBN = "9787302987";
book.bookname = "Java 语言程序设计";
book.publish = "清华大学出版社";
book.showBook();          //输出图书的信息
```

上述的 Java 程序是不能单独运行的,下面编写一个测试类 TestBook 实现对象的创建及使用。一个可执行的 Java 程序必须包含一个执行的类,一个可执行的类必须包含 main()方法,即程序的入口。通常情况下,一个完整的 Java 程序,包含多个类,其中一般只有一个类有 main()方法。

```
public class TestBook {
    public static void main(String[] args){
        Book book = new Book();
        book.ISBN = "9787302987";
        book.bookname = "Java语言程序设计";
        book.publish = "清华大学出版社";
        book.showBook();
    }
}
```

选中 TestBook.java 文件,右击鼠标,在弹出的快捷菜单中选择 Run As 命令,再选择 Java Application 命令,得到如图 4-5 所示结果。

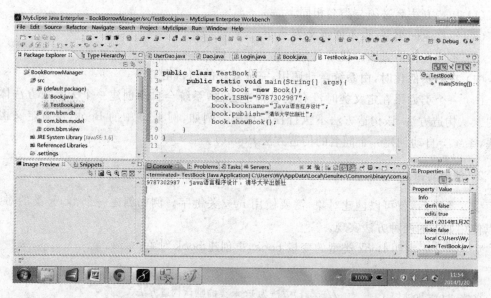

图 4-5 运行 TestBook.java 文件的结果

4.3.9 类成员的定义

1. 成员变量

成员变量就是类和对象的属性。成员变量的定义应该写在类的主体内,类的成员方法外。

成员变量的完整定义形式如下:

[accessLevel|static|final]**type name**

其中,加粗的变量类型 type 和变量名 name 是必需项,其他都是可选项。

(1) accessLevel:用于控制其他类是否能够访问这个成员变量。访问级分为以下 4 级。

① public 表示这是一个公有变量,也就是说其他类的成员方法也可以访问该变量。

② private 表示私有变量,也就是说只有自己类的成员方法可以访问变量。

③ protected 表示保护变量,变量可被本包的所有类访问,也可以被它所属的类、所属

类的子类访问到。

④ default 为默认，不写访问修饰符为默认类型，表示可以被本包内的其他类访问。

具体如表 4-13 所示。

表 4-13 成员访问修饰符

修饰符	public	protected	默认	private
当前类	√	√	√	√
同包类	√	√	√	×
非同包子类	√	√	×	×
非同包非子类	√	×	×	×

（2）static：有 static 修饰的成员变量称为静态变量，也叫做类变量。而没有 static 修饰的成员变量则称为实例变量。静态变量是全局变量，是类和它的所有实例（对象）所公有的变量，系统只为每个类分配一套类变量，而不管这个类产生了多少实例对象，所有的对象共享一套静态变量，即任何一个实例改变了类变量的值，类和所有实例的类变量的值都发生变化。而实例变量是每个对象独有的变量，对象之间的实例变量互不干扰。静态变量在类出现以后就会出现，即使没有生成类的任何对象，静态变量依然存在。因此，静态变量有两种访问方式，可以通过对象访问，也可以通过类直接访问。而实例变量只能通过对象访问。具体如例 4-14 所示。

【例 4-14】 静态变量测试。

```
public class TestStatic {
    public static int num1;                    //定义类变量 num1
    public int num2;                           //定义实例变量 num2
    public static void main(String[] args) {
        TestStatic ts = new TestStatic();      //创建对象 ts
        ts.num1 = 12;                          //通过对象使用类变量
        TestStatic.num1 += 7;                  //直接通过类使用类变量
        System.out.println(ts.num1);
        System.out.println(TestStatic.num1);
        ts.num2 = 12;                          //合法
        TestStatic.num2 += 7;                  //非法
    }
}
```

TestStatic 类中定义了一个类变量 num1 和一个实例变量 num2，在 main() 方法中，创建了一个 TestStatic 类的对象，可以通过对象来使用类变量为 ts.num1，将 num1 赋值为 12，也可以通过类直接使用类变量 TestStatic.num1，将 num1 的值加 7 操作，此时，静态变量 num1 的值为 19，对象 ts 和类 TestStatic 共享静态变量 num1，因此，两个输入语句的结果都为 19。对于实例变量，只能通过对象使用，通过类直接调用就会出现错误。

（3）final：表示这是最终成员变量，也就是说变量的值在初始化之后就不能改变了。最终成员变量必须在定义时就初始化，而不能在程序的其他地方初始化。

（4）type：变量的类型。

在类体内方法外定义的变量称为类的成员变量，在方法体内定义的变量或方法的参数称为局部变量。

① 成员变量在整个类内都有效,局部变量只在定义它的方法内有效。

② 在成员方法中,如果局部变量的名字与成员变量的名字相同,默认的情况下,成员变量被隐藏,即在方法内,同名局部变量有效。例如:

```java
public class Variable {
    int x = 2;
    void f()
    {
        int x = 4, y;
        y = x;                          //y 的值为 4,不是 2
    }
}
```

如果只想在方法中使用同名的成员变量,需要使用关键字 this,this 指代当前对象,即使用"this.同名成员变量名"的方法。例如:

```java
public class Book {
    String ISBN, name, publish;                          //成员变量
    public void setBook(String ISBN, String name, String publish)    //方法参数为局部变量
    { this.ISBN = ISBN;                                  // this.ISBN 为成员变量,ISBN 为局部变量
        this.name = name;
        this.publish = publish;
    }
}
```

程序中,this.ISBN、this.name、this.publish 分别表示成员变量 ISBN、name 和 publish。

2. 成员方法

成员方法是由方法定义和方法主体构成的,如下所示:

```
              访问级    返回值类型  方法名    参数列表
方法定义 {    public   int       add(int  a, int b){
              int result;
方法主体 {    result=a+b;
              return result;
          }
```

方法的定义语法格式如下,其中加粗的部分为必需项:

[accessLevel|static|abstract|final]**returnType methodName** (paramList)

(1) accessLevel:与成员变量一样,成员方法也有 4 级访问级:public, protected,默认,private,访问级的控制条件也相同。

(2) static:表示这是一个静态方法,也即类方法,可以以"类名.静态方法名"的形式调用。没有 static 修饰的方法为实例方法,只能通过对象调用。

实例方法既能对类变量操作也能对实例变量操作,而类方法只能对类变量进行操作。例如:

```
public class Test {
    int x;
    static int y;
    void f(int a, int b)
    {
        x = a;                          //合法
        y = b;                          //合法
    }
    static void f1(int i, int j)
    {
        x = i;                          //非法
        y = j;                          //合法
    }
}
```

一个类中的方法可以互相调用,实例方法可以调用类中的其他方法;类方法只能调用该类的类方法,不能调用实例方法。例如:

```
publicclassTest {
    int x;
    void getMax(int a, int b)
    { x = max(a,b);                     //实例方法 getMax 调用类方法 max,合法
    }
    static int max(int a, int b)
    { return a > b?a:b;
    }
    static void show(){
        getMax(3,4);                    //类方法 show 调用实例方法 getMax,非法
        max(3,4);                       //类方法 show 调用类方法 max,合法
    }
}
```

(3) abstract:表示这是一个抽象方法,抽象方法没有具体的实现代码。

(4) final:表示这是一个最终成员方法。最终成员方法不能被子类的同名方法所覆盖。

(5) **returnType methodName**:必需项。**returnType** 为方法的返回值类型,如果没有返回值,则用"void"关键字表示。**methodName** 为方法名。

(6) (paramList):参数列表,列出方法的所有参数的类型和名称。一个方法可以带有一个或多个参数,也可不带参数。

4.3.10 包

1. 包的概述

在实际项目开发中,经常需要开发很多不同的类,一般来说,中等规模程序大约需要20~60个类,稍大型的应用程序有上百个类,如此多的类,不利于程序的模块化,而且如果两个类出现同名,还会造成严重错误。为此,提出了"包"的概念,用于将相关的类组织起来,形成更高一级的模块。

包是由一组类和接口所组成的具有一定功能的集合。简单地说,将一组功能相关的类

和接口打包起来形成的整体,就是包。Java 包具有如下作用。

(1) 使类的组织更加合理,避免类的名称冲突。

(2) "包"具有一定的访问控制能力,可以从更上层的角度进行访问权限控制。

(3) 类在包中的命名空间:每个 Java 包为类提供了一个命名空间。两个类如果名字相同,只要所属的包不同,Java 就会认为它们是不同的类。这样,在设计类时,就不需要考虑它会不会与现有的类(包括 Java 系统类)重复,只需要注意别与同一个包里的类重复就可以了。

使用包的好处如下。

(1) 其他编程人员可以轻易地看出这些类和接口是相关的,提高了程序的可读性。

(2) 编写的类名不会和其他包中的类名相冲突,因为每个包有自己的命名空间。

(3) 可以让包中的类相互之间有不受限制的访问权限,与此同时包以外的其他类在访问该包类时仍然受到严格限制。

2. 包的定义

创建包的方法:右击"项目名"或项目下的 src,选择 New 命令,再选择 Package 命令,在弹出的 New Java Package 窗体中,输入包的名称,比如 com.bbm.model,然后单击 Finish 按钮,则在左边的项目结构中,就生成了新建的包 com.bbm.model。

右击此包,再创建类或接口,在类或接口的源文件开始,会自动出现 package 关键字和包名,即实现了将类或接口放到该包里。示例程序如下:

```
package com.bbm.model;
public class Book { … }
```

类 Book 就放在包 com.bbm.model 中。在 MyEclipse 中的 Package Explorer 视图中显示的效果,如图 4-6 所示。

图 4-6 视图显示效果图

在默认情况下,即用户没有声明包名时,系统会为每一个 Java 源文件创建一个无名包(default package),在项目中直接定义的类或接口都隶属于这个无名包,它们之间可以相互引用非 private 的成员变量或方法。但是由于该包没有名字,所以不能被其他包所引用。因此,应当在每个 Java 文件的顶部都放上 package 关键字,指明它属于哪个包,才能被其他包引用。

3. 包的使用

包中的类也有访问级别控制。类的访问级别只有两级:缺省级和公开级。

(1) 缺省级不需要任何关键字,只有同一个包内的对象可以访问该类,外界不能访问。例如 class TheClass。

(2) 公开级需要在类定义前加 public 关键字。在公开级下,不但同一个包里的其他类可以访问这个类,而且其他包也可以访问它。例如 public class TheClass。

如何使用另一个包类的公开级类,有以下三种方法。

1) 用类的全名(包名+类名)访问

如果某个类只访问一次,那么可以直接使用类的全名访问,形式是"包名.类名"。例如,com.bbm.model 包中的 Book 类,它的全名是 com.bbm.model.Book。

如果要在另外一个包 com.bbm.view 中使用 com.bbm.model 包中的 Book 类,可以全名调用类的方法：

```
public class BookAdd {
    com.bbm.model.Book book = new com.bbm.model.Book (); … }
```

即使只有一个对象，在变量定义和初始化时也两次要用到全名，如果包名很长，此时用起来就更加麻烦。该方法的缺点是烦琐、易出错、影响可读性。

2）导入包中的某个类

使用 import 关键字导入一个类：

```
import PackageName.ClassName;
```

其中：

PackageName——包名；

ClassName——类名。

导入类之后，程序中涉及这个类的地方只需要用类名就可以了：

```
import com.bbm.model.Book;
public class BookAdd {
Book book = new Book ();… }
```

import 部分需要集中放在程序的开头，可以直观地统计程序使用了哪些包和类。

3）导入包中的所有类

采用"包名.*"的方法导入包中所有的类。

```
import PackageName.*;
```

例如，要导入 com.bbm.model 包中的所有类，可以使用

```
import com.bbm.model.*;
```

4．Java 中常用的系统包

（1）java.lang 包：Java 的核心类库，包含运行 Java 程序必不可少的系统类，如基本数据类型、基本数学函数、字符串处理、线程、异常处理类等，系统默认加载这个包。

（2）java.util 包：是 Java 的工具包。包含如处理时间的 date 类，处理变成数组的 Vector 类，以及 stack 和 HashTable 类等。

（3）java.io 包：Java 语言的标准输入/输出类库，如基本输入/输出流、文件输入/输出、过滤输入/输出流等。

（4）java.awt 包：构建图形用户界面（GUI）的类库，低级绘图操作 Graphics 类，图形界面组件和布局管理等，以及界面用户交互控制和事件响应，如 Event 类。

（5）java.sql 包：实现 JDBC 的类库。

（6）java.net 包：实现网络功能的类库有 Socket 类、ServerSocket 类。

4.3.11 封装

封装性是面向对象程序设计的原则之一。它规定对象应对外部环境隐藏它们的内部工作方式。良好的封装提高了代码的模块性，防止了对象之间不良的相互影响，这样就使得未

来的开发工作变得容易。

1. 含义

封装的含义包括以下两层。
（1）类将属性和方法封装成一个相对独立的单元。
（2）封装可以隐藏实现细节，将属性私有化，提供公有方法访问私有属性。

2. 实现

实现封装的方法，就是通过一对 getter/setter 方法访问私有变量。setter 方法设置变量的值，getter 方法获取变量的值。修改例 4-13 程序如下：

```java
public class Book {
    //私有化成员变量
    private String ISBN;
    private String bookname;
    private String publish;
    //为每一个私有成员变量提供一对公有的 getter/setter 方法
    public String getISBN() {
        return ISBN;
    }
    public void setISBN(String ISBN) {
        this.ISBN = ISBN;
    }
    public String getBookname() {
        return bookname;
    }
    public void setBookname(String bookname) {
        this.bookname = bookname;
    }
    public int getTypeid() {
        return typeid;
    }
    public void setTypeid(int typeid) {
        this.typeid = typeid;
    }
}
```

上面程序中，分别将属性 ISBN、bookname、publish 设置为私有变量，为每个变量设置了相应的 getter/setter 方法，如为 ISBN 设置了 getISBN()和 setISBN(String iSBN)的方法，这样就不能直接访问对象的私有属性，而需要通过相应的 getter/setter 方法访问。测试程序如下：

```java
public class TestBook {
    public static void main(String[] args){
        Book book = new Book();
        //book.ISBN = "9787302987";错误,不能直接访问私有变量
        book.setISBN("9787302987");
        System.out.println("图书 ISBN 号: " + book.getISBN());
    }
}
```

4.4 项目实施

本任务的项目教学实施过程如下。

1. 教师带领学生完成内容

(1) 创建项目 BookBorrowManager。
(2) 创建实体类包 com.bbm.model。
(3) 创建图书实体类 Book。

2. 学生自行完成部分

(1) 创建图书类型类 BookType。
(2) 创建读者类 Reader。
(3) 创建读者类型类 ReaderType。
(4) 创建用户类 Users。
(5) 创建图书借阅类 BorrowBook。

4.4.1 任务1：创建项目

图书借阅管理系统使用 MyEclipse 开发，创建 Java Project 项目的步骤如下。
(1) 单击 MyEclipse 中的 File 菜单，选择 New 命令，再选择 Java Project 命令，如图 4-7 所示。

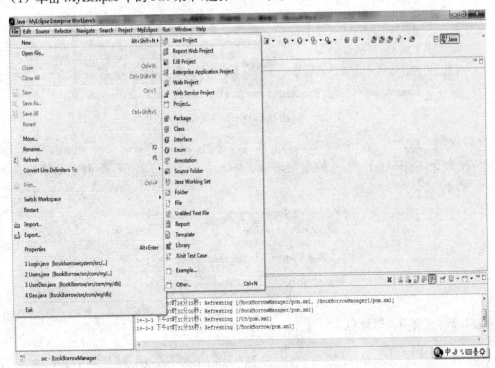

图 4-7　新建 Java Project 项目

（2）在弹出的对话框中，输入项目名称 BookBorrowManager，然后单击 Finish 按钮。具体如图 4-8 所示。

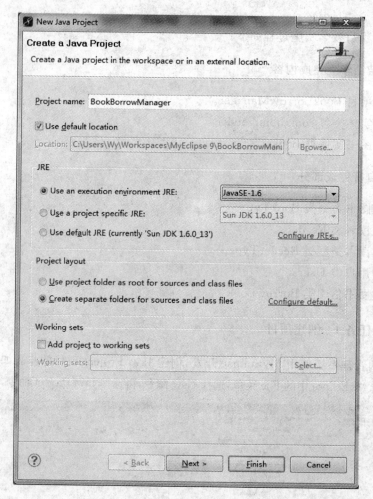

图 4-8　创建 BookBorrowManager 项目

（3）单击 MyEclipse 中的 Window 菜单，选择 Show View 命令，再选择 Package Explorer 命令，会在 MyEclipse 的左侧出现 Package Explorer 视图，新创建的项目显示如图 4-9 所示。

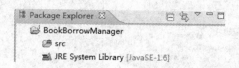

图 4-9　新创建的 BookBorrowManager 项目组织结构图

4.4.2　任务 2：创建包

（1）在 Package Explorer 视图中，右击 BookBorrowManager 项目下的 src，选择 New 命令，再选择 Package 命令。具体如图 4-10 所示。

子项目4　图书借阅管理系统中类的应用

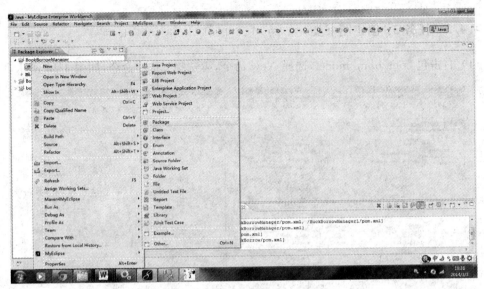

图 4-10　新建包

（2）在弹出的对话框中，输入包名 com.bbm.model，然后单击 Finish 按钮，具体如图 4-11 所示。

图 4-11　创建包 com.bbm.model

（3）此时，在 Package Explorer 视图中，出现了刚创建的 com.bbm.model 包，项目组织结构如图 4-12 所示。

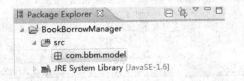

图 4-12　创建包 com.bbm.model 后的项目组织结构图

4.4.3 任务3：创建图书类

(1) 右击包 com.bbm.model，选择 New 命令，再选择 Class 命令，如图 4-13 所示。

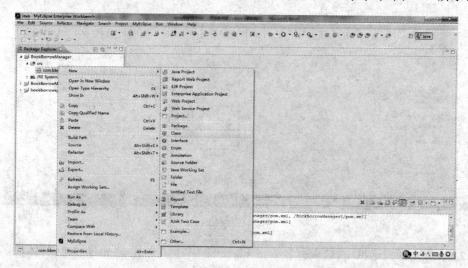

图 4-13 在包 com.bbm.model 下新建类

(2) 在弹出的对话框中，输入类名 Book，单击 Finish 按钮，创建图书类 Book，如图 4-14 所示。

图 4-14 在包 com.bbm.model 下创建类 Book

（3）此时，会在包 com.bbm.model 中出现新创建的类文件 Book.java，同时，会在右侧打开 Book.java 文件，如图 4-15 所示。

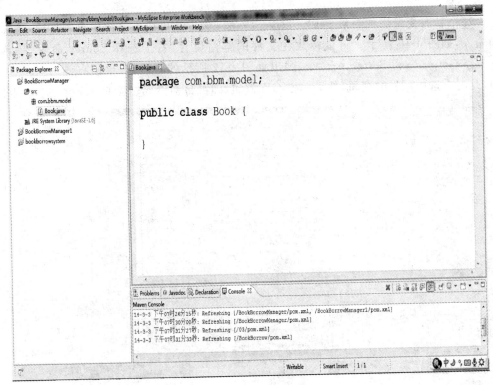

图 4-15　Book.java 文件

（4）编写 Book 类。

图书类 Book.java，主要是针对图书信息的实体定义。

Book 类的访问修饰符需要设为 public，才能在其他包中被访问。

Book 类包含 9 个变量，分别为：字符串型的图书编号 ISBN、整型的图书类型编号 typeid、字符串型的图书名称 bookname、字符串型的作者 author、字符串型的出版社 publish、日期型的出版日期 publishdate、整型的印刷版次 printtime、双精度型的单价 unitprice 和字符串型的图书类型名称 typename。需要注意，此类与数据库中 book 表并不是完全的一一对应，而是多出了图书类型名称 typename 一项，这是为了后续功能实现做准备。按照封装的思想，将类中的变量设置为私有的 private。具体程序如下：

```
package com.bbm.model;            //定义所在的包
import java.sql.Date;             //导入需要用到的日期类
public class Book {
    private String ISBN;
    private int typeid;
    private String bookname;
    private String author;
    private String publish;
    private Date publishdate;     //Date 类型需要导入 java.sql.Date
    private int printtime;
```

```
    private Double unitprice;
    private String typename;
}
```

为每个私有变量添加一对 getter/setter 方法。该方法可以在系统中自动生成,不需要手动输入,如图 4-16 所示。将鼠标放在文件的空白位置,右击选择 Source 命令,再选择 Generate Getters and Setters…命令,弹出如图 4-17 所示的对话框,单击右侧的 Select All 按钮,此时会选中所有的变量,然后单击 OK 按钮,即可自动生成相应的 getter/setter 方法。

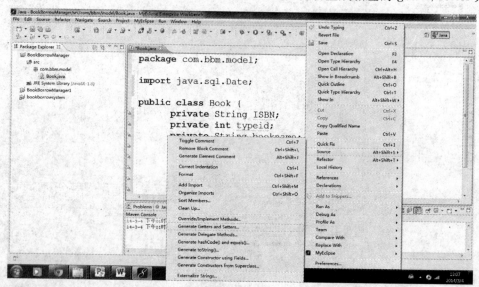

图 4-16　自动生成 set()方法和 get()方法

具体代码如下。

最终完整的 Book.java 文件,全部代码如下:

【Book.java】

```
package com.bbm.model;
import java.sql.Date;
public class Book {
    private String ISBN;
    private int typeid;
    private String bookname;
    private String author;
    private String publish;
    private Date publishdate;
    private int printtime;
    private Double unitprice;
    private String typename;
    public String getISBN() {
        return ISBN;
    }
    public void setISBN(String iSBN) {
        ISBN = iSBN;
    }
```

```java
    public int getTypeid() {
        return typeid;
    }
    public void setTypeid(int typeid) {
        this.typeid = typeid;
    }
    public String getBookname() {
        return bookname;
    }
    public void setBookname(String bookname) {
        this.bookname = bookname;
    }
    public String getAuthor() {
        return author;
    }
    public void setAuthor(String author) {
        this.author = author;
    }
    public String getPublish() {
        return publish;
    }
    public void setPublish(String publish) {
        this.publish = publish;
    }
    public Date getPublishdate() {
        return publishdate;
    }
    public void setPublishdate(Date publishdate) {
        this.publishdate = publishdate;
    }
    public int getPrinttime() {
        return printtime;
    }
    public void setPrinttime(int printtime) {
        this.printtime = printtime;
    }
    public Double getUnitprice() {
        return unitprice;
    }
    public void setUnitprice(Double unitprice) {
        this.unitprice = unitprice;
    }
    public String getTypename() {
        return typename;
    }
    public void setTypename(String typename) {
        this.typename = typename;
    }
}
```

该类创建完成,效果图如图 4-18 所示。

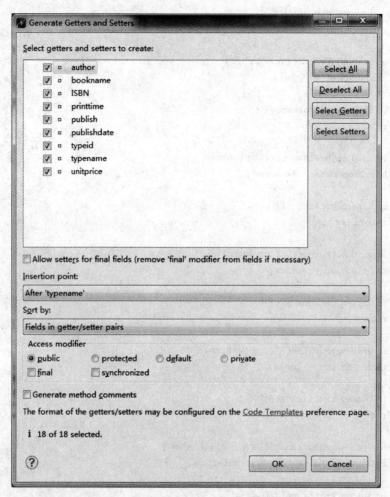

图 4-17 设置变量的 getter/setter 方法

图 4-18 图书类创建效果图

本任务中其他实体类的创建方法类似,下面列出其余实体类创建之后的查询效果,具体实现过程,请读者参照图书类的建立过程独立完成。

4.4.4 任务 4：创建图书类型类

图书类型类 BookType.java,主要是针对图书类型信息的实体进行定义。映射数据库中的 booktype 表。创建完成的效果图如图 4-19 所示。

图 4-19 图书类型类创建效果图

4.4.5 任务 5：创建读者类

读者类 Reader.java,主要是针对读者信息的实体进行定义。映射数据库中的 reader 表,需要注意,与图书类相似,此处要额外增加一个读者类型名称的属性,方便后续功能的实现。创建完成的效果图如图 4-20 所示。

图 4-20 读者类创建效果图

4.4.6 任务6：创建读者类型类

读者类型类 ReaderType.java，主要是针对读者类型信息的实体进行定义。映射数据库中的 readertype 表。创建完成的效果图如图 4-21 所示。

4.4.7 任务7：创建用户类

用户类 Users.java，主要是针对操作用户信息的实体进行定义，映射数据库中的 users 表。创建完成后的效果图如图 4-22 所示。

图 4-21 读者类型类创建效果图

图 4-22 用户类创建效果图

4.4.8 任务8：创建图书借阅类

图书借阅类 BorrowBook.java，主要是针对图书借阅信息的实体进行定义。映射数据库中的 borrowbook 表。创建完成后的效果图如图 4-23 所示。

图 4-23 图书借阅类创建效果图

4.5 本项目实施过程中可能出现的问题

本项目主要是创建图书借阅管理系统中的实体类,用来映射数据库中的表。在项目的实施过程中容易出现以下的问题。

1. 实体类的访问修饰

定义的实体类需要在界面设计程序和数据访问程序使用,因此,应该将该类访问修饰设置为 public,否则,在其他包中无法调用。

2. 实体类中的变量和方法的访问修饰

实体类中的变量需要定义成私有变量(private),方法需要定义成公开级方法(public),然后,通过公开的 set()和 get()方法对私有变量的值进行设置与获取。

3. 成员变量和局部变量同名的使用方法

如果类的成员变量和方法的参数即局部变量重名,可以使用 this 指代成员变量,进行区分。

4.6 后续项目

本项目完成了图书借阅系统的所有实体类,包含数据库表中的所有字段的应用。通过本项目的实施,掌握 Java 面向对象程序设计的基本知识,接下来,可以进行系统界面的设计。

子项目 5　图书借阅管理系统界面设计与实现

5.1　项目任务

在该子项目中要完成以下任务。
（1）创建包含界面类文件的包 com.bbm.view。
（2）创建图书借阅管理系统的界面。
具体任务如表 5-1 所示。

表 5-1　图书管理系统界面类表

包　名	文　件　名	说　　明
com.bbm.view	Index.java	运行系统界面
	Login.java	登录界面
	Library.java	系统主界面
	BookAdd.java	图书添加界面
	BookBorrow.java	图书借阅界面
	BookReturn.java	图书归还界面
	BookSelectandUpdate.java	图书查询与修改界面
	BookTypeManage.java	图书类型管理界面
	ReaderAdd.java	读者添加界面
	ReaderSelectandUpdate.java	读者查询与修改界面
	ReaderTypeManage.java	读者类型管理界面
	FineSet.java	罚金设置界面
	UpdatePWD.java	更改用户密码界面
	UserAdd.java	添加用户界面
	UserDel.java	删除用户界面

具体任务成果如图 5-1 所示。

图 5-1　图书借阅系统界面类文件组织结构

5.2　项目的提出

"图书借阅管理系统"最终是通过界面来被用户使用的,对于用户而言,界面就是整个系统,因此,界面的设计是非常重要的。图形用户界面(Graphics User Interface,GUI)是指以图形的方式实现用户与计算机之间交互操作的应用程序界面。Java 提供了抽象窗口工具包(Abstract Window Toolkit,AWT)和 SWING 来实现图形用户界面设计功能,利用它们可以开发出功能强大、界面友好的应用程序。

本章主要针对"图书借阅管理系统",完成其各个界面的设计与实现,使用布局管理器和各种组件实现应用程序图形界面。重点掌握容器的使用、基本组件的使用及布局管理器的应用。

5.3　实施项目的预备知识

5.3.1　类的继承与覆盖

面向对象程序设计最大的好处就是,可以简单地从已存在的类中扩展出一个新类,而扩展出的新类具有其父类的功能。这在图形用户界面设计中尤为有用,通过继承,不用为每个程序重新创建窗体,只需在特定的条件下继承父类并进行扩展即可。

1. 类的继承的概念

继承是一种由已有的类创建新类的机制。利用继承,可以先创建一个共有属性和行为的一般类,根据该一般类再创建具有特殊属性和行为的新类。新类继承一般类的属性和行为,并可以增加自己独有的新的属性和行为。利用继承可以很好地实现代码重用问题。

一个类可以从另一个类中继承它的成员变量和方法,前者称为子类或派生类,后者称为父类或超类。类的这种特点称为继承性。

类的继承通过 extends 关键字来说明,extends 关键字跟在类名称后面,形式如下:

[类修饰符] class 子类名 extends 父类名{
    类体;
}

Java 隐含地将所有类都设为 Object 类的子类。如果在定义类的时候没有指定任何父类,默认为继承自 Object 类,在 Java 中定义的所有类都直接或间接地是 Object 类的子类。Java 只支持单继承,不支持多重继承,即一个类只能有一个父类。

2. 类的继承规则

通过继承,子类可以继承父类的成员变量和方法。但子类并没有继承父类的所有成员,下面列出子类可以继承和不能继承的父类的成员。

1)子类可以继承父类的部分
(1)父类中公开访问级的成员;
(2)父类中保护访问级的成员;
(3)如果子类和父类在同一个包里,则子类继承父类中默认访问级成员。

2)子类不能继承父类的部分
(1)父类中私有访问级的成员;
(2)如果不在同一个包里,父类的默认访问级成员;
(3)同名的成员方法或成员变量。

【例 5-1】 本程序演示两个包:package1 包和 package2 包,在 package1 包定义了父类 FatherClass 和其同包子类 SonClass,在 package2 包中定义了非同包子类 OtherSonClass,具体程序如下。

package1 包里父类 FatherClass 程序如下:

```
package package1;
public class FatherClass {
    public int pub = 1;              //公开访问级成员变量
    protected int pro = 2;           //保护访问级成员变量
    int def = 3;                     //默认访问级成员变量
    private int pri = 4;             //私有访问级成员变量
    public int getdef(){
        return def;
    }
    public int getpri(){
        return pri;
    }
}
```

package1 包里同包子类 SonClass 程序如下:

```java
package package1;
public class SonClass extends FatherClass{
    public static void main(String[] args) {
        //实例化子类对象
        SonClass son = new SonClass();
        //同包子类可以继承父类的公开访问级变量
        System.out.println(son.pub);
        //同包子类可以继承父类的保护访问级变量
        System.out.println(son.pro);
        //同包子类可以继承父类的默认访问级变量
        System.out.println(son.def);
        //同包子类不能继承父类的私有访问级变量,此语句错误,需要注释掉
        //System.out.println(son.pri);
        //子类可以通过父类中的公开方法访问其私有变量
        System.out.println(son.getpri());
    }
}
```

非同包 package2 包子类 OtherSonClass 程序如下:

```java
package package2;
import package1.FatherClass;                      //导入父类
public class OtherSonClass extends FatherClass{
    public static void main(String[] args) {
        //实例化子类对象
        OtherSonClass son = new OtherSonClass();
        //不同包子类可以继承父类的公开访问级变量
          System.out.println(otherson.pub);
        //不同包子类可以继承父类的保护访问级变量
          System.out.println(otherson.pro);
        //不同包子类不能继承父类的默认访问级变量,此语句错误,需要注释掉
          //System.out.println(otherson.def);
        //不同包子类不能继承父类的私有访问级变量,此语句错误,需要注释掉
          //System.out.println(otherson.pri);
        //不同包子类可以通过父类中的公开方法访问其默认访问级变量
          System.out.println(otherson.getdef());
        //不同包子类可以通过父类中的公开方法访问其私有访问级变量
          System.out.println(otherson.getpri());
    }
}
```

3. 类的覆盖

如果子类中定义了和父类同名的成员,则默认父类的同名成员被覆盖,调用的是子类的同名成员。在 package1 包中,创建另一个子类 SonClass1 拥有和其父类 FatherClass 同名的成员变量和方法,具体程序如下:

```java
package package1;
public class SonClass1 extends FatherClass{
    public int pub = 11;
```

```
        protected int pro = 22;
        int def = 33;
        public int getdef(){
            return def;
        }
        public static void main(String[ ] args) {
            SonClass1 son1 = new SonClass1();

            System.out.println(son1.pub);
            System.out.println(son1.pro);
            System.out.println(son1.def);
            System.out.println(son1.getdef ());
        }
    }
```

程序运行结果为：

11
22
33
33

显示结果为子类中同名成员变量的值和同名方法的运行结果，这意味着，子类中同名的成员将父类中同名的成员覆盖了。

如果就想使用父类的同名成员，需要使用 super 关键字指代，而子类的成员用 this 关键字指代。修改类 SonClass1 如下：

```
package package1;
public class SonClass1 extends FatherClass {
    public int pub = 11;
    int def = 33;
    public void show(){
        System.out.println(super.pub);        // super.pub 指代父类的成员变量 pub
        System.out.println(this.pub);         //this.pub 指代子类的成员变量 pub
    }
    public int getdef(){
        return super.getdef();                //在子类的成员方法中调用父类的成员方法
    }
    public static void main(String[ ] args) {
        SonClass1 son1 = new SonClass1();
        son1.show();
        System.out.println(son1.getdef());
    }
}
```

程序的运行结果如下：

1
11
3

其中，1 为父类的成员变量 pub 的值，11 为子类的成员变量 pub 的值，3 为父类成员方法 getdef()中返回的父类的成员变量 def 的值。

4．继承中的构造方法

构造方法是比较特殊的一类。在继承时，构造方法不会被继承，也不会被覆盖。父类和子类的构造方法独立存在，并且分别发挥着作用。

【例 5-2】 类 ProgramBook 继承自类 ComputerBook，类 ComputerBook 又继承自类 Book。它们的构造方法中分别显示一行文字。

```java
class Book {
    Book () {
        System.out.println("Book constructor");
    }
}
class ComputerBook extends Book {
    ComputerBook () {
        System.out.println("ComputerBook constructor");
    }
}
public class ProgramBook extends ComputerBook {
    ProgramBook () {
        System.out.println("ProgramBook constructor");
    }
    public static void main(String[] args) {
        ProgramBook pb = new ProgramBook ();
    }
}
```

编译并执行这段程序，得到结果如下：

```
Book constructor
ComputerBook constructor
ProgramBook constructor
```

由此可以明显看出无参构造方法的调用顺序：先调用最顶端的 Book 类的构造方法，再调用 Book 的子类 ComputerBook 类的构造方法，最后调用 ComputerBook 的子类 ProgramBook 的构造方法。父类相当于一个硬球，子类则是在球外的包装。构造对象时应当先构造最内部的硬球，也就是最顶端的父类。之后再从里往外一层层地构造外包装，直到最后整个对象都构造起来。

如果父类的构造方法有参数，那么就需要用 super 关键字指代父类，且调用父类构造方法的语句必须是子类构造方法的第一条语句，以保证父类的对象在子类的对象创建之前创建。

```java
class Book {
    Book (String str) {
        System.out.println(str + "constructor");
    }
}
```

```java
class ComputerBook extends Book {
    ComputerBook (String str) {
        super("Book");
        System.out.println(str + "constructor");
    }
}
public class ProgramBook extends ComputerBook {
    ProgramBook () {
        super("ComputerBook");
        System.out.println(" ProgramBook constructor");
    }
    public static void main(String[] args) {
        ProgramBookpb = new ProgramBook ();
    }
}
```

编译并运行这段程序,显示结果如下:

```
Book constructor
ComputerBook constructor
ProgramBook constructor
```

对象的构造方法依然是从最顶端的 Book 对象开始,再构造外层的 ComputerBook 对象,最后是最外层的 ProgramBook 对象。但 Book 类、ComputerBook 类的构造方法都带有参数。创建 ProgramBook 对象的前提是创建 ComputerBook 对象,因此必须在 ProgramBook 的构造方法里显式地调用父类 ComputerBook 的构造方法。创建 ComputerBook 对象的前提条件是创建 Book 对象,因此也需要在 ComputerBook 的构造方法里显式地调用 Book 类的构造方法。必须注意,在创建子类对象时,如果要通过父类有参数的构造方法创建,必须将其设置为子类构造方法的第一条语句,从而保证在创建子类对象之前创建父类的对象。

5.3.2 重载

在 Java 中,方法重载是让类以统一的方式处理不同类型数据的一种手段。Java 的方法重载,就是在类中可以创建多个方法,它们具有相同的名字,但具有不同的参数和不同的定义。调用方法时通过传递给它们的不同个数和类型的参数来决定具体使用哪个方法。

方法重载的规范要求如下。

(1) 方法名一定要相同。

(2) 方法的参数表必须不同,包括参数的类型或个数,以此区分不同的方法体。

① 如果参数个数不同,就不用管参数类型了。

② 如果参数个数相同,那么参数的类型或者参数的顺序必须不同。

(3) 方法的返回类型、修饰符可以相同,也可以不同。

1. 重载成员方法

当调用一个重载方法时,会根据实际的参数值和方法的自变量进行匹配查找,并执行。

【例 5-3】 重载成员方法的使用。

```java
public class OverloadMethod{
    public double area(double r){
        return Math.PI * r * r;
    }
    public double area(double x,double y){
        return x * y;
    }
    public double area(int a){
        return a * a;
    }
    public static void main(String[] args) {
        OverloadMethod om = new OverloadMethod ();
        System.out.println("半径为 1.0 的圆面积为: " + om.area(1.0));
        System.out.println("长为 4.0,宽为 2.5 的长方形的面积为: " + om.area(4.0,2.5));
        System.out.println("边为 4 的正方形面积为: " + om.area(4));
    }
}
```

程序运行结果如图 5-2 所示。

```
Problems  @ Javadoc  Declaration  Console
<terminated> OverloadMethod [Java Application] C:\Users\Wy\AppData\Local\Genuitec\Com
半径为1.0的圆面积为: 3.141592653589793
长为4.0, 宽为2.5的长方形的面积为: 10.0
边为4的正方形面积为: 16.0
```

图 5-2 例 5-3 运行结果

例 5-3 中,有三个方法,方法名都是 area,返回值类型都是 double,但是,每个方法的参数具体都不同,根据实际调用参数的不同,om.area(1.0)、om.area(4.0,2.5)和 om.area(4)分别调用了例题中 public double area(double r)、public double area(double x,double y)和 public double area(int a)方法。

2. 重载构造方法

如果一个类没有定义构造方法,系统会自动创建一个无参方法体为空的构造方法。但如果自定义了构造方法,即重载了构造方法,系统将不再会提供这个默认的构造方法,如果要使用,必须手动添加。

【例 5-4】 重载构造方法的使用。

```java
public class OverloadConstructor {
    int type;
    String name;
    public OverloadConstructor(){
    }
    public OverloadConstructor(int type,String name){
        this.type = type;                    // this.type 代表成员变量,type 为方法参数
        this.name = name;
    }
```

```java
    public static void main(String[] args) {
        OverloadConstructor oc1 = new OverloadConstructor();
        oc1.type = 1;
        oc1.name = "计算机类";
        System.out.println("图书类型编号为" + oc1.type + "的图书类型名称为" + oc1.name);
        OverloadConstructor oc2 = new OverloadConstructor(2,"社科类");
        System.out.println("图书类型编号为" + oc2.type + "的图书类型名称为" + oc2.name);
    }
}
```

程序运行结果如图 5-3 所示。

```
图书类型编号为1的图书类型名称为计算机类
图书类型编号为2的图书类型名称为社科类
```

图 5-3 例 5-4 运行结果

本例中重载了构造方法,创建了带有参数的构造方法 OverloadConstructor(int type, String name)。此时,如果直接调用默认的构造方法创建对象,即 new OverloadConstructor();是不可以的,必须手动创建无参的方法体为空的构造方法。

5.3.3 图形用户界面概述

图形用户界面(Graphics User Interface,GUI)是用户和程序交互的接口,用户界面功能的完善性和便捷性将直接影响到用户对软件的使用,因此,界面设计是软件开发中一项非常重要的工作。图形用户界面的设计与实现,主要包含两项内容:①创建图形用户界面的元素,并进行布局;②定义图形用户界面元素对用户交互事件的响应及对事件的处理。

Java 的抽象窗口工具包(Abstract Window Toolkit,AWT)包含各种图形界面元素和用户交互事件的类库。在 AWT 的基础上,Java 又提供了一个新的窗口开发包 Swing。Swing 同 AWT 相比,可以创建更加丰富、灵活的组件,从而创建出更加优雅的用户界面。而且,AWT 中的组件都是重量级的,即组件是与平台相关的,要移到另外一个平台上,需要单独的测试运行,不能实现"一次编写,随处运行",而 Swing 组件基本都是纯 Java 实现的轻量级组件,它不依赖操作系统的支持,具有跨平台的特性。需要注意的是,Swing 并不能取代 AWT,Swing 和 AWT 是合作的关系,很多辅助类需要使用 AWT 当中的类,比如事件处理。

1. AWT

AWT 由 Java 的 java.awt 包提供。AWT 中包括图形界面编程的基本类库。它是 Java 语言 GUI 程序设计的核心,为用户提供基本的界面构件。AWT 主要由以下几部分组成:组件类(Component)、容器类(Container)、布局管理器(LayoutManager)、基本事件类(Event)和图形类(Graphics)。

(1) Component(组件):按钮、标签、菜单等组件的抽象基本类。

(2) Container(容器):扩展组件的抽象基本类。如 Panel、Applet、Window、Dialog 和

Frame 等是由 Container 演变的类,容器中可以包括多个组件。

(3) LayoutManager(布局管理器):定义容器中组件摆放位置和大小接口。Java 中定义了几种默认的布局管理器,如 FlowLayout、BorderLayout、GridLayout 等。

(4) Event(基本事件类):ActionEvent、InputEvent、KeyEvent 等。

(5) Graphics(图形类):组件内与图形处理相关的类,每个组件都包含一个图形类的对象。

2. Swing

Swing 组件都是 AWT 的 Container 类的直接子类和间接子类。类间关系如下所示。

```
java.awt.Component
        - java.awt.Container
                - java.awt.Window
                        - java.awt.Frame - javax.swing.JFrame
                        - java.awt.Dialog - javax.swing.JDialog
                        - javax.swing.JWindow
                - java.awt.Applet - javax.swing.JApplet
                - javax.swing.Jcomponent
```

Swing 由 Java 的 javax.swing 包提供。在 javax.swing 包中,定义了两种类型的组件:容器组件和基本组件。容器是用来容纳和管理一组界面元素的对象。基本组件是具体实现功能的一些组件,它们必须被安排在某个容器中,否则就无法使用。容器分为顶层容器和中间容器。Swing 定义了 4 种顶级容器:JFrame、JApplet、JWindow、JDialog。这些容器继承自 AWT 类的 Component 和 Container,是重量级容器。中间容器,派生自 JComponent 类,是轻量级容器,用于组织和管理一组相关的基本组件,如 JPanel、JScrollPane、JRootPane 等。其他的 Swing 基本组件都是从 JComponent 类派生的,例如用于标签的类 JLabel,用于按钮的类 JButton,用于复选框的类 JCheckBox。

Swing 的程序设计一般可按照下列流程进行。

(1) 引入 Swing 包;
(2) 设置顶层容器;
(3) 设置中间容器;
(4) 设置基本组件,如按钮、标签等;
(5) 将基本组件添加到中间容器中;
(6) 将中间容器添加到顶层容器中;
(7) 进行事件处理。

根据实际的需要,中间容器可以省略。

GUI 的组件包含很多,本章仅以本系统用到的为主进行介绍,没有介绍的组件,推荐读者参看 JDK API 文档自行学习;也可作为学生业余拓展作业完成。

5.3.4 顶层容器

顶层容器是进行图形编程的基础,一切图形化的东西,都必然包括在顶层容器中。顶层容器用于创建初始界面,为其他中间容器和基本组件提供一个容器。在 Swing 中,常用的有三种顶层容器，分别如下。

（1）JFrame：用来设计类似于 Windows 系统中的窗口形式的应用程序。

（2）JDialog：用来设计对话框。

（3）JApplet：用来设计可以嵌入在网页中的 Java 小程序。

下面就本系统中使用到的 JFrame 进行介绍。类 JFrame 是 java.awt.Frame 的子类，用于创建一个窗体。JFrame 类的常用方法如表 5-2 所示。

表 5-2　JFrame() 类的常用方法

方　法　名	方　法　说　明
JFrame()	创建一个无标题的、初始不可见的窗体
JFrame(String s)	创建一个标题名字是字符串 s 的、初始不可见的窗体
public void setTitle(String title)	设置 JFrame 标题文本
public Component add(Component comp)	将组件添加到 JFrame 中
public void setSize(int width, int height)	设置窗体大小，宽度为 width, 高度为 height
public void setBounds(int x, int y, int width, int height)	设置窗体位置及大小。由 x 和 y 指定左上角的位置，由 width 和 height 指定宽度和高度
public void setVisible(boolean b)	设置 JFrame 的可见性，参数为 true 代表设置窗体可见，参数为 false 代表设置窗体不可见
public void setLocation(int x, int y)	设置 JFrame 在屏幕中的位置，x 和 y 为窗体左上角的坐标
public void setResizable(boolean b)	设置 JFrame 是否可调整大小，参数为 true 代表可以调整，参数为 false 代表不可调整
public void dispose()	关闭 JFrame 并回收用于创建窗体的任何资源

【例 5-5】　创建图书管理系统登录窗体 Login.java（部分实现）。

具体步骤如下。

（1）要创建登录窗体类 Login, 可以继承父类 JFrame。继承一个类，可以直接在程序中写，也可以在创建类的时候指定，如图 5-4 所示。单击 Superclass 后面的 Browse… 按钮，出现如图 5-5 所示对话框，输入 JF 后就会在下面显示出名称中带有 JF 字母的类，选择 JFrame。同时，在图 5-4 中选中 public static void main(String[] args) 复选框，这样可以为类自动生成主方法。

（2）编写 Login.java 程序如下：

```
import javax.swing.JFrame;
public class Login extends JFrame {
    //类 Login 的构造方法，进行界面的初始化
    public Login(){
        setSize(300,200);                    //设置窗体的大小,300 宽,200 高
        setTitle("图书借阅系统登录界面");     //设置窗体的标题
        this.setVisible(true);               //设置窗体可见
        setResizable(false);                 //设置窗体大小不可调
    }
    public static void main(String[] args) {
        Login login = new Login();           //实例化,创建类 Login 的对象
    }
}
```

图 5-4 创建带有继承关系的类

图 5-5 选择要继承的类

（3）运行程序，得到程序运行结果如图 5-6 所示。

图 5-6　运行 Login.java 文件显示结果

5.3.5　中间容器

中间容器，提供将基本组件按照某种布局组合在一起，然后放入中间容器或顶层容器的功能，在 Swing 中，包含多种中间容器组件，本系统中用到了如下 4 种中间容器组件。

（1）JPanel：提供一个面板。
（2）JScrollPane：提供具有滚动条的面板。
（3）JTabbedPane：提供带有若干标签的分类面板。
（4）JOptionPane：提供弹出要求用户提供值或向其发出通知的标准对话框。

1. JPanel

JPanel 是 javax.swing.Jcomponent 的子类，用来创建一个面板。面板是一种没有标题的中间容器。默认情况下表现出一种透明状态。这类容器不能独立存在，必须通过 add 方法添加到一个顶层容器或存在于顶层容器的一个中间容器中。面板不能移动、放大、缩小或关闭。

JPanel 类的主要方法如表 5-3 所示。

表 5-3　JPanel 类的主要方法

方 法 名	方 法 说 明
JPanel()	创建一个面板对象
JPanel(LayoutManager layout)	创建一个有布局管理器的面板对象
Public void setSize(int width, int height)	设置窗口的宽度和高度
Public Component add(Component comp)	添加指定组件
Public void setLayout(LayoutManager mgr)	设定布局
Public void setBackground(Color c)	设置窗口的背景颜色
Public void setBounds(int x, int y, int width, int height)	设置窗口的位置和大小

【例 5-6】　创建图书管理系统图书借阅界面（局部）BookBorrow.java。
具体代码如下：

```
import java.awt.BorderLayout;
import javax.swing.JFrame;
import javax.swing.JPanel;
```

```java
import javax.swing.border.TitledBorder;
public class BookBorrow extends JFrame {
    public BookBorrow(){
        //设置窗体的标题
        setTitle("图书借阅");
        //设置窗体的位置及大小
        setBounds(100, 100, 300, 200);
        //创建读者借阅信息面板
        JPanel selectpanel = new JPanel();
        //创建带有标题的边框
        TitledBorder tb = new TitledBorder("读者借阅信息");
        //设置面板的边框
        selectpanel.setBorder(tb);
        //将面板添加到窗体中
        this.add(selectpanel);
        //设置窗体可见
        setVisible(true);
    }
    public static void main(String[] args) {
        BookBorrow bb = new BookBorrow();
    }
}
```

运行结果如图 5-7 所示。

TitledBorder 类实现在指定位置以指定对齐方式显示字符串标题的任意边框。其构造方法中的字符串类型的参数为创建的边框显示的标题。程序实现了将一个带有标题的边框添加到了 JPanel 中间容器中,再将中间容器添加到外部窗体进行显示。

图 5-7　运行 BookBorrow.java 文件显示结果

2. JScrollPane

JScrollPane 类是一个"带滚动条的容器类",可用来显示文本、表格等内容。当"显示内容"超过 JScrollPane 面板的大小时,系统会自动添加滚动条。

JScrollPane 类的构造方法如下。

(1) JScrollPane():建立一个空的 JScrollPane 对象。

(2) JScrollPane(Component view):建立一个新的 JScrollPane 对象,当组件内容大于显示区域时会自动产生滚动轴。

(3) JScrollPane(Component view, int vsbPolicy, int hsbPllicy):建立一新的 JScrollPane 对象,里面含有显示组件,并设置滚动轴出现时机。

(4) JScrollPane(int vsbPolicy,int hsbPolicy):建立一个新的 JScrollPane 对象,里面不含有显示组件,但设置滚动轴出现时机。

JScrollPane 利用下面这些参数来设置滚动轴出现的时机。

(1) HORIZONTAL_SCROLLBAR_ALWAYS:显示水平滚动轴。

(2) HORIZONTAL_SCROLLBAR_AS_NEEDED:当组件内容水平区域大于显示区

域时出现水平滚动轴。

（3）HORIZONTAL_SCROLLBAR_NEVER：不显示水平滚动轴。

（4）VERTICAL_SCROLLBAR_ALWAYS：显示垂直滚动轴。

（5）VERTICAL_SCROLLBAR_AS_NEEDED：当组件内容垂直区域大于显示区域时出现垂直滚动轴。

（6）VERTICAL_SCROLLBAR_NEVER：不显示垂直滚动轴。

【例 5-7】 创建 JScrollPane1.java 文件,带有水平滚动轴和垂直滚动轴。

具体代码如下：

```java
import javax.swing.JFrame;
import javax.swing.JLabel;
import javax.swing.JScrollPane;
import javax.swing.JTextField;
public class JScrollPaneDemo extends JFrame{
    JScrollPane jscrollPane;
    public JScrollPaneDemo (){
    setTitle("JScrollPane");
    setSize(300,200);
    JLabel jlabel = new JLabel("创建一个 JScrollPane 对象,放入一个 jlabel 标签类对象,若 jlabel 的内容超过当前窗口大小,则会自动显示出垂直和水平滚动轴.");
    jscrollPane = new JScrollPane(jlabel);
//设置显示水平滚动轴
//jscrollPane.setHorizontalScrollBarPolicy(JScrollPane.HORIZONTAL_SCROLLBAR_ALWAYS);
    //设置显示垂直滚动轴
//jscrollPane.setVerticalScrollBarPolicy(JScrollPane.VERTICAL_SCROLLBAR_ALWAYS);
    add(jscrollPane);
    setVisible(true);
    }
    public static void main(String[] args) {
    JScrollPaneDemo jspd = new JScrollPaneDemo ();
    }
}
```

程序中的 JLabel 为标签类,用于显示一些提示性或说明性的文字信息。由于显示的文本内容超过了窗体的宽度,所以显示了水平滚动轴,并且可以左右拖动；而文本的高度没有超过窗体的高度,所以没有显示垂直滚动轴。具体运行结果如图 5-8 所示。如果将程序中加粗的两行代码的注释去掉,则程序的运行结果如图 5-9 所示,此时不管文本是否能显示下,都会出现水平滚动轴和垂直滚动轴。

图 5-8　例 5-7 运行结果（去注释前）

图 5-9　例 5-7 运行结果（去注释后）

3. JTabbedPane

JTabbedPane 是一个组件，它允许用户通过单击具有给定标题或图标的选项卡标签，在一组组件之间进行切换。用于支持在一个窗口中包含多个面板，每次只显示一个面板。

JTabbedPane 的构造方法如下。

(1) JTabbedPane()：创建一个具有默认的 JTabbedPane.TOP 选项卡布局的空 TabbedPane。

(2) JTabbedPane(inttabPlacement)：创建一个空的 TabbedPane，使其具有以下指定选项卡布局中的一种——JTabbedPane.TOP、JTabbedPane.BOTTOM、JTabbedPane.LEFT 或 JTabbedPane.RIGHT。

(3) JTabbedPane(int tabPlacement, int tabLayoutPolicy)：创建一个空的 TabbedPane，使其具有指定的选项卡布局。

可配置的选项是用来修改显示哪一个组件的标签位置与当在一个虚拟行中有多个标签时的标签布局策略。默认情况下，标签位于容器的顶部，并且标签数量超过容器宽度时会进行回环形成多行。然而，可以使用 JTabbedPane 的下列常量之一来显式地指定位置：TOP、BOTTOM、LEFT 或 RIGHT 来配置布局策略。

可以为已创建的基本 JTabbedPane 容器，添加构成 JTabbedPane 页的面板，具体如下。

(1) insertTab(String title, Icon icon, Component component, String tip, int index)：在 index 位置插入一个 component，该组件通过 title、icon、tip（任意一个都可以为 null）来表示。其中，title 表示要在此选项卡中显示的标题；icon 表示要在此选项卡中显示的图标；component 表示单击此选项卡标签时要显示的组件；tip 表示此选项卡要显示的工具提示；index 表示要插入此新选项卡的位置。除了组件与位置索引以外，其他的参数可以为空。

(2) addTab(String title, Component component)：添加一个标题为 title，且没有图标的组件 component。

(3) addTab(String title, Icon icon, Component component)：添加一个由 title 和/或 icon 表示的 component，其任意一个都可以为 null。

(4) addTab(String title, Icon icon, Component component, String tip)：添加由 title 和/或 icon 表示的 component 和 tip，其中任意一个都可以为 null。

使用 addTab() 方法，标签被添加到末尾，也就是对于顶部或是底部标签集合来说是最右边的位置，或是对于在左边或右边放置的标签时位于底部，依据组件的方向，也可以是相反的一边。

【例 5-8】 创建图书信息查询与修改界面（局部）BookBorrow.java。

具体代码如下：

```
import javax.swing.JFrame;
import javax.swing.JPanel;
import javax.swing.JTabbedPane;
public class JTabbedPaneDemo extends JFrame{
    public JTabbedPaneDemo (){
        setTitle("JTabbedPane");
```

```
        JTabbedPane jtabbedpane = new JTabbedPane(JTabbedPane.TOP);
        JPanel jpanel1 = new JPanel();
        JPanel jpanel2 = new JPanel();
        jtabbedpane.addTab("图书信息查询", jpanel1);
        jtabbedpane.addTab("图书信息修改", jpanel2);
        this.add(jtabbedpane);
        this.setSize(500,500);
        this.setVisible(true);
    }
    public static void main(String[] args) {
        JTabbedPaneDemo jtpd = new JTabbedPaneDemo ();
    }
}
```

程序运行结果如图 5-10 所示

图 5-10　例 5-8 运行结果

4. JOptionPane

对话框可以分为模式对话框和非模式对话框两种。模式对话框是指用户只能在当前的窗体中进行操作,在该窗体没有关闭之前不能切换到其他的窗体。非模式对话框是指当前所操作的窗体可以切换。一般情况下,用于确认信息的操作和一般的操作对话框属于模式对话框。如打开文件对话框就是典型的模式对话框,而常见的查找和替换便是非模式对话框。

Swing 中提供了 JOptionPane 类来实现类似 Windows 平台下的 MessageBox 的功能,利用 JOptionPane 类中的各个 static 方法来生成各种标准的对话框,实现显示出信息、提出问题、警告、用户输入参数等功能。这些对话框都是模式对话框。

(1) ConfirmDialog：确认对话框，提出问题，然后由用户自己来确认（单击 Yes 或 No 按钮）。

(2) InputDialog：提示输入文本对话框。

(3) MessageDialog：显示信息对话框。

(4) OptionDialog：组合其他三个对话框类型。

这 4 个对话框可以采用 showXXXDialog() 来显示，如：showConfirmDialog() 显示确认对话框、showInputDialog() 显示输入文本对话框、showMessageDialog() 显示信息对话框、showOptionDialog() 显示选择性的对话框。方法中所使用的参数说明如下。

(1) ParentComponent：指示对话框的父窗口对象，一般为当前窗口。也可以为 null 即采用默认的 Frame 作为父窗口，此时对话框将设置在屏幕的正中。

(2) message：指示要在对话框内显示的描述性的文字。

(3) String title：对话框的标题。

(4) Component：在对话框内要显示的组件（如按钮）。

(5) Icon：在对话框内要显示的图标。

(6) messageType：定义 message 的样式。一般可以为如下的值：ERROR_MESSAGE、INFORMATION_MESSAGE、WARNING_MESSAGE、QUESTION_MESSAGE、PLAIN_MESSAGE 等。

(7) optionType：它决定在对话框的底部所要显示的按钮选项。一般可以为 DEFAULT_OPTION、YES_NO_OPTION、YES_NO_CANCEL_OPTION、OK_CANCEL_OPTION。

1) 显示消息对话框 MessageDialog

显示消息对话框 MessageDialog 的方法如下。

(1) showMessageDialog(Component parentComponent, Object message)：调出标题为 message 的信息消息对话框。

(2) showMessageDialog(Component parentComponent, Object message, String title, int messageType)：调出对话框，它显示使用由 messageType 参数确定的默认图标的 message。

(3) showMessageDialog(Component parentComponent, Object message, String title, int messageType, Icon icon)：调出一个显示信息的对话框，为其指定了相关参数。

【例 5-9】 显示"读者编号不可以为空"的 MessageDialog。

具体程序如下：

```java
import javax.swing.JFrame;
import javax.swing.JOptionPane;
public class JOptionPaneDemo extends JFrame {
    public void show(){
        JOptionPane.showMessageDialog(null,"读者编号不可以为空");
    }
    public static void main(String[] args) {
        JOptionPaneDemo jopd = new JOptionPaneDemo();
        jopd.show();
    }
}
```

程序运行结果如图 5-11 所示。

2) 显示确认对话框 ConfirmDialog

显示确认对话框 ConfirmDialog 的方法如下。

(1) showConfirmDialog(Component parentComponent, Object message):调出带有选项 Yes、No 和 Cancel 的对话框;标题为 Select an Option。

图 5-11　例 5-9 运行结果

(2) showConfirmDialog(Component parentComponent, Object message, String title, int optionType):调出一个由 optionType 参数确定其中选项数的对话框。

(3) showConfirmDialog(Component parentComponent, Object message, String title, int optionType, int messageType):调用一个由 optionType 参数确定其中选项数的对话框,messageType 参数确定要显示的图标。

(4) showConfirmDialog(Component parentComponent, Object message, String title, int optionType, int messageType, Icon icon):调出一个带有指定图标的对话框,其中的选项数由 optionType 参数确定。

更改例 5-9 程序中 show() 内容如下:

```
public void show(){
    JOptionPane.showConfirmDialog(null,"确定吗?","确认对话框",JOptionPane.YES_NO_OPTION);
}
```

图 5-12　确认对话框运行结果

程序运行结果如图 5-12 所示。

3) 显示选项对话框 OptionDialog

这种对话框可以由用户自己来设置各个按钮的个数,并返回用户单击各个按钮的序号(从 0 开始计数)。

显示选项对话框 OptionDialog 的方法如下:

showOptionDialog(Component parentComponent, Object message, String title, int optionType, int messageType, Icon icon, Object[ ] options, Object initialValue):调出一个带有指定图标的对话框,其中的初始选择由 initialValue 参数确定,选项数由 optionType 参数确定。该方法返回值为一整数,标识用户所选选项。其中,各参数含义如下。

(1) parentComponent:确定在其中显示对话框的 Frame;如果为 null 或者 parentComponent 不具有 Frame,则使用默认的 Frame。

(2) message:要显示的 Object。

(3) title:对话框的标题字符串。

(4) optionType:指定可用于对话框的选项的整数:DEFAULT_OPTION、YES_OPTION、YES_NO_OPTION、YES_NO_CANCEL_OPTION 或 OK_CANCEL_OPTION。

(5) messageType:指定消息种类的整数,主要用于确定来自可插入外观的图标:ERROR_MESSAGE、INFORMATION_MESSAGE、WARNING_MESSAGE、QUESTION_MESSAGE 或 PLAIN_MESSAGE。

(6) icon：在对话框中显示的图标。

(7) options：指示用户可能选择的对象组成的数组；如果对象是组件，则可以正确呈现；非 String 对象使用其 toString 方法呈现；如果此参数为 null，则由外观确定选项。

(8) initialValue：表示对话框的默认选择的对象；只有在使用 options 时才有意义；可以为 null。

更改例 5-9 程序中，show()内容如下：

```
public void show(){
    Object[] options = {"Java","C","C#"};
    int response = JOptionPane.showOptionDialog(this, "请单击您喜欢的语言", "选项对话框",
JOptionPane.YES_OPTION, JOptionPane.QUESTION_MESSAGE, null, options, options[0]);
    if(response == 0)
    { JOptionPane.showConfirmDialog(null, "您喜欢 Java 语言,确定吗?", "确认对话框",
JOptionPane.YES_NO_OPTION); }
    else if(response == 1)
    { JOptionPane.showConfirmDialog(null, "您喜欢 C 语言,确定吗?", "确认对话框",
JOptionPane.YES_NO_OPTION); }
    else if(response == 2)
    { JOptionPane.showConfirmDialog(null, "您喜欢 C# 语言,确定吗?", "确认对话框",
JOptionPane.YES_NO_OPTION); }
}
```

程序运行结果如图 5-13 所示。

单击 Java 按钮后，出现如图 5-14 所示的确认对话框。

图 5-13　选项对话框运行结果

图 5-14　确认对话框运行结果

4) 显示输入对话框 InputDialog

显示输入对话框 InputDialog 要求用户输入信息，具体的方法如下。

(1) showInputDialog(Object message)：显示请求用户输入的问题消息对话框。

(2) showInputDialog(Component parentComponent, Object message)：显示请求用户输入内容的问题消息对话框，它以 parentComponent 为父级。

(3) showInputDialog(Component parentComponent, Object message, String title, int messageType)：显示请求用户输入内容的对话框，它以 parentComponent 为父级，该对话框的标题为 title，消息类型为 messageType。

更改例 5-9 程序中，show()内容如下：

```
public void show(){
    String inputValue = JOptionPane.showInputDialog("请输入：");
}
```

程序运行结果如图 5-15 所示。

选择输入对话框 InputDialog 以便让用户进行选择地输入。具体方法如下：

showInputDialog（Component parentComponent，Object message，String title，int messageType，Icon icon，Object[] selectionValues，Object initialSelectionValue）：提示用户在可以指定初始选择、可能选择及其他所有选项的模块化的对话框中输入内容。

其中参数含义如下。

（1）parentComponent：对话框的父 Component。

（2）message：要显示的 Object。

（3）title：要在对话框的标题栏中显示的 String。

（4）messageType：要显示的消息类型，包括 ERROR_MESSAGE、INFORMATION_MESSAGE、WARNING_MESSAGE、QUESTION_MESSAGE 或 PLAIN_MESSAGE。

（5）icon：要显示的 Icon 图像。

（6）selectionValues：给出可能选择的 Object 数组。

（7）initialSelectionValue：用于初始化输入字段的值。

更改例 5-9 程序中，show()内容如下：

```
public void show(){
    Object[] possibleValues = { "北京", "上海", "沈阳" };  //用户的选择项目
    Object selectedValue = JOptionPane.showInputDialog(null, "最宜居城市", "选择输入对话框",JOptionPane.INFORMATION_MESSAGE, null, possibleValues, possibleValues[0]);
    System.out.println("您按下了" + (String) selectedValue + "项目");
}
```

程序运行结果如图 5-16 所示。

图 5-15　输入对话框运行结果

图 5-16　选择输入对话框运行结果

5.3.6　基本组件

1. 标签 JLabel 类

标签可以显示文本也可以显示图像，在界面设计中一般用于显示一些提示性或说明性的文字信息。标签组件对象在 Java 中由 JLabel 类创建。JLabel 类的主要方法如表 5-4 所示。

表 5-4　JLabel 类的主要方法

方 法 名	方 法 说 明
JLabel()	创建无图像并且其标题为空字符串的 JLabel
JLabel(Icon image)	创建具有指定图像的 JLabel 实例
JLabel(String text)	创建具有指定文本的 JLabel 实例
public String getText()	返回当前显示的字符串
public void setFont(Font f)	设置字体
public void setText(String text)	设置显示的字符串
public void setHorizontalAlignment(int alignment)	设置标签内容沿 X 轴的对齐方式

2. 文本框 JTextField 类

单行文本输入区。文本框组件主要用于接收用户键盘输入的单行文本信息。JTextField 类用来创建文本框组件对象。JTextField 类的主要方法如表 5-5 所示。

表 5-5　JTextField 类的主要方法

方 法 名	方 法 说 明
JTextField()	创建一个文本框对象
JTextField(int columns)	创建一个指定长度的文本框对象
JTextField(String text)	创建一个显示指定字符串的文本框对象
JTextField(String text, int columns)	创建一个指定长度并显示指定字符串的文本框对象
Public void setText(String s)	设置文本框中显示的文本
Public void getText()	获取文本框中显示的文本

3. 密码框 JPasswordField 类

JPasswordField 也是一个单行文本输入组件。与文本框 JTextField 类基本类似,不同的是,JPasswordField 类增加了屏蔽输入的功能,不显示输入的内容。JPasswordField 类主要用来创建密码文本框组件对象。JPasswordField 类的主要方法如表 5-6 所示。

表 5-6　JPasswordField 类的主要方法

方 法 名	方 法 说 明
JPasswordField ()	创建一个密码框对象
JPasswordField (int columns)	创建一个指定长度的密码框对象
JPasswordField (String text)	创建一个显示指定字符串的密码框对象
JPasswordField (String text, int columns)	创建一个指定长度并显示指定字符串的密码框对象
public void setEchoChar(char c)	设置此 JPasswordField 的回显字符
public char[] getPassword()	返回此密码框对象中所包含的文本

4. 命令按钮 JButton 类

命令按钮类 JButton,其主要方法如表 5-7 所示。

表 5-7　JButton 类的主要方法

方 法 名	方 法 说 明
JButton()	创建不带有设置文本或图标的按钮
JButton(String text)	创建有文本的按钮
JButton(Icon icon)	创建有图标的按钮
JButton(String text, Icon icon)	创建有文本、有图标的按钮
public void addActionListener(ActionEvent e)	添加监听器
public void setText(String text)	设置按钮的文本

【例 5-10】 创建图书借阅管理系统登录界面。

具体代码如下：

```java
package package4;
import java.awt.BorderLayout;
import java.awt.Font;
import java.awt.GridLayout;
import java.awt.Toolkit;
import javax.swing.JButton;
import javax.swing.JFrame;
import javax.swing.JLabel;
import javax.swing.JPanel;
import javax.swing.JPasswordField;
import javax.swing.JTextField;
import javax.swing.SwingConstants;
/*登录窗体*/
public class Login extends JFrame{
    Font f1 = new Font("黑体", Font.BOLD, 32);
    JLabel usernameJLabel,passwordJLabel;
    JTextField usernameJTF;
    JPasswordField pwdJPF;
    public Login(){
        setSize(260,180);
        //在整个屏幕的中间位置显示运行界面
        int width = Toolkit.getDefaultToolkit().getScreenSize().width;
        int height = Toolkit.getDefaultToolkit().getScreenSize().height;
        this.setLocation(width/2 - 130, height/2 - 90);
        setTitle("图书借阅系统登录界面");
        JPanel textJPanel = new JPanel();        //提示信息面板
        JPanel loginJPanel = new JPanel();       //登录信息面板
        JPanel buttonJPanel = new JPanel();      //登录取消按钮面板
        //提示信息面板
        JLabel jl1 = new JLabel();
        jl1.setFont(f1);
        jl1.setText("图书借阅系统");
        textJPanel.add(jl1);
        //登录信息面板设计
```

```
        loginPanel.setLayout(new GridLayout(2,2));
        usernameJLabel = new JLabel("用户名: ");
        //设置文本在整个标签的中间位置显示
        usernameJLabel.setHorizontalAlignment(SwingConstants.CENTER);
        usernameJTF = new JTextField();
        passwordJLabel = new JLabel("密 码: ");
        passwordJLabel.setHorizontalAlignment(SwingConstants.CENTER);
        pwdJPF = new JPasswordField();
        loginJPanel.add(usernameJLabel);
        loginJPanel.add(usernameJTF);
        loginJPanel.add(passwordJLabel);
        loginJPanel.add(pwdJPF);
        //登录取消按钮面板设计
        JButton confirmButton = new JButton("登录");
        JButton resetButton = new JButton("重置");
        buttonJPanel.add(confirmButton);
        buttonJPanel.add(resetButton);
        //添加三个面板到窗体中,位置分别为 BorderLayout 布局的北、中、南
        this.add(textJPanel,BorderLayout.NORTH);
        this.add(loginJPanel,BorderLayout.CENTER);
        this.add(buttonJPanel,BorderLayout.SOUTH);
        setDefaultCloseOperation(JFrame.EXIT_ON_CLOSE);    //关闭窗口时,退出程序
        this.setVisible(true);                              //设置窗体显示,否则不显示
        this.setResizable(false);                           //取消最大化
    }
    public static void main(String[] args) {
        Login lg = new Login();
    }
}
```

程序中 BorderLayout 是一种布局管理器,本例中,分别通过其将 textJPanel、loginJPanel 和 buttonJPanel 放在了整个窗体的北部、中部和南部 GridLayout(2,2)也是一种布局管理器,划分成 2 行 2 列的布局。有关布局管理器的具体解释请参看 5.3.7 节。程序运行默认都是在界面的左上角显示,本例中,程序的运行界面显示在整个屏幕的中间位置。这是通过使用 Toolkit.getDefaultToolkit().getScreenSize()方法的 width 和 height,分别获得整个界面的宽度和高度,而整个窗体的大小是(260,180),通过计算,this.setLocation(width/2-130,height/2-90)得到并设置了运行窗体的左上角的坐标,因此,界面会在屏幕中间显示。运行结果如图 5-17 所示。

图 5-17 例 5-10 运行结果

5. 单选按钮 JRadioButton 类

单选按钮类 JRadioButton,提供可被选择或取消选择的按钮,并可为用户显示其状态。其主要方法如表 5-8 所示。

表 5-8　JRadioButton 类的主要方法

方　法　名	方　法　说　明
JRadioButton()	创建一个初始化为未选择的单选按钮,其文本未设定
JRadioButton(String text)	创建一个具有指定文本的状态为未选择的单选按钮
JRadioButton(Icon icon)	创建一个初始化为未选择的单选按钮,其具有指定的图像但无文本
JRadioButton(String text,Icon icon)	创建一个具有指定的文本和图像并初始化为未选择的单选按钮
JRadioButton(String text,boolean selected)	创建一个具有指定文本和选择状态的单选按钮
public void addActionListener(ActionEvent e)	添加监听器
public void setText(String text)	设置单选按钮的文本内容
public void getText()	获取单选按钮的文本内容
public boolean isSelected()	返回按钮的状态。如果选定了单选按钮,则返回 true,否则返回 false
public void setSelected(boolean b)	设置按钮的状态

6. 按钮组 ButtonGroup 类

此类用于为一组按钮创建一个多斥作用域。使用相同的 ButtonGroup 对象创建一组按钮意味着"开启"其中一个按钮时,将关闭组中的其他所有按钮。该类的主要方法如表 5-9 所示。

表 5-9　ButtonGroup 类的主要方法

方　法　名	方　法　说　明
ButtonGroup()	创建一个新的 ButtonGroup
public void add(AbstractButton b)	将按钮添加到组中
public boolean isSelected(ButtonModel m)	返回对是否已选择一个 ButtonModel 的判断
public void remove(AbstractButton b)	从组中移除按钮
setSelected(ButtonModel m,boolean b)	为 ButtonModel 设置选择值

【例 5-11】　显示学生性别。

```
import javax.swing.ButtonGroup;
import javax.swing.JFrame;
import javax.swing.JLabel;
import javax.swing.JPanel;
import javax.swing.JRadioButton;
import javax.swing.SwingConstants;
public class JRadioButtonDemo extends JFrame {
    private ButtonGroup buttonGroup = new ButtonGroup();
    private JLabel sexJLabel;
    private JPanel sexJPanel,sexJRBJPanel;
    private JRadioButton manJRB,womanJRB;
```

```
    public JRadioButtonDemo(){
        setTitle("JRadioButton");
        setSize(300,100);
        sexJLabel = new JLabel("性别: ");
        sexJLabel.setHorizontalAlignment(SwingConstants.CENTER);
        sexJPanel = new JPanel();
        sexJPanel.add(sexJLabel);
        sexJRBJPanel = new JPanel();
        sexJPanel.add(sexJRBJPanel);
        manJRB = new JRadioButton();
        sexJRBJPanel.add(manJRB);
        manJRB.setSelected(true);
        buttonGroup.add(manJRB);
        manJRB.setText("男");
        womanJRB = new JRadioButton();
        sexJRBJPanel.add(womanJRB);
        buttonGroup.add(womanJRB);
        womanJRB.setText("女");
        this.add(sexJPanel);
        this.setVisible(true);
    }
    public static void main(String[] args) {
        JRadioButtonDemojrb = new JRadioButtonDemo ();
    }
}
```

程序运行结果如图 5-18 所示。

7. 复选框 JCheckbox 类

复选框对象在 Java 中由 JCheckbox 类创建。
JCheckbox 类的主要方法如表 5-10 所示。

图 5-18 例 5-11 运行结果

表 5-10 JCheckbox 类的主要方法

方 法 名	方 法 说 明
JCheckbox()	创建一个没有文本、没有图标并且最初未被选定的复选框
JCheckbox(String text)	创建一个带文本的、最初未被选定的复选框
JCheckBox(Stringtext, boolean selected)	创建一个带文本的复选框，并指定其最初是否处于选定状态
public boolean isSelected()	如果复选框处于选中状态该方法返回 true，否则返回 false

【例 5-12】 复选框练习。

```
import java.awt.BorderLayout;
import javax.swing.JCheckBox;
import javax.swing.JFrame;
import javax.swing.JLabel;
```

```java
import javax.swing.JPanel;
public class JCheckBoxDemo extends JFrame {
    private CheckboxGroup checkboxGroup;
    private JCheckBox JCheckbox1,JCheckbox2,JCheckbox3,JCheckbox4;
    private JLabel JLabel1;
    private JPanel JPanel1,JPanel2;
    public JCheckBoxDemo(){
        setTitle("JCheckBox");
        setSize(500,150);
        JLabel1 = new JLabel("请选择你中意的岗位和工资:");
        JCheckbox1 = new JCheckBox("软件工程师");
        JCheckbox2 = new JCheckBox("软件测试师");
        JCheckbox3 = new JCheckBox("3000");
        JCheckbox4 = new JCheckBox("5000");
        JPanel1 = new JPanel();
        JPanel1.add(JLabel1);
        JPanel2 = new JPanel();
        JPanel2.add(JCheckbox1);
        JPanel2.add(JCheckbox2);
        JPanel2.add(JCheckbox3);
        JPanel2.add(JCheckbox4);
        this.add(JPanel1,BorderLayout.NORTH);
        this.add(JPanel2,BorderLayout.CENTER);
        this.setVisible(true);
    }
    public static void main(String[] args) {
        JCheckBoxDemo jcb = new JCheckBoxDemo();
    }
}
```

程序运行结果如图 5-19 所示。

图 5-19 例 5-12 运行结果

8. 组合框 JComboBox 类

组合框是文本编辑区和列表的组合,用户可以在文本编辑区输入选项,也可以单击下拉按钮从显示的列表中进行选择。默认组合框不能编辑,需要通过 setEditable(true)方法设为可编辑。JComboBox 类的主要方法如表 5-11 所示。

表 5-11　JComboBox 类的主要方法

方　法　名	方　法　说　明
JComboBox()	创建一个无选项的 JComboBox
JComboBox(ComboBoxModel aModel)	创建一个 JComboBox,其项取自现有的 ComboBoxModel
JComboBox(Object[] items)	创建包含指定数组中的元素的 JComboBox
JComboBox(Vector<?> items)	创建包含指定 Vector 中的元素的 JComboBox
public void addItem(Object anObject)	为项列表添加项
public int getItemCount()	返回列表中的项数
public int getSelectedIndex()	获取所选项的索引值(从 0 开始)
public object getSelectedItem()	返回当前所选项
public void insertItemAt(Object anObject, int index)	在项列表中的给定索引处插入项
public void removeItemAt(int index)	移除 index 处的项

【例 5-13】 组合框练习。

```
import java.awt.BorderLayout;
import javax.swing.JComboBox;
import javax.swing.JFrame;
import javax.swing.JLabel;
import javax.swing.JPanel;
public class JComboBoxDemo extends JFrame {
    private JComboBox readertypeJCB;
    private JLabel JLabel1;
    private JPanel JPanel1,JPanel2;
    public JComboBoxDemo(){
        setTitle("JComboBox");
        setSize(300,150);
        JLabel1 = new JLabel("读者类型");
        JPanel1 = new JPanel();
        JPanel1.add(JLabel1);
        JPanel2 = new JPanel();
        readertypeJCB = new JComboBox();
        readertypeJCB.addItem("学生");
        readertypeJCB.addItem("教师");
        JPanel2.add(readertypeJCB);
        this.add(JPanel1,BorderLayout.NORTH);
        this.add(JPanel2,BorderLayout.CENTER);
        this.setVisible(true);
    }
    public static void main(String[] args) {
        JComboBoxDemo jcb = new JComboBoxDemo();
    }
}
```

运行结果如图 5-20 所示。

9. 菜单栏、菜单和菜单项

JMenuBar 类用来创建窗口的菜单栏,是一个放

图 5-20　例 5-13 运行结果

置菜单的容器。菜单栏必须被添加在一个窗口中(用 JFrame 类的 setJMenuBar 方法)且被定位于窗口上方。它能自动处理发生在自身上产生的所有事件。如果菜单栏中没有菜单,则不会显示。

JMenuBar 类的主要方法如表 5-12 所示。

表 5-12 JMenuBar 类的主要方法

方 法 名	方 法 说 明
JMenuBar()	创建一个菜单栏
Public JMenu add(JMenu jmenu)	将指定的菜单追加到菜单栏的末尾

JMenu 类的作用是生成菜单,主要形式是下拉菜单。菜单实际上是一种带标题的中间容器,它一方面存在于一个菜单栏或其他菜单中,另一方面里面添加有菜单项。

JMenu 类的主要方法如表 5-13 所示。

表 5-13 JMenu 类的主要方法

方 法 名	方 法 说 明
JMenu()	创建无标题的菜单
JMenu(String Label)	创建指定标题的菜单
public JMenuItem add(JMenuItem jmi)	添加菜单项
public void addSeparator()	添加一个分隔线
public void addActionListener(ActionListener l)	添加一个监听器

JMenuItem 类用来创建菜单项,即用户最终选择的项。菜单项一般用菜单的 add 方法加入到菜单。JMenuItem 类的主要方法如表 5-14 所示。

表 5-14 JMenuItem 类的主要方法

方 法 名	方 法 说 明
JMenuItem()	创建一个菜单项
JMenuItem(String label)	创建一个带标题的菜单项
JMenuItem(String label, int mnemonic)	创建带有指定文本和键盘助记符的 JMenuItem

【例 5-14】 菜单练习。

```java
import javax.swing.JFrame;
import javax.swing.JMenu;
import javax.swing.JMenuBar;
import javax.swing.JMenuItem;
public class JMenuDemo extends JFrame {
    JMenuBar jmenuBar;
    JMenu jmenu;
    JMenuItem jmenuItem1,jmenuItem2;
    public JMenuDemo(){
        setSize(400,300);
        setTitle("图书借阅系统");
        jmenuBar = new JMenuBar();           //创建菜单栏
        setJMenuBar(jmenuBar);               //添加菜单栏到窗体
```

```
        jmenu = new JMenu("图书信息管理");
        jmenuItem1 = new JMenuItem("图书信息添加");
        jmenuItem2 = new JMenuItem("图书信息查询与修改");
        jmenu.add(jmenuItem1);
        jmenu.add(jmenuItem2);
        jmenuBar.add(jmenu);
        this.setVisible(true);
    }
    public static void main(String[] args) {
        JMenuDemo jmd = new JMenuDemo();
    }
}
```

程序运行结果如图 5-21 所示。

图 5-21　例 5-14 运行结果

10. 进度条 JProgressBar 类

进度条用于显示图形化的进度描述。主要方法如表 5-15 所示。

表 5-15　JProgressBar 类的主要方法

方 法 名	方 法 说 明
JProgressBar()	创建一个显示边框但不带进度字符串的水平进度条
JProgressBar（int orient）	创建具有指定方向（SwingConstants.VERTICAL 或 SwingConstants.HORIZONTAL）的进度条
JProgressBar(int min, int max)	创建具有指定最小值和最大值的水平进度条
JProgressBar(int orient, int min, int max)	创建使用指定方向、最小值和最大值的进度条
public void setOrientation(int newOrientation)	将进度条的方向设置为 newOrientation
public void setString(String s)	设置进度条上附加的文本

11. 表格 JTable 类

JTable 用来显示和编辑常规二维单元表。主要方法如表 5-16 所示。

表 5-16 JTable 类的主要方法

方 法 名	方 法 说 明
JTable()	构造一个默认的 JTable,使用默认的数据模型、默认的列模型和默认的选择模型对其进行初始化
JTable(int numRows, int numColumns)	使用 DefaultTableModel 构造具有 numRows 行和 numColumns 列个空单元格的 JTable
JTable(Object[][] rowData, Object[] columnNames)	构造一个 JTable 来显示二维数组 rowData 中的值,其列名称为 columnNames
setAutoResizeMode(int mode)	当调整表的大小时,设置表的自动调整模式
static int AUTO_RESIZE_OFF	不自动调整列的宽度；使用滚动条
getSelectedRow()	返回第一个选定行的索引；如果没有选定的行,则返回 −1
getValueAt(int row, int column)	返回 row 和 column 位置的单元格值

【例 5-15】 生成读者信息表。

```
package package4;
import java.awt.BorderLayout;
import java.awt.Dimension;
import javax.swing.JFrame;
import javax.swing.JPanel;
import javax.swing.JScrollPane;
import javax.swing.JTable;
public class JTableDemo extends JFrame{
    private JPanel jpanel;
    private JTable jtable;
    private JScrollPane jscrollPane;
    //定义表头
    private String[] columnNames = { "编号","类型","姓名","年龄","性别","电话","系部","注册日期" };
    //定义表数据
    Object[][] cellData = {
        {"11301121","学生","金鑫","22","男","18632159876","信息","2011-9-8"},
        {"11301122","学生","李福林","23","男","18642156876","信息","2011-9-8"},
        {"11301105","学生","李媛媛","22","女","18643625476","信息","2011-9-8"} };
    //构造方法
    public JTableDemo(){
        setSize(400,200);
        jpanel = new JPanel();
        jscrollPane = new JScrollPane();
        jscrollPane.setPreferredSize(new Dimension(400,100));
        //创建表格
        jtable = new JTable(cellData, columnNames);
        //使用滚动条显示数据,如图 5-22 所示.如果不用此语句,运行效果如图 5-23 所示,
        //不带滚动条。
        jtable.setAutoResizeMode(JTable.AUTO_RESIZE_OFF);
        jscrollPane.setViewportView(jtable);
```

```
            jpanel.add(jscrollPane);
            add(jpanel,BorderLayout.CENTER);
            setVisible(true);
        }
        public static void main(String[] args) {
            new JTableDemo();
        }
    }
```

程序运行结果如图 5-22 和图 5-23 所示。

图 5-22　例 5-15 程序运行结果（带滚动条）

图 5-23　例 5-15 程序运行结果（不带滚动条）

5.3.7　布局管理

为了使生成的图形用户界面具有良好的平台无关性，Java 语言中，提供了布局管理器这个工具来管理组件在容器中的布局，而不使用直接设置组件位置和大小的方式。

每个容器都有一个布局管理器，当容器需要对某个组件进行定位或判断其大小尺寸时，就会调用其对应的布局管理器。

布局管理器能执行的任务如下。

(1) 确定容器的全面尺寸；

(2) 确定容器内各元素的大小；

(3) 确定容器内各元素的位置；

(4) 确定元素间的间隔距离。

可以为容器设置不同的布局管理器来实现布局。通过使用 setLayout() 方法进行设置，具体方法如下：

setLayout(布局管理器对象);

在程序中安排组件的位置和大小时,应该注意以下事项。

(1) 容器中的布局管理器负责各个组件的大小和位置,因此用户无法在这种情况下设置组件的这些属性。如果试图使用 Java 语言提供的 setLocation()、setSize()、setBounds() 等方法,则都会被布局管理器覆盖。

(2) 如果用户确实需要亲自设置组件大小或位置,则应取消该容器的布局管理器,方法为:

setLayout(null)

常用布局管理器有以下几种。
(1) FlowLayout:流式布局。
(2) BorderLayout:边缘布局。
(3) GridLayout:网格布局。
(4) CardLayout:卡片式布局。
(5) GridBagLayout:网格包布局。

1. 流式布局 FlowLayout

流式布局由 FlowLayout 布局管理器负责实现。流式布局的原则是按界面元素添加的顺序从左至右在容器中排放,如果一行放不下,就换下一行,换行后仍以从左至右的顺序排放,默认对齐方式是居中。流式布局是 Panel、Applet 的默认布局管理器。流式布局的常用方法如表 5-17 所示。

表 5-17 FlowLayout 类的主要方法

方 法 名	方 法 说 明
FlowLayout()	创建一个 FlowLayout 布局管理器
FlowLayout(int align)	创建一个按指定对齐方式对齐的 FlowLayout 布局管理器
FlowLayout(int align, int hgap, int vgap)	创建一个具有指定对齐方式及指定行间距和列间距的 FlowLayout 布局管理器

说明:align 的值必须是以下 5 个参数之一,FlowLayout.LEFT(左对齐)、FlowLayout.RIGHT(右对齐)、FlowLayout.CENTER(居中)、FlowLayout.LEADING(与容器方向的开始边对齐)、FlowLayout.TRAILING(与容器方向的结束边对齐)。

【例 5-16】 流式布局练习。

```
import java.awt.*;
import javax.swing.JFrame;
public class FlowLayoutDemo extends JFrame {
    public FlowLayoutDemo(){
        setLayout(new FlowLayout());
        Button button1 = new Button("确认");
        Button button2 = new Button("重置");
        Button button3 = new Button("退出");
        add(button1);
        add(button2);
```

```
        add(button3);
        setSize(300,100);
        setVisible(true);
    }
    public static void main(String args[]) {
        FlowLayoutDemo fld = new FlowLayoutDemo();
    }
}
```

程序运行结果如图 5-24 所示。

2. 边界布局 BorderLayout

图 5-24 例 5-16 运行结果

边界布局由 BorderLayout 布局管理器负责执行。边界布局的原则是将容器按"上北下南,左西右东"分为 5 个区,分别是北区、南区、东区、西区和中区,其中,中区的空间最大。边界布局是 Window、Frame 和 Dialog 的默认布局管理器。

需要注意的是,使用该布局添加组件时,必须指明添加位置,否则无法显示。边界布局的常用方法如表 5-18 所示。

表 5-18 BorderLayout 类的主要方法

方 法 名	方 法 说 明
BorderLayout()	创建一个 BorderLayout 布局管理器
BorderLayout(int hgap, int vgap)	按指定的水平间距和垂直间距,创建一个 BorderLayout 布局管理器

当向设置 BorderLayout 布局的容器添加组件时,常调用 add(BorderLayout.CENTER, Component b)方法或 add(Component b, BorderLayout.SOUTH)方法将组件加入某个区中。5 个区分别由 BorderLayout 中的静态常量 CENTER(中区)、NORTH(北区)、SOUTH(南区)、WEST(西区)、EAST(东区)表示。

【例 5-17】 边界布局练习。

```
import java.awt.*;
import javax.swing.JFrame;
public class BoarderLayoutDemo extends JFrame {
    public BoarderLayoutDemo (){
        setTitle("BoarderLayout");
        add("North", new Button("North"));
        add("South",new Button("South"));
        add("East",new Button("East"));
        add("West",new Button("West"));
        add("Center",new Button("Center"));
        setSize(200,200);
        setVisible(true);
    }
    public static void main(String args[]) {
        BoarderLayoutDemo bld = new BoarderLayoutDemo ();
    }
}
```

程序运行结果如图 5-25 所示。

3. 网格布局 GridLayout

网格布局由 GridLayout 布局管理器负责实现。网格布局的原则是将容器分成若干尺寸大小相等的单元格(用户可以指定网格的行数和列数),当添加界面元素到容器中时,元素按照添加的顺序从左到右,从上到下的顺序进行排列。网格布局的常用方法如表 5-19 所示。

图 5-25 例 5-17 运行结果

表 5-19 GridLayout 类的主要方法

方 法 名	方 法 说 明
GridLayout()	创建一个 GridLayout 布局管理器
GridLayout(int rows, int cols)	按指定的行数和列数创建一个 GridLayout 布局管理器
GridLayout(int rows, int cols, int hgap, int vgap)	创建一个具有指定行数和列数且指定行间距和列间距的 GridLayout 布局管理器

【例 5-18】 网格布局练习。

```
import java.awt.*;
import javax.swing.JFrame;
public class GridLayoutDemo extends JFrame{
    public GridLayoutDemo(){
        setTitle("GridLayout");
        setLayout(new GridLayout(3,2));
        add(new Button("1"));
        add(new Button("2"));
        add(new Button("3"));
        add(new Button("4"));
        add(new Button("5"));
        add(new Button("6"));
        setSize(300,300);
        setVisible(true);
    }
    public static void main(String args[]){
        GridLayoutDemo gld = new GridLayoutDemo();
    }
}
```

图 5-26 例 5-18 运行结果

程序运行结果如图 5-26 所示。

4. 卡片式布局 CardLayout

卡片式布局由 CardLayout 布局管理器负责实现。卡片式布局的原则是将每一个界面元素放在一张卡片中,有多个元素就有多张卡片,但每次只显示其中的一张卡片。CardLayout 布局管理器能够帮助用户处理两个以至更多的成员共享同一显示空间。卡片式布局的常用方法如表 5-20 所示。

表 5-20　CardLayout 类的主要方法

方 法 名	方 法 说 明
CardLayout()	创建一个 CardLayout 布局管理器
CardLayout(int hgap, int vgap)	按指定的间距创建一个 CardLayout 布局管理器
public void first(Container parent)	选择指定容器中的第一张卡片使其可视
public void next(Container parent)	选择指定容器中的下一张卡片使其可视
public void previous(Container parent)	选择指定容器中的前一张卡片使其可视
public void last(Container parent)	选择指定容器中的最后一张卡片使其可视
public void show(Container parent, String name)	选择指定容器内的指定名称的组件使其可视

注意：当向设置 CardLayout 布局的容器添加组件时，常调用 add(String s, Component b) 方法，即添加组件的同时给出显示该组件的代号。

【例 5-19】卡片式布局练习。

```
import java.awt.*;
import javax.swing.JButton;
import javax.swing.JFrame;
import javax.swing.JLabel;
import javax.swing.JPanel;
import javax.swing.SwingConstants;
public class CardLayoutDemo extends JFrame{
    private CardLayout cl;
    private JLabel jl1,jl2,jl3,jl4;
    private JButton jb1,jb2,jb3,jb4;
    private JPanel jpl1,jpl2;
    public CardLayoutDemo(){
        setTitle("CardLayout");
        cl = new CardLayout();
        jl1 = new JLabel("第一张卡片");
        //使 jl1 标签的文字居中显示
        jl1.setHorizontalAlignment(SwingConstants.CENTER);
        jl2 = new JLabel("第二张卡片");
        jl2.setHorizontalAlignment(SwingConstants.CENTER);
        jl3 = new JLabel("第三张卡片");
        jl3.setHorizontalAlignment(SwingConstants.CENTER);
        jl4 = new JLabel("第四张卡片");
        jl4.setHorizontalAlignment(SwingConstants.CENTER);
        jb1 = new JButton("第一张");
        jb2 = new JButton("前一张");
        jb3 = new JButton("后一张");
        jb4 = new JButton("最后一张");
        jpl1 = new JPanel();
        jpl1.setLayout(cl);
        jpl1.add("No1",jl1);
        jpl1.add("No2",jl2);
        jpl1.add("No3",jl3);
        jpl1.add("No4",jl4);
        cl.show(jpl1,"No1");
```

```
            add(jpl1,BorderLayout.CENTER);
            jpl2 = new JPanel();
            jpl2.add(jb1);
            jpl2.add(jb2);
            jpl2.add(jb3);
            jpl2.add(jb4);
            add(jpl2,BorderLayout.SOUTH);
            setSize(400,200);
            setVisible(true);
        }
        public static void main(String args[]){
            CardLayoutDemo cld = new CardLayoutDemo();
        }
    }
```

程序运行结果如图 5-27 所示(可为按钮添加事件响应,即可实现翻动卡片的功能)。

5. 网格包布局 GridBagLayout

网格包布局是一种富有弹性的布局。这种布局和网格布局相似,把容器分成尺寸相等的单元格进行管理。不同的是,网格包布局允许水平或垂直对齐时不要求界面元素的大小必须一致,且每个元素可以占一格或多格。

图 5-27　例 5-19 运行结果

网格包布局管理器对象由 GridBagLayout 类生成。在网格包布局的使用中常需用到 GridBagConstraints 类,这个类的作用就是配置每个单元格中的元素。网格包布局中的每一个界面元素都要借助于 GridBagConstraints 类对象确定其所在单元格的位置。通过对 GridBagConstraints 类对象的相关属性进行设置,可以实现界面元素在容器内的灵活放置。网格包布局的常用方法如表 5-21 所示。

表 5-21　GridBagLayout 类和 GridBagConstraints 类的主要方法及属性

方 法 名	方 法 说 明
GridBagLayout()	创建网格包布局管理器
public void setConstraints(Component comp, GridBagConstraints constraints)	设置此布局中指定组件的约束条件
GridBagConstraints()	创建一个 GridBagConstraints 对象,将其所有字段都设置为默认值
int fill	当组件的显示区域大于它所请求的显示区域的大小时使用此字段
int BOTH	在水平方向和垂直方向上同时调整组件大小
double weightx	指定如何分布额外的水平空间
double weighty	指定如何分布额外的垂直空间
int gridwidth	指定组件显示区域的某一行中的单元格数
int gridheight	指定组件显示区域的某一列中的单元格数
int REMAINDER	指定此组件是其行或列中的最后一个组件

【例 5-20】 网格包布局练习。

```java
import java.awt.GridBagConstraints;
import java.awt.GridBagLayout;
import javax.swing.JButton;
import javax.swing.JFrame;
import javax.swing.JLabel;
import javax.swing.SwingConstants;
public class GridBagLayoutDemo extends JFrame {
    private GridBagLayout gbl;
    private JButton jb1,jb2,jb3,jb4;
    private GridBagConstraints gbs;
    private JLabel jl;
    public GridBagLayoutDemo() {
        setTitle("GridBagLayout");
        gbl = new GridBagLayout();
        gbs = new GridBagConstraints();
        setLayout(gbl);
        //放大对象的高度与宽度
        gbs.fill = GridBagConstraints.BOTH;
        //分配多余的列空间
        gbs.weighty = 1.0;
        //分配多余的行空间
        gbs.weightx = 1.0;
        jb1 = new JButton("1");
        gbl.setConstraints(jb1, gbs);
        add(jb1);
        //指定此组件是其行或列中的最后一个组件
        gbs.gridwidth = GridBagConstraints.REMAINDER;
        jb2 = new JButton("2");
        gbl.setConstraints(jb2, gbs);
        add(jb2);
        //指定组件占用的行数
        gbs.gridwidth = 1;
        jb3 = new JButton("3");
        gbl.setConstraints(jb3, gbs);
        add(jb3);
        gbs.gridwidth = GridBagConstraints.REMAINDER;
        jb4 = new JButton("4");
        gbl.setConstraints(jb4, gbs);
        add(jb4);
        gbs.gridwidth = 1;
        gbs.gridwidth = GridBagConstraints.REMAINDER;
        jl = new JLabel("占两格");
        jl.setHorizontalAlignment(SwingConstants.CENTER);
        gbl.setConstraints(jl, gbs);
        add(jl);
```

```
            setSize(300, 200);
            setVisible(true);
            setDefaultCloseOperation(EXIT_ON_CLOSE);
        }
        public static void main(String[] args) {
            GridBagLayoutDemo m = new GridBagLayoutDemo();
        }
    }
```

程序运行结果如图 5-28 所示。

还有一种 null 布局,即没有什么原则来排放组件。当一个容器中设置的布局为空布局时,可以对添加的组件进行准确定位(设置组件在容器中的具体位置和大小)。这个功能要求添加的组件必须调用 setBounds (int x, int y, int width,int height)方法。

图 5-28 例 5-20 运行结果

5.3.8 日期时间类

1. Date 类

Date 类用于封装日期和时间,表示特定的瞬间,精确到毫秒。在 java.util 包中,是从 GMT(格林尼治标准时间)1970 年 1 月 1 日 00:00:00 这一刻之前或者是之后经历的毫秒数。

尽管 Date 类打算反映协调世界时(UTC),但无法做到如此准确,这取决于 Java 虚拟机的主机环境。当前几乎所有操作系统都假定 1 天=24×60×60=86 400 秒。但对于 UTC,大约每一两年出现一次额外的一秒,称为"闰秒"。闰秒始终作为当天的最后一秒增加,并且始终在 12 月 31 日或 6 月 30 日增加。例如,1995 年的最后一分钟是 61 秒,因为增加了闰秒。大多数计算机时钟不是特别的准确,因此不能反映闰秒的差别。

在类 Date 所有可以接受或返回年、月、日期、小时、分钟和秒值的方法中,将使用下面的表示形式。

(1) 年份 y 由整数 y−1900 表示。

(2) 月份 month 由 0~11 的整数表示;0 是一月、1 是二月等;因此 11 是十二月。

(3) 日期 day(一月中的某天)按通常方式由整数 1~31 表示。

(4) 小时 hour 由 0~23 的整数表示。因此,从午夜到 1 a.m. 的时间是 0 点,从中午到 1 p.m. 的时间是 12 点。

(5) 分钟 minute 按通常方式由 0~59 的整数表示。

(6) 秒 second 由 0~60 之间的一个整数表示;数值 60 只用于跳跃秒数并且只用于能够正确跟踪闰秒的 Java 实现中。

在所有情形中,赋予方法的参数不需要在指定的范围内;例如,可以把日期指定为 1 月 32 日,并把它解释为 2 月 1 日的相同含义。

Date 类的主要方法如表 5-22 所示。

表 5-22 Date 类的主要方法及属性

方 法 名	方 法 说 明
Date()	分配 Date 对象并初始化此对象,以表示分配它的时间(精确到毫秒)。以此构造方法创建对象可以获取本地当前时间
Date(long time)	分配 Date 对象并初始化此对象,以表示自从标准基准时间(称为"历元(Epoch)",即 1970 年 1 月 1 日 00:00:00 GMT)以来的指定毫秒数
public boolean after(Date when)	测试此日期是否在指定日期之后
public boolean before(Date when)	测试此日期是否在指定日期之前
public int compareTo(Date anotherDate)	比较两个日期的顺序
public boolean equals(Object obj)	比较两个日期的相等性

2. DateFormat 类及 SimpleDateFormat 类

为了定制日期数据的输出格式,可以使用 DateFormat 的子类 SimpleDateFormat。SimpleDateFormat 有个常用构造方法:

```
public SimpleDateFormat(String pattern)  //pattern 指定输出格式
```

pattern 中可以有如下格式符。
(1) yy:用两位数字表示的"年"替换。
(2) yyyy:用 4 位数字表示的"年"替换。
(3) MM:用两位数字表示的"月"替换。
(4) MMM:用汉字表示的"月"替换。
(5) dd:用两位数字表示的"日"替换。
(6) HH:用两位数字表示的"时"替换。
(7) mm:用两位数字表示的"分"替换。
(8) ss:用两位数字表示的"秒"替换。
(9) E:用"星期"替换。

pattern 中的普通 ASCII 字符,必须用双引号字符括起来,如:

```
pattern = "yyyy-MM-dd";
```

用 SimpleDateFormat 对象调用如下方法可以定制某时间输出格式:

```
public String format(Date date)
```

例如:

```
SimpleDateFormat sdf = new SimpleDateFormat("yyyy-MM-dd");
System.out.println(new java.util.Date());   //显示系统当前时间,格式为"2014-06-19"
```

使用标准的日期格式化过程,常用的两个获取日期/时间格式器的方法如下。
(1) public static final DateFormat getDateTimeInstance() //具有默认语言环境的默认格式化风格。

(2) public static final DateFormat getDateTimeInstance(int dateStyle, int timeStyle)
//具有默认语言环境的给定日期和时间格式化风格。

【例 5-21】 显示系统当前时间,只显示年月日部分。

```java
import java.text.DateFormat;
import java.text.SimpleDateFormat;
public class DateDemo {
    public DateDemo(){
        System.out.print("未格式化的系统当前时间为: ");
        System.out.println(new java.util.Date());
        System.out.print("使用SimpleDateFormat格式化的系统当前时间为: ");
        SimpleDateFormat format = new SimpleDateFormat("yyyy-MM-dd");
        String str = format.format(new java.util.Date());
        System.out.println(str);
        System.out.print("使用日期/时间格式器格式化的系统当前时间为: ");
        DateFormat df = DateFormat.getDateInstance();
        System.out.println(df.format(new java.util.Date()));
    }
    public static void main(String[] args) {
        new DateDemo();
    }
}
```

程序运行结果如图 5-29 所示。

图 5-29 例 5-21 运行结果

3. Calendar 类

在 JDK 1.1 之前,类 Date 有两个其他的函数。它允许把日期解释为年、月、日、小时、分钟和秒值。它也允许格式化和解析日期字符串。不过,这些函数的 API 不易于实现国际化。从 JDK 1.1 开始,应该使用 Calendar 类实现日期和时间字段之间转换,使用 DateFormat 类来格式化和解析日期字符串。使用 Calendar 类可以设置和获取日期/时间数据的特定部分。Calendar 类是一个抽象类,在实际使用时实现特定的子类的对象。由于 Calendar 类是抽象类,且 Calendar 类的构造方法是 protected 的,所以无法使用 Calendar 类的构造方法来创建对象,API 中提供了 getInstance 方法用来创建对象。如:

```java
Calendar calendar = Calendar.getInstance();
```

然后,可以使用该 calendar 对象的 set() 方法来设置具体日期时间,如下所示(当 year 取负数时表示公元前)。

(1) public final void set(int field, int value):将给定的日历字段设置为给定值。

(2) public final void set(int year, int month, int date):设置日历字段 YEAR、

MONTH 和 DAY_OF_MONTH 的值。

(3) public final void set(int year, int month, int date, int hourOfDay, int minute)：设置日历字段 YEAR、MONTH、DAY_OF_MONTH、HOUR_OF_DAY 和 MINUTE 的值。

(4) public final void set(int year, int month, int date, int hourOfDay, int minute, int second)：设置字段 YEAR、MONTH、DAY_OF_MONTH、HOUR、MINUTE 和 SECOND 的值。

Calendar 类中用以下这些静态常量表示不同的意义。

(1) Calendar.YEAR——年份。

(2) Calendar.MONTH——月份。

(3) Calendar.DATE——日期。

(4) Calendar.DAY_OF_MONTH——日期，一个月中的某天。

(5) Calendar.HOUR——12 小时制的小时。

(6) Calendar.HOUR_OF_DAY——24 小时制的小时。

(7) Calendar.MINUTE——分钟。

(8) Calendar.SECOND——秒。

(9) Calendar.DAY_OF_WEEK——星期几。

Calendar 类对象调用如下方法可以获取有关年份、月份、小时、星期等信息，参数 field 的有效值由 Calendar 的静态常量指定：public int get(int field)。

例如：

calendar.get(Calendar.MONTH); //返回一个整数,如果该整数是 0 表示一月,11 表示十二月

【例 5-22】 Calendar 使用实例。

```
import java.util.Calendar;
import java.util.Date;
public class CalendarDemo {
    public CalendarDemo(){
        Calendar calendar = Calendar.getInstance();
        calendar.setTime(new Date());
        String year = String.valueOf(calendar.get(Calendar.YEAR));
        //月份是从 0 开始计数的,因此,需要加 1
        String month = String.valueOf(calendar.get(Calendar.MONTH) + 1);
        String day = String.valueOf(calendar.get(Calendar.DAY_OF_MONTH));
        //星期日算星期一,因此,需要减 1
        String week = String.valueOf(calendar.get(Calendar.DAY_OF_WEEK) - 1);
        int hour = calendar.get(Calendar.HOUR_OF_DAY);
        int minute = calendar.get(Calendar.MINUTE);
        int second = calendar.get(Calendar.SECOND);
        System.out.println("现在的时间是：");
        System.out.println(year + "年" + month + "月" + day + "日" + "星期" + week);
        System.out.println(hour + "时" + minute + "分" + second + "秒");
        //计算奥运会到现在的时间差
```

```
        calendar.set(2008,7,8);                    //将日历翻到2008年8月8日,注意7表示八月
        long time2008 = calendar.getTimeInMillis();
        calendar.setTime(new Date());               //将日历翻到2008年8月8日
        long timenow = calendar.getTimeInMillis();
        long timediff = (timenow - time2008)/(1000 * 60 * 60 * 24);
        System.out.println("奥运会到现在已经过去了" + timediff + "天");
    }
    public static void main(String[] args) {
        new CalendarDemo();
    }
}
```

程序运行结果如图 5-30 所示。

图 5-30　例 5-22 运行结果

5.4　项目实施

本任务的项目教学实施过程如下。

1．教师带领学生完成内容

（1）创建登录界面 Login.java。
（2）创建主界面 Library.java。
（3）创建读者信息管理界面。

2．学生自行完成部分

（1）创建图书信息管理界面。
（2）创建图书借阅管理界面。
（3）创建基础信息维护界面。
（4）创建用户管理界面。

学生自行完成部分中,图书信息管理界面给出设计方案,读者自行编码实现。而图书借阅管理界面、基础信息维护界面和用户管理界面,读者可以根据之前的知识,参看教材给出的效果图完成,自行完成分析与实现；也可自己独立进行设计、分析与实现。

5.4.1　任务1：创建登录界面

登录界面运行结果如图 5-31 所示。
登录界面设计如图 5-32 所示。

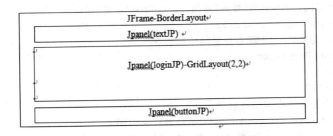

图 5-31 "图书借阅系统登录界面"

```
           JFrame-BorderLayout
    ┌──────────────────────────────────────┐
    │         Jpanel(textJP)               │
    ├──────────────────────────────────────┤
    │                                      │
    │    Jpanel(loginJP)-GridLayout(2,2)   │
    │                                      │
    ├──────────────────────────────────────┤
    │         Jpanel(buttonJP)             │
    └──────────────────────────────────────┘
```

图 5-32 读者信息添加界面布局设计

登录界面顶级容器为 JFrame,设置其布局管理器为 BorderLayout。其中,分别包含三个中间容器面板:textJP、loginJP 及 buttonJP,分别位于 JFrame 的北部、中部和南部。其中,loginJP 布局管理器为 GridLayout(2,2)。

登录界面设计部分代码如下。

【Login.java】

```java
//声明文件所在包
package com.bbm.view;
//导入需要的 AWT 包中的类
import java.awt.BorderLayout;
import java.awt.Font;
import java.awt.GridLayout;
import java.awt.Toolkit;
//导入需要的 Swing 包中的容器类和组件类
import javax.swing.JButton;
import javax.swing.JFrame;
import javax.swing.JLabel;
import javax.swing.JPanel;
import javax.swing.JPasswordField;
import javax.swing.JTextField;
import javax.swing.SwingConstants;
//导入自定义 Users 类,用于保存用户的登录信息
import com.bbm.model.Users;
/*登录界面设计部分代码*/
public class Login extends JFrame{
    //序列化,为了保持版本的兼容性,即在版本升级时反序列化仍保持对象的唯一性
    private static final long serialVersionUID = 1L;
    //定义界面中的各容器和组件,其中,textJP 为显示"图书借阅系统"的中间容器面板,loginJP
    //为中间部分,用户输入用户名和密码的面板,buttonJP 为最下面存放按钮的面板
```

```java
        private JPanel textJP,loginJP,buttonJP;
        //用于设置界面显示的"图书借阅系统"文字的字体
        private Font f1 = new Font("黑体", Font.BOLD, 32);
        //定义JLabel组件,textJL用于显示"图书借阅系统"文字;usernameJL为"用户名"标签;
        //passwordJL为"密码"标签
        private JLabel textJL,usernameJL,passwordJL;
        //定义用户名文本框组件,允许用户输入用户名
        private JTextField usernameJTF;
        //定义密码框组件,允许用户输入密码
        private JPasswordField pwdJPF;
        //定义按钮组件,loginJB为"登录"按钮,resetJB为"重置"按钮
        private JButton loginJB,resetJB;
        //定义Users类对象,用于保存登录的用户信息
        private static Users user;
        public Login(){
            setSize(260,180);
            //在整个界面的中间位置显示
            int width = Toolkit.getDefaultToolkit().getScreenSize().width;
            int height = Toolkit.getDefaultToolkit().getScreenSize().height;
            this.setLocation(width/2 - 200, height/2 - 150);
            setTitle("图书借阅系统登录界面");
            textJP = new JPanel();                    //显示"图书借阅系统"信息面板
            loginJP = new JPanel();                   //登录信息面板
            buttonJP = new JPanel();                  //登录重置按钮面板
            /*创建显示"图书借阅系统"信息面板*/
            textJL = new JLabel();
            textJL.setFont(f1);
            textJL.setText("图书借阅系统");
            textJP.add(textJL);
            //将显示信息面板添加到整个窗体JFrame的北部
            this.add(textJP,BorderLayout.NORTH);
            /*登录信息面板设计*/
            //设置登录信息面板布局管理器
            loginJP.setLayout(new GridLayout(2,2));
            usernameJL = new JLabel("用户名:");
            //标签文字居中显示
            usernameJL.setHorizontalAlignment(SwingConstants.CENTER);
            usernameJTF = new JTextField();
            passwordJL = new JLabel("密 码:");
            passwordJL.setHorizontalAlignment(SwingConstants.CENTER);
            pwdJPF = new JPasswordField();
            //将各组件按顺序(从左到右,从上到下),逐一添加到登录信息面板中
            loginJP.add(usernameJL);
            loginJP.add(usernameJTF);
            loginJP.add(passwordJL);
            loginJP.add(pwdJPF);
            //将登录信息面板添加到整个窗体JFrame的中部
            this.add(loginJP,BorderLayout.CENTER);
            /*登录重置按钮面板设计*/
            loginJB = new JButton("登录");
```

```java
        resetJB = new JButton("重置");
        buttonJP.add(loginJB);
        buttonJP.add(resetJB);
        //将按钮面板添加到整个窗体 JFrame 的南部
        this.add(buttonJP,BorderLayout.SOUTH);
        //关闭窗口时,退出程序
        setDefaultCloseOperation(JFrame.EXIT_ON_CLOSE);
        //设置窗体显示,否则不显示
        this.setVisible(true);
        //取消窗体"最大化"按钮功能
        setResizable(false);
    }
    //用于保存登录用户的信息
    public static void setUser(Users user) {
            Login.user = user;
    }
    //用于获取登录用户的信息
    public static Users getUser() {
        return user;
    }
    //只有包含 main 方法,才可以独立运行程序,看到界面的运行效果
    public static void main(String[] args) {
        new Login();
    }
}
```

程序运行结果,如图 5-31 所示。

5.4.2 任务 2:创建主界面

图书借阅管理系统的功能结构图如图 5-33 所示,据此设计主界面的菜单及子菜单。具体的代码如下所示。

图 5-33 图书借阅管理系统功能结构图

【Library.java】

```java
package com.bbm.view;
import javax.swing.JFrame;
import javax.swing.JMenu;
import javax.swing.JMenuBar;
import javax.swing.JMenuItem;
/* 图书借阅管理系统主窗体
 * 实现菜单栏的设计
 * 顺序:从上到下,从左到右 */
public class Library extends JFrame{
//序列化,为了保持版本的兼容性,即在版本升级时反序列化仍保持对象的唯一性
    private static final long serialVersionUID = 1L;
    /* 此程序中,通过构造方法 Library()中实现界面的初始化. */
    public Library(){
        setSize(800,600);
        setTitle("图书借阅系统");
        JMenuBar jmenuBar = createJMenuBar();          //创建菜单栏
        setJMenuBar(jmenuBar);                         //添加菜单栏到主窗体,设置主窗体菜单栏
        //关闭窗口时,退出程序
        this.setDefaultCloseOperation(JFrame.EXIT_ON_CLOSE);
        this.setVisible(true);                         //设置窗体显示,否则不显示
    }
/* 此程序中,自定义方法 createJMenuBar(),返回一个 JMenuBar 对象,来实现创建菜单
栏的功能,在构造方法 Library()中调用该方法. */
    private JMenuBar createJMenuBar(){
        JMenuBar jMenuBar = new JMenuBar();            //菜单栏
        //读者信息管理菜单
        JMenu readerManageJMenu = new JMenu("读者信息管理");
        JMenuItem readerAddJMI = new JMenuItem("读者信息添加");
        readerManageJMenu.add(readerAddJMI);
        JMenuItem readerSelUpdJMI = new JMenuItem("读者信息查询与修改");
        readerManageJMenu.add(readerSelUpdJMI);
        //图书信息管理菜单
        JMenu bookManageJMenu = new JMenu("图书信息管理");
        JMenuItem bookAddJMI = new JMenuItem("图书信息添加");
        bookManageJMenu.add(bookAddJMI);
        JMenuItem BookSelUpdJMI = new JMenuItem("图书信息查询与修改");
        bookManageJMenu.add(BookSelUpdJMI);
        //图书借阅菜单
        JMenu bookBorrowJMenu = new JMenu("图书借阅管理");
        JMenuItem bookBorrowJMI = new JMenuItem("图书借阅");
        bookBorrowJMenu.add(bookBorrowJMI);
        JMenuItem bookReturnJMI = new JMenuItem("图书归还");
        bookBorrowJMenu.add(bookReturnJMI);
        //基础信息维护菜单
        JMenu baseInfoJMenu = new JMenu("基础信息维护");
        JMenuItem readerTypeJMI = new JMenuItem("读者类别设置");
        baseInfoJMenu.add(readerTypeJMI);
        JMenuItem bookTypeJMI = new JMenuItem("图书类别设置");
        baseInfoJMenu.add(bookTypeJMI);
```

```
        JMenuItem fineSetJMI = new JMenuItem("罚金设置");
        baseInfoJMenu.add(fineSetJMI);
        //用户管理菜单
        JMenu userManageJMenu = new JMenu("用户管理");
        JMenuItem updPwdJMI = new JMenuItem("修改密码");
        userManageJMenu.add(updPwdJMI);
        JMenuItem userAddJMI = new JMenuItem("用户添加");
        userManageJMenu.add(userAddJMI);
        JMenuItem userDelJMI = new JMenuItem("用户删除");
        userManageJMenu.add(userDelJMI);
        //将各菜单添加到菜单栏
        jMenuBar.add(readerManageJMenu);
        jMenuBar.add(bookManageJMenu);
        jMenuBar.add(bookBorrowJMenu);
        jMenuBar.add(baseInfoJMenu);
        jMenuBar.add(userManageJMenu);
        // createJMenuBar()方法返回 jMenuBar 对象
        return jMenuBar;
    }
    // main 方法中实例化 Library 类,从而运行该界面
    public static void main(String[] args) {
        new Library();
    }
}
```

生成的图书借阅管理系统主界面如图 5-34 所示。

图 5-34 "图书借阅系统"主界面

5.4.3 任务 3：创建读者信息管理界面

读者信息管理包括读者信息添加和读者信息查询与修改，下面分别介绍这两个界面的设计及实现过程。

1. 创建"读者信息添加"界面

根据图 5-35 的运行结果，设计整个"读者信息添加"界面的布局的具体方案如图 5-36 所示。

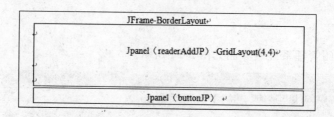

图 5-35 "读者信息添加"界面

图 5-36 "读者信息添加"界面布局设计

整个窗体为 JFrame 容器组件，设置其布局管理器为 BorderLayout，其中包含两个面板容器分别用来放置添加的读者信息和按钮，定义为 readerAddJP 和 buttonJP，分别放在 JFrame 的中部和南部。其中，readerAddJP 根据界面的要求，整体是 4 行 4 列的效果，因此设计此面板的布局管理器为 GridLayout(4,4)。需要注意的是性别按钮也需要单独放在一个面板 sexJP 中，然后，再将 sexJP 放入到 readerAddJP 面板中。

"读者信息添加"界面设计代码如下。

【ReaderAdd.java】

```
//声明所在包
package com.bbm.view;
//导入相应的 AWT 中的类(布局管理器类)
import java.awt.BorderLayout;
import java.awt.FlowLayout;
import java.awt.GridLayout;
//导入日期格式化类
import java.text.SimpleDateFormat;
//导入组件类
```

```java
import javax.swing.ButtonGroup;
import javax.swing.JButton;
import javax.swing.JComboBox;
import javax.swing.JFrame;
import javax.swing.JLabel;
import javax.swing.JPanel;
import javax.swing.JRadioButton;
import javax.swing.JTextField;
import javax.swing.SwingConstants;
import javax.swing.border.EmptyBorder;
//创建读者添加界面
public class ReaderAdd extends JFrame {
//序列化,为了保持版本的兼容性,即在版本升级时反序列化仍保持对象的唯一性
    private static final long serialVersionUID = 1L;
    //定义面板
    private JPanel readerAddJP,sexJP,buttonJP;
    //定义按钮组与下面的按钮,构成性别单选按钮组
    private ButtonGroup buttonGroup = new ButtonGroup();
    private JRadioButton JRB1,JRB2;
    //定义标签
     private JLabel IDJL, categoryJL, readerNameJL, sexJL, phoneJLabel, deptJLabel, ageJLabel,
regJLabel;
    //定义文本框,接收用户输入的读者的相关信息
    private JTextField IDJTF,readerNameJTF,phoneJTF,deptJTF,ageJTF,regtimeJTF;
    //读者类别组合框
    private JComboBox readertypeJCB;
    //按钮
    private JButton addJB,closeJB;
    //构造方法
    public ReaderAdd(){
        setBounds(200, 200, 500, 200);
        setTitle("读者信息添加");
        //按钮面板
        buttonJP = new JPanel();
        //读者信息添加面板设计
        readerAddJP = new JPanel();
        readerAddJP.setBorder(new EmptyBorder(5, 10, 5, 10));
        final GridLayout gridLayout = new GridLayout(4, 4);
        gridLayout.setVgap(10);
        gridLayout.setHgap(10);
        readerAddJP.setLayout(gridLayout);
        getContentPane().add(readerAddJP);
        //添加读者编号标签和文本框到读者添加面板
        IDJL = new JLabel("编号: ");
        //编号标签文本居中显示
        IDJL.setHorizontalAlignment(SwingConstants.CENTER);
        readerAddJP.add(IDJL);
        IDJTF = new JTextField();
        readerAddJP.add(IDJTF);
        //创建读者姓名标签和文本框并添加到读者添加面板
        readerNameJL = new JLabel("姓名: ");
```

```java
readerNameJL.setHorizontalAlignment(SwingConstants.CENTER);
readerAddJP.add(readerNameJL);
readerNameJTF = new JTextField();
readerAddJP.add(readerNameJTF);
//添加读者类别标签到读者添加面板
categoryJL = new JLabel("类别: ");
categoryJL.setHorizontalAlignment(SwingConstants.CENTER);
readerAddJP.add(categoryJL);
//读者类型下拉列表
readertypeJCB = new JComboBox();
readerAddJP.add(readertypeJCB);
//创建性别标签并添加到读者添加面板
sexJL = new JLabel("性别: ");
sexJL.setHorizontalAlignment(SwingConstants.CENTER);
readerAddJP.add(sexJL);
//创建性别面板,用于存放性别按钮组。将"男"按钮和"女"按钮放在 buttonGroup 中构成
//单选按钮组,即性别只能为"男"或"女".将两个按钮先放到 sexJP 面板中,然后再将 sexJP
//面板放到 readerAddJP 面板中
sexJP = new JPanel();
final FlowLayout flowLayout = new FlowLayout();
flowLayout.setHgap(0);
flowLayout.setVgap(0);
sexJP.setLayout(flowLayout);
readerAddJP.add(sexJP);
JRB1 = new JRadioButton();
sexJP.add(JRB1);
JRB1.setSelected(true);
buttonGroup.add(JRB1);
JRB1.setText("男");
JRB2 = new JRadioButton();
sexJP.add(JRB2);
buttonGroup.add(JRB2);
JRB2.setText("女");
//创建读者年龄标签和文本框并添加到读者添加面板
ageJLabel = new JLabel("年龄: ");
ageJLabel.setHorizontalAlignment(SwingConstants.CENTER);
readerAddJP.add(ageJLabel);
ageJTF = new JTextField();
readerAddJP.add(ageJTF);
//创建读者电话标签和文本框并添加到读者添加面板
phoneJLabel = new JLabel("电话: ");
phoneJLabel.setHorizontalAlignment(SwingConstants.CENTER);
readerAddJP.add(phoneJLabel);
phoneJTF = new JTextField();
readerAddJP.add(phoneJTF);
//创建读者所在部门标签和文本框并添加到读者添加面板
deptJLabel = new JLabel("所在部门: ");
deptJLabel.setHorizontalAlignment(SwingConstants.CENTER);
readerAddJP.add(deptJLabel);
deptJTF = new JTextField();
readerAddJP.add(deptJTF);
```

```java
        //创建读者注册日期标签和文本框并添加到读者添加面板。此处,需要默认显示系统当前
        //时间。获取当前系统时间的方法是 new java.util.Date(),再通过 SimpleDateFormat 来
        //指定时间的显示格式。
        regJLabel = new JLabel("注册日期: ");
        regJLabel.setHorizontalAlignment(SwingConstants.CENTER);
        readerAddJP.add(regJLabel);
        regtimeJTF = new JTextField();
        //时间格式为"yyyy-MM-dd"
        SimpleDateFormat format = new SimpleDateFormat("yyyy-MM-dd");
        //格式化系统当前时间
        String str = format.format(new java.util.Date());
        regtimeJTF.setText(str);
        readerAddJP.add(regtimeJTF);
        //按钮面板设计
        addJB = new JButton("添加");
        closeJB = new JButton("关闭");
        buttonJP.add(addJB);
        buttonJP.add(closeJB);
        //添加"读者添加面板"放在窗体的中部
        this.add(readerAddJP,BorderLayout.CENTER);
        //添加"按钮面板"放在窗体的南部
        this.add(buttonJP,BorderLayout.SOUTH);
        this.setVisible(true);           //设置窗体显示,否则不显示
        setResizable(false);             //取消最大化
    }
    //主方法,一定注意要单独运行此程序,必须有该方法
    public static void main(String[] args) {
        new ReaderAdd();
    }
}
```

2. 创建读者信息查询与修改界面

根据图 5-37 的运行结果,整个读者信息查询与修改界面的布局的具体设计如图 5-38 所示。

整个窗体为 JFrame 容器组件,设置其布局管理器为 BorderLayout,其中包含三个面板容器:用来查询读者信息的面板 selectJP、修改读者信息面板 updateJP 和按钮面板 buttonJP,分别位于整个 JFrame 的北部、中部和南部。其中,读者信息的面板 selectJP (BorderLayout 布局)又包含读者信息查询面板 select_conditionJP(位于 selectJP 北部)和读者信息查询结果 select_resultJP(位于 selectJP 中部),分别采用面板默认的布局 FlowLayout; select_conditionJP 主要用于存放查询条件; select_resultJP 主要用于存放查询出来的读者信息,读者信息显示在表格组件 jtable 中,将 jtable 放到 JScrollPane 中,再放到 select_resultJP 中。修改读者信息面板 updateJP,整体是 4 行 4 列的效果,因此设计此面板的布局管理器为 GridLayout(4,4)。需要注意的是,性别按钮也需要单独放在一个面板 sexJP 中,然后,再将 sexJP 放入到 readerAddJP 面板中。按钮面板 buttonJP,用于存放"修改"和"关闭"按钮。

图 5-37 "读者信息查询与修改"界面

图 5-38 读者信息查询与修改界面布局设计

读者信息查询与修改界面设计代码如下。

【ReaderSelectandUpdate.java】

```
package com.bbm.view;
//导入需要用到的 AWT 类
import java.awt.BorderLayout;
import java.awt.Dimension;
import java.awt.FlowLayout;
import java.awt.GridLayout;
//导入需要用到的 Swing 类
import javax.swing.ButtonGroup;
import javax.swing.JButton;
import javax.swing.JComboBox;
import javax.swing.JFrame;
```

```java
import javax.swing.JLabel;
import javax.swing.JPanel;
import javax.swing.JRadioButton;
import javax.swing.JScrollPane;
import javax.swing.JTable;
import javax.swing.JTextField;
import javax.swing.SwingConstants;
import javax.swing.border.EmptyBorder;
public class ReaderSelectandUpdate extends JFrame{
//序列化,为了保持版本的兼容性,即在版本升级时反序列化仍保持对象的唯一性
    private static final long serialVersionUID = 1L;
    //定义面板
    private JPanel selectJP,select_conditionJP,select_resultJP,sexJP,updateJP,buttonJP;
    //定义按钮组
    private ButtonGroup buttonGroup = new ButtonGroup();
    //定义性别按钮
    private JRadioButton JRB1,JRB2;
    //定义标签
    private JLabel IDJL,typeJL,readerNameJL,sexJL,phoneJL,deptJL,ageJL,regJL;
    //定义文本框
    private JTextField select_conditionJTF,IDJTF,readerNameJTF,phoneJTF,deptJTF,ageJTF,regJTF;
    //定义查询条件和读者类型下拉列表框
    private JComboBox conditionJCB,readertypeJCB;
    //定义滚动面板,用于存放查询出来的读者信息表格
    private JScrollPane jscrollPane;
    //定义表格,用于存放查询出来的读者信息
    private JTable jtable;
    //定义按钮
    private JButton selectJB,updateJB,closeJB;
    //构造方法
    public ReaderSelectandUpdate(){
        setBounds(200, 200, 500, 500);
        setTitle("读者信息查询与修改");
        //读者信息查询面板设计
        selectJP = new JPanel();
        selectJP.setLayout(new BorderLayout());
        //查询条件面板
        //查询条件下拉列表框
        select_conditionJP = new JPanel();
        conditionJCB = new JComboBox();
        String[] array = { "读者编号","姓名","类型","系部"};
        for (int i = 0; i < array.length; i++) {
            conditionJCB.addItem(array[i]);
        }
        select_conditionJP.add(conditionJCB);
        //查询条件文本框
        select_conditionJTF = new JTextField();
        select_conditionJTF.setColumns(20);
        select_conditionJP.add(select_conditionJTF);
        //查询按钮
        selectJB = new JButton();
        selectJB.setText("查询");
        select_conditionJP.add(selectJB);
        selectJP.add(select_conditionJP, BorderLayout.NORTH);
```

```java
//查询结果面板
select_resultJP = new JPanel();
jscrollPane = new JScrollPane();
jscrollPane.setPreferredSize(new Dimension(400, 200));
jtable = new JTable();
jtable.setAutoResizeMode(JTable.AUTO_RESIZE_OFF);
jscrollPane.setViewportView(jtable);
select_resultJP.add(jscrollPane);
selectJP.add(select_resultJP,BorderLayout.CENTER);
//读者信息修改面板设计
updateJP = new JPanel();
updateJP.setBorder(new EmptyBorder(5, 10, 5, 10));
GridLayout gridLayout = new GridLayout(4, 4);
gridLayout.setVgap(10);
gridLayout.setHgap(10);
updateJP.setLayout(gridLayout);
//创建编号标签和文本框并添加到 updateJP 中
IDJL = new JLabel("编号: ");
IDJL.setHorizontalAlignment(SwingConstants.CENTER);
updateJP.add(IDJL);
IDJTF = new JTextField();
updateJP.add(IDJTF);
//创建姓名标签和文本框并添加到 updateJP 中
readerNameJL = new JLabel("姓名: ");
readerNameJL.setHorizontalAlignment(SwingConstants.CENTER);
updateJP.add(readerNameJL);
readerNameJTF = new JTextField();
updateJP.add(readerNameJTF);
//创建类别标签和下拉列表框并添加到 updateJP 中
typeJL = new JLabel("类别: ");
typeJL.setHorizontalAlignment(SwingConstants.CENTER);
updateJP.add(typeJL);
//读者类别下拉列表
readertypeJCB = new JComboBox();
updateJP.add(readertypeJCB);
//创建性别标签和按钮组面板 sexJP 并添加到 updateJP 中
sexJL = new JLabel("性别: ");
sexJL.setHorizontalAlignment(SwingConstants.CENTER);
updateJP.add(sexJL);
sexJP = new JPanel();
final FlowLayout flowLayout = new FlowLayout();
flowLayout.setHgap(0);
flowLayout.setVgap(0);
sexJP.setLayout(flowLayout);
updateJP.add(sexJP);
JRB1 = new JRadioButton();
sexJL.add(JRB1);
JRB1.setSelected(true);
buttonGroup.add(JRB1);
JRB1.setText("男");
JRB2 = new JRadioButton();
sexJL.add(JRB2);
```

```java
        buttonGroup.add(JRB2);
        JRB2.setText("女");
        //创建年龄标签和文本框并添加到 updateJP 中
        ageJL = new JLabel("年龄：");
        ageJL.setHorizontalAlignment(SwingConstants.CENTER);
        updateJP.add(ageJL);
        ageJTF = new JTextField();
        updateJP.add(ageJTF);
        //创建电话标签和文本框并添加到 updateJP 中
        phoneJL = new JLabel("电话：");
        phoneJL.setHorizontalAlignment(SwingConstants.CENTER);
        updateJP.add(phoneJL);
        phoneJTF = new JTextField();
        updateJP.add(phoneJTF);
        //创建所在部门标签和文本框并添加到 updateJP 中
        deptJL = new JLabel("所在部门：");
        deptJL.setHorizontalAlignment(SwingConstants.CENTER);
        updateJP.add(deptJL);
        deptJTF = new JTextField();
        updateJP.add(deptJTF);
        //创建注册日期标签和文本框并添加到 updateJP 中
        regJL = new JLabel("注册日期：");
        regJL.setHorizontalAlignment(SwingConstants.CENTER);
        updateJP.add(regJL);
        regJTF = new JTextField();
        updateJP.add(regJTF);
        //按钮面板设计
        buttonJP = new JPanel();
        updateJB = new JButton("修改");
        closeJB = new JButton("关闭");
        buttonJP.add(updateJB);
        buttonJP.add(closeJB);
        //添加面板到窗体中
        //添加读者信息查询面板到窗体的北部
        this.add(selectJP,BorderLayout.NORTH);
        //添加读者信息修改面板到窗体的中部
        this.add(updateJP,BorderLayout.CENTER);
        //添加按钮面板到窗体的南部
        this.add(buttonJP,BorderLayout.SOUTH);
        this.setVisible(true);              //设置窗体显示,否则不显示
        setResizable(false);                //取消最大化
    }
    //主方法
    public static void main(String[] args) {
        new ReaderSelectandUpdate();
    }
}
```

本任务中其他界面的创建方法类似,下面列出图书信息添加界面的运行效果及图书信息查询与修改界面设计方案分析,具体编程实现,请读者参照读者信息管理界面的实现过程独立完成。

5.4.4 任务4：创建图书信息管理界面

图书信息管理包括图书信息添加和图书信息查询与修改，下面分别介绍这两个界面的运行效果及设计方案，具体程序实现由读者参考读者信息管理自行完成。

1. 创建图书信息添加界面

如图 5-39 所示界面与读者管理界面基本类似，请读者自行设计与实现。读者也可以根据掌握的知识自行创建不同效果的图书信息添加界面。

图 5-39 "图书信息添加"界面

2. 创建图书信息查询与修改界面

图书信息查询与修改界面，使用了中间容器 JTabbedPane，将图书信息查询和修改分别放在两个选项卡中。通过以下语句实现：

```
JTabbedPane jtabbedPane = new JTabbedPane();
jtabbedPane.addTab("图书信息查询", null, selectJP, null);
jtabbedPane.addTab("图书信息修改", null, updateJP, null);
```

其中，selectJP 为图书信息查询面板，updateJP 为图书信息修改面板。

图书信息查询界面如图 5-40 所示。

图 5-40 图书信息查询界面

图书信息查询界面布局设计如图 5-41 所示。

图 5-41 图书信息查询界面布局设计

图书信息查询为一个面板 selectJP,包含图书信息查询面板 select_conditionJP(位于 selectJP 北部)、图书信息查询结果 select_resultJP(位于 selectJP 中部)和按钮面板 buttonJP1(位于 selectJP 南部),分别采用面板默认的布局 FlowLayout。select_conditionJP 主要用于存放查询条件;select_resultJP 主要用于存放查询出来的图书信息,图书信息显示在表格组件 jtable 中,将 jtable 放到 JScrollPane 中,再放到 select_resultJP 中。按钮面板 buttonJP1 用于存放"查询"和"退出"按钮。

图书信息修改界面如图 5-42 所示。

图 5-42 图书信息修改界面

根据图 5-42 的运行结果,图书信息修改界面的布局设计如图 5-43 所示。

图书信息修改为一个面板 updateJP,包含图书信息面板 bookJP(位于 updateJP 中部)和按钮面板 buttonJP2(位于 updateJP 南部)。bookJP 主要用于存放图书的信息,整体是 4 行 4 列的效果,因此设计此面板的布局管理器为 GridLayout(8,2)。按钮面板 buttonJP2,用于存放"修改"和"关闭"按钮。

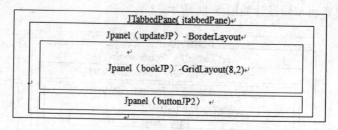

图 5-43　图书信息修改界面布局设计

在前几节的基础上,后续的图书借阅管理、基础信息维护和用户管理界面,教材中只给出一个参考样式,读者可以据此完成设计方案,并编码实现,也可自行设计界面并实现。

5.4.5　任务 5:创建图书借阅管理界面

1. 创建"图书借阅"界面

"图书借阅"界面如图 5-44 所示(仅供参考,可自行设计)。

图 5-44　"图书借阅"界面

根据图 5-44 的运行结果,请完成整个图书借阅界面的布局设计并编程实现。

2. 创建"图书归还"界面

"图书归还"界面如图 5-45 所示(仅供参考,可自行设计)。

根据图 5-45 的运行结果,请完成整个"图书归还"界面的布局设计并编程实现。

图 5-45 "图书归还"界面

5.4.6 任务 6：创建基础信息维护界面

基础信息维护包括读者类别管理、图书类别管理及罚金设置功能。

1. 创建"读者类型管理"界面

"读者类型管理"界面结果如图 5-46 所示（仅供参考，可自行设计）。

图 5-46 "读者类型管理"界面

根据图 5-46 的运行效果，请完成整个"读者类型管理"界面的布局设计并编程实现。

2．创建"图书类型管理"界面

"图书类型管理"界面如图 5-47 所示（仅供参考，可自行设计）。

图 5-47 "图书类型管理"界面

根据图 5-47 的运行结果，请完成整个"图书类型管理"界面的布局设计并编程实现。

3．创建"罚金设置"界面

"罚金设置"界面如图 5-48 所示（仅供参考，可自行设计并完成编程）。

图 5-48 "罚金设置"界面

5.4.7 任务 7：创建用户管理界面

1．创建"修改密码"界面

"修改密码"界面如图 5-49 所示（仅供参考，可自行设计并完成编程）。

2．创建"添加用户"界面

"添加用户"界面如图 5-50 所示（仅供参考，可自行设计并完成编程）。

图 5-49 "修改密码"界面　　　　　　图 5-50 "添加用户"界面

3. 创建"删除用户"界面

"删除用户"界面如图 5-51 所示(仅供参考,可自行设计并完成编程)。

图 5-51 "删除用户"界面

5.5 本项目实施过程中可能出现的问题

1. 空指针

由于本项目主要为图书借阅系统界面设计,而在具体的任务中,会涉及很多组件,在组件的使用过程中,一定要在定义之后,创建组件对象时才能使用,否则,就容易出现空指针的问题。

例如,在程序中定义了 deleteJB,语句如下:

private JButton deleteJB;

在使用 deleteJB 之前,一定要创建 deleteJB,即实例化,否则,就会出现空指针异常。

```
deleteJB = new JButton();
deleteJB.setText("删除");
```

2. 运行不出界面

本项目中的程序编写完成,但没有运行出界面,可能有如下两个原因。
(1) 没有设置窗体的 setVisible(true)。
(2) 没有实例化类。
需要在程序中编写主方法,并在其中进行实例化。
例如,添加用户界面要想运行,必须有如下的主方法,而且,要在其中实例化类。

```
public static void main(String[] args) {
    new UserAdd();
}
```

5.6 后续项目

本项目结束后,图书借阅系统的所有界面都全部设计并实现完成了,后续就应该考虑如何真正地实现界面的功能,要实现功能,就需要访问数据库,实现数据的增删改查操作,子项目 6 就完成数据库的访问及数据操作。

子项目 6　图书借阅管理系统数据访问方法

6.1　项目任务

在该子项目中要完成以下任务。

(1) 创建包含数据库访问的文件包 com.bbm.db。
(2) 创建图书借阅管理系统的数据访问操作类文件。

具体任务如表 6-1 所示。

表 6-1　图书借阅系统数据访问操作类表

包　名	文件名	说　明
com.bbm.db	Dao.java	基本数据访问操作类
	ReaderDao.java	读者操作类
	BookDao.java	图书操作类
	ReaderTypeDao.java	读者类型操作类
	BookTypeDao.java	图书类型操作类
	BookBorrowDao.java	图书借阅操作类
	UserDao.java	用户操作类

具体任务成果如图 6-1 所示。

图 6-1　图书借阅系统数据访问操作类文件组织结构

6.2 项目的提出

"图书借阅管理系统"的功能最终要想实现,必须要访问数据库,并对表进行相关的操作,因此,如何访问数据库,如何对数据进行增加、删除、修改及查询操作就是接下来要解决的问题。

本章主要针对"图书借阅管理系统",实现系统的数据库操作,即通过使用 JDBC 进行数据库的连接,通过执行 SQL 语句实现数据表的操作。重点掌握 JDBC 数据库访问与操作的技术。

6.3 实施项目的预备知识

6.3.1 流程控制

1. 选择语句

选择语句有 if 和 switch 两种,其中 if 语句又有多种。它们的基本语法与 C 语言的一致。

1) if 语句

if 语句的语法格式为:

if(条件表达式)
    语句;

其功能是:如果条件表达式的值为 true,则执行语句;否则,该语句不被执行。

if 语句的控制流程如图 6-2 所示。

当满足条件表达式,需要执行多条语句时,需要使用一对花括号将多条语句包含起来,构成复合语句。例如:

```
if(salary>10000)
{
    level = "high";
    taxrate = 0.006;
}
```

图 6-2　if 语句控制流程图

2) if…else 语句

if 语句通常与 else 语句配套使用,形成二分支结构。它的语法格式为:

```
if(条件表达式)
    语句 1;
else 语句 2;
```

其功能是:如果条件表达式的值为 true,则执行语句 1,忽略 else 和语句 2;如果条件表达式的值为 false,程序忽略语句 1,执行 else 后面的语句 2。

if…else 语句的控制流程如图 6-3 所示。

语句 1 和语句 2 都可以是复合语句。例如：

```
if(salary>10000)
{    level = "high";
     taxrate = 0.006;
}else
{    level = "low";
     taxrate = 0.004;
}
```

图 6-3 if…else 语句控制

3) if…else if 语句

对于复杂的情况，需要多分支选择时，可以使用嵌套的 if … else if 语句。它的语法格式为：

```
if (条件表达式 1) 语句 1;
else if (条件表达式 2) 语句 2;
else if (条件表达式 3) 语句 3;
…
else if (条件表达式 n-1) 语句 n-1;
else 语句 n;
```

其功能是：依次计算条件表达式的值，若为 true，就执行它后面的语句，忽略其余的部分；所有表达式的值都为 false 时，就执行最后一个 else 后面的语句 n。语句 1、语句 2、……、语句 n 都可以是复合语句。

if…else if 语句的控制流程如图 6-4 所示。

图 6-4 if … else if 语句控制流程图

【例 6-1】 找出三个整数中的最大值和最小值。

从两个方案中选择其一可以使用一个 if 语句，也可以使用两个 if 语句。本例使用了两个并列的 if 语句，其中第二个 if 语句没有 else 子句。

除此之外,本例还使用了另一种方法(三元条件运算符?:)实现同样的问题。程序如下:

```java
public class Max3if{
    public static void main(String args[]){
        int a = 1,b = 2,c = 3,max,min;
        if (a > b)
            max = a;
        else
            max = b;
        if (c > max)   max = c;
        System.out.println("max = " + max);
        min = a < b ? a : b;
        min = c < min ? c : min;
        System.out.println("min = " + min);
    }
}
```

程序运行结果:

max = 3
min = 1

【例 6-2】 使用 if … else if 语句的例子。

```java
public class IfElseExample {
    public static void main(String[] args) {
        int testscore = 85;
        String grade;
        if (testscore >= 90) {
            grade = "优秀";
        }
        else if (testscore >= 80) {
            grade = "良好";
        }
        else if (testscore >= 70) {
            grade = "中等";
        }
        else if (testscore >= 60) {
            grade = "及格";
        }
        else {
            grade = "不及格";
        }
        System.out.println("该学生的成绩为:" + grade);
    }
}
```

程序运行结果:

该学生的成绩为:良好

4) switch 语句

在程序设计过程中,常常需要依据不同的条件选择执行不同的语句。Java 中提供的 switch 语句可以完成此功能。switch 语句的定义形式为:

```
switch (<表达式>)
{
 case <常量1>: <语句1>;
    break;
 case <常量2>: <语句2>;
    break;
 …
 [default:<语句>;]
}
```

其功能是:先计算条件表达式的值,然后根据表达式的取值与各个常量比较,如果表达式值与哪个常量相等,就执行该常量后面的语句。

switch 语句的控制流程如图 6-5 所示。

图 6-5　switch 语句控制流程图

使用 switch 语句时应注意以下几点。

(1) case 后面的常量必须是整型或字符型的值,且不能有相同的值。

(2) switch 语句从与选择值相匹配的 case 标签处开始执行,一直执行到 break 处(执行 break 将跳出 switch 语句)或是 switch 的末尾。

(3) 当表达式值与所有的 case 标签均不匹配时,如果 switch 中含有 default 标签,将执行 default 标签后面的语句;如果 default 标签也不存在,那么 switch 中没有任何语句得到执行,直接跳出 switch 语句。

【例 6-3】 用 week 表示星期几,用 switch 语句将 week 星期几转换成对应英文字符串。

程序如下：

```java
public class Week1{
    public static void main(String args[]) {
        int week = 1;
        System.out.print("week = " + week + "");
        switch (week){
            case 0: System.out.println("Sunday");    break;
            case 1: System.out.println("Monday");    break;
            case 2: System.out.println("Tuesday");   break;
            case 3: System.out.println("Wednesday");break;
            case 4: System.out.println("Thursday"); break;
            case 5: System.out.println("Friday");    break;
            case 6: System.out.println("Saturday"); break;
            default: System.out.println("Data Error!");
        }
    }
}
```

程序运行结果：

week = 1   Monday

2. 循环语句

循环结构是程序中一种很重要的结构。其特点是：在给定条件成立时，反复执行某程序段，直到条件不成立为止。给定的条件称为循环条件，反复执行的程序段称为循环体。一个有效的循环有以下三个基本要素。

(1) 循环条件：决定循环开始或结束的条件判断。

(2) 循环变量的初值：循环条件中的变量在使用前需要初始化。

(3) 循环变量的增量：在循环过程中，用于循环条件的变量需要不断改变。

Java 中提供的循环语句有：确定次数循环(for)、条件循环(while)、先执行后判断循环(do…while)。

1) for 循环语句

for 语句是一种常用的循环语句，它的一般形式为：

for(表达式 1; 表达式 2; 表达式 3)循环体;

它的执行过程如下。

(1) 求解表达式 1。

(2) 求解表达式 2，若其值为 true，则执行循环体，然后执行第(3)步；若其值为 false，则结束循环，转到第(5)步。

(3) 求解表达式 3。

(4) 转回第(2)步继续执行。

(5) 循环结束，执行 for 语句下面的一个语句。

注意：

（1）for 循环中的表达式 1、表达式 2 和表达式 3 都是选择项，可以缺省，但";"不能缺省。

（2）表达式 1 可以设置循环变量的初值，是一个赋值语句；表达式 2 一般是关系表达式或逻辑表达式，但也可以是数值表达式或字符表达式，只要其值为 true，就执行循环体；表达式 3 作为循环变量增量，是一个赋值语句。表达式 1 和表达式 3 可以是一个简单表达式，也可以是逗号表达式。

（3）省略了"表达式 2（循环条件）"，则不做其他处理时便成为死循环。

（4）for 循环语句的执行流程如图 6-6 所示。

图 6-6 for 循环语句执行

【例 6-4】 求出个、十、百、千位数字的 4 次方的和等于该数本身的所有 4 位数。

程序如下：

```java
public class ForTest{
    public static void main(String args[]) {
        System.out.println("各位数字的 4 次方的和等于该数本身的四位数有：");
        for(int n = 1000;n < 10000;n++)
        {
            int a,b,c,d;
            a = n/1000;
            b = n/100 % 10;
            c = n/10 % 10;
            d = n % 10;
            if(a*a*a*a+b*b*b*b+c*c*c*c+d*d*d*d==n)
                System.out.println(n);
        }
    }
}
```

程序运行结果：

各位数字的 4 次方的和等于该数本身的四位数有：
1634
8208
9474

2) while 循环语句

while 循环语句常用在事前不能知道循环次数的场合。while 循环语句的使用方式为：

while(条件表达式)
    循环体；

它的执行过程为：当条件表达式的值为 true 时，执行一次循环体语句，然后回过头来再判断条件表达式的值，如此重复；直到条件表达式的值为 false 时，跳出循环体，执行循环体下面的语句。

while 循环语句的执行流程如图 6-7 所示。

do…while 循环语句也常用在未知循环次数的场合,do…while 循环语句的使用方式为:

do{
    循环体;
} **while**(条件表达式);　　//注意,这里要以分号结束

它的执行过程为:先执行循环体语句,再判断条件表达式的值,如果条件表达式的值为 true 时,再执行一次循环体,如果条件表达式的值为 false 时,跳出循环体,执行循环体下面的语句。

注意:与 while 语句不同之处在于,while 语句是先判断后执行,而 do…while 是先执行后判断,也即 do…while 的循环体至少执行一次。

do…while 循环语句的执行流程如图 6-8 所示。

图 6-7　while 循环语句执行流程　　　　图 6-8　do…while 循环语句执行流程

【**例 6-5**】　编写程序,x 值为 5 时,求 $x+x^2/2!+\cdots+x^n/n!$ 的值,要求 $x^n/n!$ 的值不大于 1.0×10^{-8}。

程序如下:
(方法一)

```
public class WhileTest {
    public static void main(String args[]) {
        int x = 5;
        double sum = 0, d = 1.0;
        int n = 1;
        while(d > 1.e-8){
            d *= x;
            d /= n;
            sum += d;
            n++;
        }
        System.out.println("x = " + x + "   sum = " + sum);
    }
}
```

(方法二)

```
public class WhileTest2 {
    public static void main(String args[]) {
```

```
        int x = 5;
        double sum = 0,d = 1.0;
        int n = 1;
        do{
            d * = x;
            d/ = n;
            sum += d;
            n++;
        } while(d > 1.e - 8);
        System.out.println("x = " + x + "    sum = " + sum);
    }
}
```

程序运行结果如图 6-9 所示。

```
x=5    sum=147.41315910174492
```

图 6-9 例 6-5 程序运行结果

3) break 语句

break 语句用在循环结构中和 switch 语句中，允许从循环体内部跳出或从 switch 语句的 case 子句中跳出。

不带标号的 break 语句的语法格式为：

break;

功能：跳出它所在的循环（只能跳出一重循环），并从该循环的后继语句开始继续执行。

带标号的 break 语句的语法格式为：

break 标号;

功能：从多重循环体的内部跳出标号所标志的那层循环，即结束标号所标志的那层循环，并从标号标志的那层循环后面的语句开始继续执行。

【例 6-6】 break 语句使用示例，求 1＋2＋3＋…＋100 的累加和，当和大于 2000 时输出这个数。

程序如下：

```
public class BreakTest1{
    public static void main(String args[]) {
        int sum = 0,i;
        for(i = 1;i < = 100;i++){
            sum += i;
            if( sum > 2000)    break;
        }
        System.out.println("当加到 " + i + " 时累加和为" + sum + "大于 2000 了");
    }
}
```

程序运行结果：

当加到 63 时累加和为 2016 大于 2000 了

4) continue 语句

continue 语句只能用在循环结构中，continue 语句用来结束本次循环，跳过循环体中下面尚未执行的语句，接着进行终止条件的判断，以决定是否继续循环。而 break 语句跳出整个循环。对于 for 语句，在进行终止条件的判断前，还要先执行循环语句。

不带标号的 continue 语句的语法格式为：

continue;

功能：跳过本轮循环的剩余语句，进入循环的下一轮。

带标号的 continue 语句的语法格式为：

continue 标号;

功能：从多重循环的内层循环跳到外层循环，执行标号所标示的循环的下一轮。

【例 6-7】 输出 1~9 中除 6 以外所有偶数的平方值。

程序如下：

```
public class CTest1{
    public static void main(String args[ ]) {
        for(int i = 2;i <= 9;i += 2){
            if(i == 6)
                continue;
            System.out.println(i + " 的平方 = " + i * i);
        }
    }
}
```

程序运行结果：

2 的平方 = 4
4 的平方 = 16
8 的平方 = 64

5) return 语句

return 语句用在方法定义中，当程序执行到方法体中的 return 语句时，从当前方法中退出，返回到调用该方法的语句处。

return 语句有带参数和不带参数两种形式，带参数形式的 return 语句退出该方法并返回一个值。不带参数形式的 return 语句，其方法要用 void 声明，说明不需要返回值，也可以省略不带参数形式的 return 语句，当程序执行到这个方法的最后一条语句时，遇到方法结束标志}就自动返回到调用这个方法的程序中。

带参数的 return 语句格式为：

return 表达式;

功能：把表达式的值计算出来并返回到程序中调用该方法的地方，从调用这个方法的语句之后继续执行程序。

【例 6-8】 带参数的 return 语句的使用示例。

给出两个圆的半径,可以通过引用 area 方法由参数调用求出圆的面积值。程序如下:

```java
public class CircleArea {
    final static double PI = 3.14159;
    public static void main(String[] args) {
        double r1 = 8.0, r2 = 5.5;
        System.out.println("半径为" + r1 + "的圆的面积 = " + area(r1));
        System.out.println("半径为" + r2 + "的圆的面积 = " + area(r2));
    }
    static double area(double r){
        return(PI * r * r);
    }
}
```

程序运行结果:

半径为 8.0 的圆的面积 = 201.06176
半径为 5.5 的圆的面积 = 95.0330975

6.3.2 数组

Java 语言中,数组是一种最简单的复合数据类型。数组是有序数据的集合,数组中的每个元素具有相同的数据类型,可以用一个统一的数组名和下标来唯一地确定数组中的元素。数组有一维数组、二维数组和多维数组。

1. 一维数组

1) 声明数组

声明数组包括数组的名字、数组包含的元素的数据类型。

声明一维数组有下列两种格式:

数组元素类型 数组名字[ ];
数组元素类型[ ] 数组名字;

数组元素类型可以为 Java 中任意的数据类型,包括简单类型和复合类型。

例如:

```java
double[ ] oneArray;
int[ ] twoArray;
float[ ] threeArray;
Date[ ] fourArray;
String[ ] fiveArray;
```

将数组 oneArray、twoArray、threeArray 的元素可以存放 double、int、float 简单类型数据,数组 fourArray、fiveArray 的元素可以存放 Date、String 复合类型数据。

2) 创建数组

声明数组仅仅是给出了数组名字和元素的数据类型,要想真正使用数组必须为它分配内存空间,即创建数组。在为数组分配内存空间时必须指明数组的长度。为数组分配内存空间的格式为：

数组名字 = new 数组元素的类型[数组元素的个数];

例如：

oneArray = new double[5];

声明数组和创建数组也可以一起完成。
例如：

double[] oneArray = new double[5];

3) 数组的初始化

创建数组后，系统会给每个数组元素一个默认的值，如 double 型是 0.0。
在声明数组时同时也还可以给数组的元素设置初始值，如：

double[] oneArray = {34.2,5.7,88.34,4.03,856.37};

上述语句相当于：

```
double[] oneArray = new double[5];
oneArray[0] = 34.2;
oneArray[1] = 5.7;
oneArray[2] = 88.34;
oneArray[3] = 4.03;
oneArray[4] = 856.37;
```

对于复合数据类型也可以进行同样的初始化。
例如：

String[] fiveArray = {"shenyang", "dalian", "fushun", "anshan", "benxi"};

4) 数组元素的使用

一维数组通过下标符访问自己的元素，如 oneArray[0],fiveArray[1]等。需要注意的是下标从 0 开始，因此，数组若是 5 个元素，下标到 4 为止。

【例 6-9】 一维数组的使用。

```java
public class OneArrayTest {
    public static void main(String[] args) {
        double[] oneArray = new double[5];
        String[] fiveArray = { "shenyang", "dalian", "fushun","anshan", "benxi"};
        oneArray[0] = 34.2;
        oneArray[1] = 5.7;
        oneArray[2] = 88.34;
        oneArray[3] = 4.03;
        oneArray[4] = 856.37;
        for(int i = 0;i < oneArray.length;i++){
            System.out.println("oneArray[" + i + "] = " + oneArray[i]);
        }
        for(int i = 0;i < fiveArray.length;i++){
            System.out.println("fiveArray[" + i + "] = " + fiveArray[i]);
        }
    }
}
```

程序运行结果:

```
oneArray[0] = 34.2
oneArray[1] = 5.7
oneArray[2] = 88.34
oneArray[3] = 4.03
oneArray[4] = 856.37
fiveArray[0] = shenyang
fiveArray[1] = dalian
fiveArray[2] = fushun
fiveArray[3] = anshan
fiveArray[4] = benxi
```

注意:数组名.length 表示数组元素个数(数组长度)。如本例中的 oneArray.length 和 fiveArray.length,其值均为 5。

2. 二维数组

1) 声明数组

与一维数组类似,声明二维数组同样包括数组的名字、数组包含的元素的数据类型。二维数组主要用来处理具有行列性质的多个数据。

声明二维数组有下列两种格式:

数组元素类型 数组名字[ ][ ];
数组元素类型[ ][ ] 数组名字;

数组元素类型可以为 Java 中任意的数据类型,包括简单类型和复合类型。

例如:

int[ ][ ]sixArray;
String[ ][ ] sevenArray;

将数组 sixArray 的元素可以存放 int 简单类型数据,数组 sevenArray 的元素可以存放 String 复合类型数据。

2) 创建数组

与一维数组类似,声明数组仅仅是给出了数组名字和元素的数据类型,要想真正使用数组必须为它分配内存空间,即创建数组。在为数组分配内存空间时必须指明数组的长度。为数组分配内存空间的格式为:

数组名字 = new 数组元素的类型[数组元素的个数][数组元素的个数];

例如:

sixArray = new int[3][4];

声明数组和创建数组也可以一起完成。

例如:

int[][ ]sixArray = new int[3][4];

3) 数组的初始化

创建二维数组后,系统会给每个数组元素一个默认的值,如 double 型是 0.0。

在声明二维数组同时也还可以给二维数组的元素一个初始值,与一维数组不同的是,大括号中的每一个嵌套大括号代表一行,即二维数组的第一维,如:

```
int[][ ]sixArray = {{1,3,5,7},{10,30,50,70},{100,300,500,700}};
```

上述语句相当于:

```
int[][] sixArray = new int[3][4];
sixArray[0][0] = 1;
sixArray[0][1] = 3;
sixArray[0][2] = 5;
sixArray[0][3] = 7;
sixArray[1][0] = 10;
sixArray[1][1] = 30;
sixArray[1][2] = 50;
sixArray[1][3] = 70;
sixArray[2][0] = 100;
sixArray[2][1] = 300;
sixArray[2][2] = 500;
sixArray[2][3] = 700;
```

4) 数组元素的使用

与一维数组类似,二维数组仍然通过下标符访问自己的元素,不过要使用两个下标,如 sixArray[0][2],sixArray[2][3] 等。需要注意的是,二维数组的两个下标都是从 0 开始的。

【例 6-10】 二维数组的使用。

```java
public class TwoArrayTest {
    public static void main(String[] args) {
        int[][] sixArray = { { 1, 3, 5, 7 }, { 10, 30, 50, 70 },{ 100, 300, 500, 700 } };
        for (int i = 0; i < sixArray.length; i++)
            for (int j = 0; j < sixArray[i].length; j++)
                System.out.println("sixArray[" + i + "][" + j + "] = " + sixArray[i][j]);
    }
}
```

程序运行结果:

```
sixArray[0][0] = 1
sixArray[0][1] = 3
sixArray[0][2] = 5
sixArray[0][3] = 7
sixArray[1][0] = 10
sixArray[1][1] = 30
sixArray[1][2] = 50
sixArray[1][3] = 70
sixArray[2][0] = 100
sixArray[2][1] = 300
sixArray[2][2] = 500
sixArray[2][3] = 700
```

注意:与一维数组不同的是,本例中 sixArray.length 代表数组一维的长度,即 3 行,sixArray.length[i] 代表数组第 i 行二维的长度,本例中均为 4。

3. 多维数组

在 Java 中,多维数组是指大于或等于三维的数组。多维数组可以看成是数组的数组,即高维数组的元素是个低维数组,以三维数组为例,图 6-10 说明了它的结构关系。

图 6-10 数组结构关系图

多维数组的声明、创建、初始化及使用方式与二维数组相似。

【例 6-11】 多维数组的使用。

```
public class ManyArrayTest{
    public static void main(String[] args) {
        String[][][] eightArray = {
                { { "A1" }, { "管理系" }, { "3200 人" } },
                { { "A2" }, { "机械系" }, { "3400 人" } },
                { { "A3" }, { "信息系" }, { "2900 人" } },
                { { "A4" }, { "艺术系" }, { "1400 人" } } };
        for (int i = 0; i < eightArray.length; i++)
            for (int j = 0; j < eightArray[i].length; j++)
                System.out.println("eightArray[" + i + "][" + j + "]" + "[0] = " +
                eightArray[i][j][0]);
    }
}
```

程序运行结果:

```
eightArray[0][0][0] = A1
eightArray[0][1][0] = 管理系
eightArray[0][2][0] = 3200 人
eightArray[1][0][0] = A2
eightArray[1][1][0] = 机械系
eightArray[1][2][0] = 3400 人
eightArray[2][0][0] = A3
eightArray[2][1][0] = 信息系
eightArray[2][2][0] = 2900 人
eightArray[3][0][0] = A4
eightArray[3][1][0] = 艺术系
eightArray[3][2][0] = 1400 人
```

4. 对象数组

数组元素可以是简单类型,也可以是复合类型,所以,数组也可以用来存储对象。数组元素为类对象的数组称为对象数组,对象数组的每一个元素都是一个对象的引用。

1) 声明对象数组

对象数组的元素类型为类对象,因此,定义对象数组的时候,数组元素类型为对象所属的类名。

例如,定义一个存储 BookType 类对象的数组:

```
BookType[ ] booktypes;
```

或

```
BookType booktypes [ ];
```

2) 创建对象数组

使用 new 操作符为数组分配内存空间,创建对象数组。需要指明数组中元素的个数,即数组长度。此时,所有对象数组元素的引用值均为空值。

例如:

```
booktypes = new BookType[2];
```

也可以声明和创建一起写,如下:

```
BookType[ ] booktypes = new BookType[2];
```

3) 对象数组的初始化

对象数组的初始化也分为静态初始化和动态初始化。

静态初始化:在定义数组的同时对数组元素进行初始化,例如:

```
BookType[] booktypes = {   new BookType(1,"计算机类"),
                           new BookType(2,"社科类")
                       };
```

动态初始化:先定义再初始化。例如:

```
//定义一个 BookType 类型的数组
BookType[] booktypes;
//给数组 booktypes 分配两个引用空间,每个引用值为 null
booktypes = new BookType[2];
//下面给数组元素分配空间
booktypes[0] = new BookType();
booktypes[1] = new BookType();
```

4) 对象数组元素的使用

对象数组的每个元素即为一个类对象,对象的使用与之前普通对象的使用方法一样,通过 set 和 get 方法来为对象的属性设置值和获取值。具体使用如下:

```
booktypes[0].settypeid(1);
booktypes[0].settypename("计算机类");
booktypes[0].gettypeid()
booktypes[0].gettypename()
```

【例 6-12】 使用对象数组存储图书类型信息,包括图书类型编号和图书类型名称。

```java
public class ObjectArrayDemo {
    public static void main(String[] args) {
        BookType[ ] booktypes;
        booktypes = new BookType[2];
        booktypes[0] = new BookType();
        booktypes[1] = new BookType();
        booktypes[0].settypeid(1);
        booktypes[0].settypename("计算机类");
        System.out.println(booktypes[0].gettypeid());
        System.out.println(booktypes[0].gettypename());
    }
}
```

运行结果如图 6-11 所示。

```
Problems  @ Javadoc  Declaration  Console
<terminated> ArrayDemo [Java Application] C:\Users\Wy\AppData\Local\Genuitec\Common\binary\com.:
1计算机类
```

图 6-11 例 6-12 运行结果

6.3.3 字符串

Java 使用 java.lang 包中的 String 类来创建一个字符串变量,因此字符串变量是复合数据类型变量。

1. String

1) 字符串常量

用双引号括起来的若干字符,即为字符串常量。
如:"abc","123*&%$","我是字符串"等。

2) 字符串变量

声明字符串:

`String s;`

创建字符串,使用 String 类的构造方法:String(字符串常量),如:

`s = new String("Hello,Java!");`

也可写成:

`s = "Hello,Java! ";`

声明和创建也可一步完成:

`String s = new String("Hello,Java! ");`

或

`String s = "Hello,Java! ";`

也可以用一个已创建的字符串创建另一个字符串,如:

```
String tom = String(s);
```

相当于

```
String tom = "Hello,Java! ";
```

String 类还有如下两个较常用的构造方法。

(1) String (char a[])：用一个字符数组 a 创建一个字符串对象，例如：

```
char   a[3] = {'y','o','u'};
String s = new String(a);
```

上述过程相当于

```
String s = "you";
```

(2) String(char a[],int startIndex,endIndex)：提取字符数组 a 中的一部分字符创建一个字符串对象，参数 startIndex 和 endIndex 分别指定在 a 中提取字符的起止位置，例如：

```
char a[7] = {'s','t','u','d','e','n','t'};
String s = new String(a,2,4);
```

上述过程相当于

```
String s =  "ude";
```

3) 字符串常用方法

因为字符串是复合数据类型，是对象，所以在 Java 中对字符串类型提供了大量的方法来对字符串进行操作，下面分别对较为常用的方法进行介绍。

(1) public int length()

使用 String 类中的 length()方法可以获取一个字符串的长度，如：

```
String s =  "Hello,Java";
String t =  "你好";
int n1,n2;
n1 = s.length();
n2 = t.length();
```

那么 n1 的值是 10，n2 的值是 2。

字符串常量也可以使用 length()获得长度，如："爱我中华".length()的值是 4。

(2) public boolean startsWith(String s)

可以使用 String 类中的方法 public boolean startsWith(String s)判断一个字符串的前缀是否是字符串 s，如：

```
String t =  "abcdefgh";
String j =  "ijklm"
```

t.startsWith("abc")的值是 true；

j.startsWith("abc")的值是 false。

(3) public boolean endsWith(String s)

可以使用 String 类中的方法 public boolean endsWith(String s)判断一个字符串的后

缀是否是字符串 s,如:

```
String t = "abcdefgh";
String j = "ijklm";
```

t. endsWith("fgh")的值是 true;

j. endsWith("fgh")的值是 false。

(4) public boolean equals(String s)

可以使用 String 类中的 public boolean equals(String s)方法比较一字符串是否与字符串 s 相同。如:

```
String t = "how are you";
String b = "How are you";
String j = "how are you";
```

t. equals(b)的值是 false,t. equals(j)的值是 true。

还可以使用 public boolean equalsIgnoreCase(Strin s)方法来比较一个字符串是否和字符串 s 相同,但忽略大小写。

如:t. equalsIgnoreCase(b)的值是 true。

字符串对象 s 可以使用 String 类中的 public int compareTo(String another)方法,按辞典序与参数 another 指定的字符串比较大小。如果 s 与 another 相同,该方法返回值 0;如果 s 大于 another,该方法返回正值;如果 s 小于 another,该方法返回负值,例如:

```
String s = "abcdefg";
```

s. compareTo("but")的值小于 0;

s. compareTo("abaa")的值大于 0;

s. compareTo("abcdefg")的值等于 0。

按辞典序比较两个字符串还可以使用 public int compareToIgnoreCase(Strin s)方法,该方法忽略大小写。

(5) public int indexOf(String s),public int indexOf(String s ,int startpoint)

可以使用 String 类的中的方法 indexOf(String s),indexOf(String s ,int startpoint)实现字符串的检索,这两个方法是整型的。第一个方法是从指定字符串的头开始检索返回字符串 s 首次出现的位置;第二个方法则在指定字符串中从某个位置开始检索返回字符串 s 首次出现的位置。如果没有检索到返回值是-1。

例如:

```
String  t = "I am a student";
t.indexOf("a");              //值是 2
t.indexOf("student",2);      //值是 7
t.indexOf("n",7);            //值是 12
t.indexOf("x",2);            //值是 -1
```

(6) public String substring(int startpoint),public String substring(int start ,int end)

可以使用 String 类中的方法 substring(int startpoint),substring(int start ,int end)来求字符串的子串。

substring(int startpoint)方法求从 startpoint 开始到字符串最后的子串,substring(int start ,int end)方法求从 start 开始到 end 结束的子串,但不包括 end 处字符。

例如:

```
String   j = "I am a student",s1,s2;
s1 = j.substring(2);                    //s1 是 am a student
s2 = j.substring(7,12);                 //s2 是 stude
```

(7) public String replace(char oldChar, char newChar), public String replaceAll (String regex, String replacement)

可以使用 String 类中的方法 replace(char oldChar char newChar), replaceAll(String regex, String replacement)来进行指定字符或字符串的替换。

replace(char oldChar, char newChar)用 newChar 字符替换 oldChar 字符; replaceAll (String regex, String replacement)用 replacement 字符串替换所有 regex 字符串。

例如:

```
String s = "I am a student";
String j = s.replace('t','s') ;          //j 的值是 I am a ssudens
String k = s.replaceAll("stu", "uts");   //k 的值是 I am a utsdent
```

(8) public String trim()

可以使用 String 类中的方法 trim()将字符串中的前后空格去掉。

例如:

```
String s = " I am a student ";
String j = s.trim();                     //j 的值是"I am a student"
```

(9) static valueOf(int i), static valueOf(double d), static valueOf(char c)

可以使用 String 类中的方法 valueOf()将不同数据类型的数据转换为字符串。

例如:

```
String s = String.valueOf(567);          //s 的值是"567"
String t = String.valueOf(89.63);        //s 的值是"89.63"
String j = String.valueOf('c');          //s 的值是"c"
```

【例 6-13】 String 类的使用。

```
public class StringTest {
    public static void main(String[] args) {
        String str1 = new String("I am a student");
        String str2 = "you are a teacher";
        System.out.println(str1.length());
        System.out.println(str1.startsWith("I"));
        System.out.println(str1.endsWith("cher"));
        System.out.println(str1.equals(str2));
        System.out.println(str1.indexOf("am"));
        System.out.println(str1.substring(7, 14));
        String str3 = str1.replaceAll("am", "\'m not");
        System.out.println(str3);
        double d = 78.3254;
        System.out.println(String.valueOf(d));
    }
}
```

程序运行结果：

```
14
true
false
false
2
student
I 'm not a student
78.3254
```

2. StringBuffer

前面介绍的 String 字符串对象，一旦创建后就不能进行修改，即字符串中的所有字符是不能进行修改、删除和替换的。若想创建一个可以改变的字符串对象，可以使用 StringBuffer 类，该类的字符序列中的字符可以根据需要随时进行追加、修改、删除和替换。

1) StringBuffer 类的构造方法

（1）StringBuffer()

构造一个其中不带字符的 StringBuffer 对象，其初始容量为 16 个字符。当该对象存放的字符序列的长度大于 16 时，对象的容量自动增加。

（2）StringBuffer(int size)

构造一个初始容量为 size 的 StringBuffer 对象。当该对象存放的字符序列的长度大于 size 时，对象的容量自动增加。

（3）StringBuffer(String s)

使用字符串 s 构造一个 StringBuffer 对象。其初始容量为 16 加上字符串参数 s 的长度。

2) StringBuffer 类的常用方法

（1）public synchronized StringBuffer append(String str)；用来在已有字符串末尾添加一个字符串 str。

例如：

```
StringBuffer strb = new StringBuffer("student");
strb.append("s!");              //strb 的值为 students!
```

（2）public synchronized StringBuffer insert(int offset, String str)；用来在字符串的索引 offset 位置处插入字符串 str。

例如：

```
StringBuffer strb = new StringBuffer("student");
strb.insert(0,"I am a ");       //strb 的值为 I am a students
```

（3）public synchronized void setCharAt(int index,char ch)；用来设置指定索引 index 位置的字符值。

例如：

```
StringBuffer strb = new StringBuffer("student");
strb.setCharAt (3,'D');         //strb 的值为 stuDents
```

（4）public StringBuffer delete(int start,int end)移除此序列的子字符串中的字符。该子字符串从指定的 start 处开始,一直到索引 end－1 处的字符,如果不存在这种字符,则一直到序列尾部。如果 start 等于 end,则不发生任何更改。

例如：

```
StringBuffer strb = new StringBuffer("student");
strb.delete(1,4);                    //strb 的值为 sent
```

（5）public StringBuffer replace(int start,int end,String str)

使用给定 String 中的字符替换此序列的子字符串中的字符。该子字符串从指定的 start 处开始,一直到索引 end－1 处的字符,如果不存在这种字符,则一直到序列尾部。先将子字符串中的字符移除,然后将指定的 String 插入 start。

例如：

```
StringBuffer strb = new StringBuffer("student");
strb.replace (1,4,"ali");            //strb 的值为 salient
```

【例 6-14】 StringBuffer 类的使用。

```java
public class StringBufferTest{
    public static void main(String[ ] args) {
        StringBuffer strb = new StringBuffer("89674538");
        strb.insert(0, "024－");
        System.out.println(strb);
        strb.setCharAt(11, '2');
        System.out.println(strb);
        strb.replace(4, 8, "2222");
        System.out.println(strb);
        strb.delete(4, 12);
        System.out.println(strb);
        strb.append("33335555");
        System.out.println(strb);
    }
}
```

程序运行结果：

```
024－89674538
024－89674532
024－22224532
024－
024－33335555
```

6.3.4 集合类

在 Java 中,使用集合类来组织群体对象。Collection 和 Map 是两个集合类的基本接口,以它们为根的层次结构中有很多集合类都可以存储和组织对象。本节主要介绍实现 Collection 和 Map 基本接口的常用集合类,包括 List,Map 和 Set。

1. List

List 接口是 Collection 接口的子接口,实现 List 接口的类中的元素是有顺序的、可以包含重复元素、且每一个元素都有一个 index 值(从 0 开始)标明元素在列表中的位置。因此,可以将不同类型的对象加入到列表中,并按一定顺序排列。实现 List 接口的主要常用类有 Vector、LinkList 和 ArrayList,它们的使用与数组有些相似,下面分别介绍这几种类的使用方法。

1) Vector

Vector 即向量,当我们创建一个向量时不用像数组那样必须要给出数组的大小。向量创建后,可以使用 add(Object o)把任何对象添加到向量的末尾,向量的大小会自动增加;可以使用 add(int index,Object o)把一个对象追加到该向量的指定位置;可以使用 elementAt(int index)获取指定索引处的向量的元素(索引初始位置是 0);可以使用方法 size()获取向量所含有的元素的个数。另外,与数组不同的是,向量的元素类型可以不同。需要注意的是,当把某一种类型的对象放入一个向量后,数据被默认为是 Object 对象,因此当向量中取出一个元素时应用强制类型转化运算符转化为原来的类型。

Vector 的常用方法如下。

(1) Vector():构造一个空向量,使其内部数据数组的大小为 10,其标准容量增量为零。

(2) Vector(int initialCapacity):使用指定的初始容量和等于零的容量增量构造一个空向量。

(3) Vector(int initialCapacity,int capacityIncrement):使用指定的初始容量和容量增量构造一个空的向量。

(4) public void add(Object o):将对象 o 添加到向量的末尾。

(5) public void add(int index Object o):将对象 o 插入到向量的指定位置。

(6) public void addElements(Object o):将对象 o 添加到向量的末尾。

(7) public boolean contains(Object o):判断对象 o 是否为向量的成员。

(8) public Object elementAt(int index):获取指定位置处的成员。

(9) public Object get(int index):获取此向量指定位置处的成员。

(10) public Object firstElement():获取此向量的第一个成员。

(11) public Object lastElement():获取此向量的最后一个成员。

(12) public int indexOf(Object o):获取对象 o 在此向量中首次出现的位置。

(13) public int indexOf(Object o,int index):从指定位置查找对象 o 在此向量中首次出现的位置。

(14) public int lastIndexOf(Object o):获取对象 o 在此向量中最后出现的位置。

(15) public int lastIndexOf(Object o,int index):对象 o 在此向量位置 index 之前最后出现的位置。

(16) public Object remove(int index):从此向量中删除指定位置处的成员,并返回这个成员。

(17) public void removeAllElements():删除向量的所有成员。

(18) public boolean removeElement(Object o)：删除第一次出现的成员 o。

(19) public boolean removeElementAt(int index)：删除指定位置处的成员。

(20) public void set(int index,Object o)：把指定位置处的成员用 o 替换掉。

(21) public void setElementAt(Object o,int index)：把指定位置处的成员用 o 替换掉。

(22) public Enumeration elements()：获取一个枚举对象。

下面的例子演示了 Vector 类的常用方法。

【例 6-15】 向量的使用。

```java
import java.util.Vector;
public class VectorTest {
    public static void main(String[] args) {
        Vector<String> vector = new Vector<String>();
        vector.add("I");
        vector.add("am");
        vector.add("a");
        vector.add("student");
        System.out.println("向量的容量是: " + vector.size());
        System.out.println("其元素有: ");
        for(int i = 0;i < vector.size();i++)
            System.out.println(vector.get(i));
        System.out.println("其第 3 个元素是: " + vector.elementAt(3));
        System.out.println("是否包含 student 元素: " + vector.contains("student"));
        vector.setElementAt("teacher", 3);
        System.out.println("替换第 3 个元素后,其值是: " + vector.elementAt(3));
        System.out.println("元素 am 的位置是: " + vector.indexOf("am"));
        vector.remove(1);
        System.out.println("删除 am 后,其第 1 个元素是: " + vector.elementAt(1));
    }
}
```

程序运行结果：

向量的容量是:4
其元素有:
I
am
a
student
其第 3 个元素是:student
是否包含 student 元素:true
替换第 3 个元素后,其值是:teacher
元素 am 的位置是:1
删除 am 后,其第 1 个元素是:a

Iterator 类称为迭代器,其功能是走访及选择序列中的所有对象。在例 6-15 中,使用循环及 get 方法实现了遍历向量,对于实现 List 接口的 Vector、LinkList 和 ArrayList 来说,可以借助 Iterator 对象实现遍历列表,一个列表对象可以使用 iterator()方法获取一个 Iterator 对象,然后使用 hasNext()方法判断其是否还有元素,再使用 next()方法获取元素遍历列表。

【例 6-16】 使用 Iterator 对象遍历列表。

```
import java.util.Iterator;
import java.util.Vector;
public class IteratorTest{
    public static void main(String[] args) {
        Vector<String> vector = new Vector<String>();
        vector.add("I");
        vector.add("am");
        vector.add("a");
        vector.add("student");
        Iterator iterator = vector.iterator();
        System.out.println("其元素有: ");
        while (iterator.hasNext())
            System.out.println(iterator.next());
    }
}
```

程序运行结果:

其元素有:
I
am
a
student

2) LinkList

LinkList 称为链表,链表是由若干个称作节点的对象组成的一种数据结构,每个节点含有一个数据和下一个节点对象的引用(单链表),或含有一个数据并含有上一个节点对象的引用和下一个节点对象的引用(双链表)。与数组不同的是,创建 LinkList 时,可以不给出其容量大小,当向 LinkList 中增加节点时,其容量会自动增加。LinkList 采用链式存储结构。

LinkedList 类中的常用方法如下。

(1) LinkedList():构造一个空链表。

(2) public boolean add(Object element):向链表的末尾添加一个新的节点对象 elememt。

(3) public void add(int index,Object element):向链表的指定位置添加一个新的节点对象 elememt。

(4) public void addFirst(Object element):把节点对象 elememt 添加到链表的表头。

(5) public void addLast(Object element):把节点对象 elememt 添加到链表的末尾。

(6) public void clear():删除链表的所有节点对象。

(7) public Object remove(int index):删除指定位置上的节点对象。

(8) public boolean remove(Object element):将首次出现的节点对象 element 删除。

（9）public Object removeFirst()：删除第一个节点对象，并返回这个节点对象。

（10）public Object removeLast()：删除最后一个节点对象。

（11）public Object get(int index)：得到链表中指定位置处的节点对象。

（12）public Object getFirst()：得到链表中第一个节点对象。

（13）public Object getLast()：得到链表中最后一个节点对象。

（14）public int indexOf(Object element)：返回节点对象 element 在链表中首次出现的位置，如果链表中无此节点对象则返回 -1。

（15）public int lastIndexOf(Object element)：返回节点对象 element 在链表中最后出现的位置，如果链表中无此节点对象则返回 -1。

（16）public Object set(int index ,Object element)：用节点对象 element 替换链表中指定位置处的节点对象，并返回链表中先前位置处的节点对象。

（17）public int size()：返回链表的长度，即节点的个数。

（18）public boolean contains(Object element)：判断链表节点对象中是否含有 element。

下面的例子演示了 LinkedList 类的常用方法。

【例 6-17】 LinkedList 类的使用。

```java
import java.util.Iterator;
import java.util.LinkedList;
public class LinkedListTest {
    public static void main(String args[]) {
        LinkedList<String> linkedlist = new LinkedList<String>();
        linkedlist.add("are");
        linkedlist.add("you");
        Iterator iterator = linkedlist.iterator();
        System.out.println("其节点有：");
        while (iterator.hasNext())
            System.out.println(iterator.next());
        linkedlist.addFirst("How");
        linkedlist.addLast("Java");
        System.out.println("添加节点后,其节点有：");
        iterator = linkedlist.iterator();
        while (iterator.hasNext())
            System.out.println(iterator.next());
        linkedlist.remove(0);
        linkedlist.set(2, "JDK");
        System.out.println("删除修改节点后,其节点是：");
        iterator = linkedlist.iterator();
        while (iterator.hasNext())
            System.out.println(iterator.next());
    }
}
```

程序运行结果：

其节点有：
are

you
添加节点后,其节点有:
How
are
you
Java
删除修改节点后,其节点有:
are
you
JDK

3) ArrayList

Java 还提供了一种链表称为 ArrayList,其使用方法与 LinkedList 类似。两者的区别是 LinkedList 采用链式存储结构,而 ArrayList 采用顺序存储结构,所以当对链表节点频繁进行查找操作时,采用 ArrayList 效率较高,而对链表节点频繁进行插入、删除时,LinkedList 效率较高。

ArrayList 的具体使用方法,读者可以参阅 LinkedList 部分内容,这里不再赘述。

2. Map

Map 接口是一个从关键字到值的映射对象,Map 中不能有重复的关键字,每个关键字最多能够映射到一个值。实现 Map 接口的常用类有 Hashtable,HashMap 和 TreeMap。

1) Hashtable

Hashtable 称为散列表,是使用相关关键字查找被存储的数据项的一种数据结构,关键字不可以发生逻辑冲突,即不要两个数据项使用相同的关键字。散列表在它需要更多的存储空间时会自动增大容量。对于数组和链表这两种数据结构,如果要查找它们存储的某个特定的元素却不知道它的位置,就需要从头开始访问元素直到找到匹配的为止;如果数据结构中包含很多的元素,就会浪费时间。这时最好使用散列表来存储要查找的数据。

Hashtable 的常用方法如下。

(1) public Hashtable():创建具有默认容量和装载因子为 0.75 的散列表。

(2) public Hashtable(int itialCapacity):创建具有指定容量和装载因子为 0.75 的散列表。

(3) public Hashtable(int initialCapacity,float loadFactor):创建具有默认容量和指定装载因子的散列表。

(4) public void clear():清空散列表。

(5) public boolean contains(Object o):判断散列表是否含有元素 o。

(6) public Object get(Object key):获取散列表中具有关键字 key 的数据项。

(7) public boolean isEmpty():判断散列表是否为空。

(8) public Object put(Object key,Object value):向散列表添加数据项 value 并把关键字 key 关联到数据项 value。

(9) public Object remove(Object key):删除关键字是 key 的数据项。

(10) public int size():获取散列表中关键字的数目。

使用上述的 get 方法可以从散列表中检索某个数据。还可以借助 Enumeration 对象实现遍历散列表,一个散列表可以使用 elements()方法获取一个 Enumeration 对象,后者使用 nextElement()方法遍历散列表。

下面的例子演示了 Hashtable 类的常用方法。

【例 6-18】 Hashtable 类的使用。

```java
import java.util.Enumeration;
import java.util.Hashtable;
public class HashtableTest {
    public static void main(String[] args) {
        String[][] departmentArray = { { "A1", "管理系" }, { "A2", "机械系" },
                                       { "A3", "信息系" }, { "A4", "艺术系" } };
        Hashtable<String, String> hashtable = new Hashtable<String, String>();
        //将数组 departmentArray 元素添加至散列表中。0 列元素为关键字,1 列元素为键值
        for(int i = 0;i < departmentArray.length;i++)
            hashtable.put(departmentArray[i][0], epartmentArray[i][1]);
        System.out.println("散列表中的元素个数是: " + hashtable.size());
        //利用 Enumeration 类遍历当前散列表
        Enumeration enumeration = hashtable.elements();
        System.out.println("现在散列表的键值有: ");
        while(enumeration.hasMoreElements())
            System.out.println(enumeration.nextElement());
        //检索关键字 A2 对应的键值
        String string = hashtable.get("A2");
        System.out.println("关键字 A2 对应的键值是: " + string);
        //删除关键字 A2 对应的键值
        hashtable.remove("A2");
        //利用 Enumeration 类遍历当前散列表
        enumeration = hashtable.elements();
        System.out.println("删除关键字 A2 后,现在散列表的键值有: ");
        while(enumeration.hasMoreElements())
            System.out.println(enumeration.nextElement());
    }
}
```

程序运行结果:

```
散列表中的元素个数是: 4
现在散列表的键值有:
艺术系
信息系
机械系
管理系
关键字 A2 对应的键值是: 机械系
删除关键字 A2 后,现在散列表的键值有:
艺术系
信息系
管理系
```

2) HashMap

Java 还提供了 HashMap 类来按照关键字及键值映射关系存储对象,除了允许使用

null 关键字和 null 键值外，HashMap 类的使用方法与 Hashtable 大致相同，读者可以参阅 Hashtable 的内容来掌握和使用 HashMap 类。

3）TreeMap

TreeMap 称为树映射，也可以按照关键字及键值映射关系存储对象，与 Hashtable 和 HashMap 不同的是，树映射保证节点是按照节点中的关键字升序排列的。

TreeMap 类的常用方法如下。

（1）TreeMap()：使用键的自然顺序构造一个新的、空的树映射。

（2）containsKey(Object key)：如果此映射包含指定键的映射关系，则返回 true。

（3）get(Object key)：返回指定键所映射的值。

（4）put(K key，V value)：将指定值与此映射中的指定键进行关联。

（5）remove(Object key)：如果此 TreeMap 中存在该键的映射关系，则将其删除。

（6）size()：返回此映射中的键-值映射关系数。

（7）values()：返回此映射包含的值的 Collection 视图。

下面的例子演示了 TreeMap 类的使用方法。

【例 6-19】 TreeMap 类的使用。

```java
import java.util.Collection;
import java.util.Iterator;
import java.util.TreeMap;

public class TreeMapTest {
    public static void main(String[] args) {
        String[][] departmentArray = { { "B1", "管理系" },
                { "A2", "机械系" },{ "D3", "信息系" }, { "C4", "艺术系" } };
        TreeMap<String, String> treeMap = new TreeMap<String, String>();
        // 将数组 departmentArray 元素添加至树映射中。0 列元素为关键字,1 列元素为键值
        for (int i = 0; i < departmentArray.length; i++)
            treeMap.put(departmentArray[i][0], departmentArray[i][1]);
        System.out.println("树映射中的元素个数是:" + treeMap.size());
        // 利用 Iterator 类遍历当前树映射
        // 按照关键字升序顺序输出
        Collection collection = treeMap.values();
        Iterator iterator = collection.iterator();
        System.out.println("现在树映射的键值有:");
        while (iterator.hasNext())
            System.out.println(iterator.next());
    }
}
```

程序运行结果：

树映射中的元素个数是：4
现在树映射的键值有：
机械系
管理系
艺术系
信息系

注意：此时是按照关键字升序顺序来输出树映射中的键值的。

3. Set

Set 接口是 Collection 接口的子接口，Set 是一个不含重复元素的集合，是数学中"集合"的抽象。实现 Set 接口的常用类有 HashSet 和 TreeSet。

1）HashSet

HashSet 称为散列集，在数据组织上类似于数学中的"集合"，可以进行各种集合运算，如"交"、"并"、"差"等。

HashSet 的常用方法如下。

（1）HashSet()：构造一个新的散列集。

（2）public boolean add(Object o)：向集合中添加指定元素。

（3）public void clear()：从集合中移除所有元素。

（4）public boolean contains(Object o)：判断集合中是否包含指定元素。

（5）public boolean remove(Object o)：移除参数指定的元素。

（6）public int size()：返回散列集中的元素的数量。

（7）public boolean addAll(HashSet set)：与参数集合求并运算。

（8）public boolean retainAll(HashSet set)：与参数集合求交运算。

（9）public boolean removeAll(HashSet set)：与参数集合求差运算。

下面的例子演示了 HashSet 类的使用方法。

【例 6-20】 HashSet 类的使用。

```java
import java.util.HashSet;
import java.util.Iterator;
public class HashSetTest {
    public static void main(String[] args) {
        String[] stringOneArray = { "1", "2", "3", "4" };
        String[] stringTwoArray = { "1", "3", "5", "7" };
        HashSet<String> oneHashSet = new HashSet<String>();
        HashSet<String> twoHashSet = new HashSet<String>();
        // 将元素分别添加至 oneHashSet 和 twoHashSet 散列集
        for (int i = 0; i < stringOneArray.length; i++) {
            oneHashSet.add(stringOneArray[i]);
            twoHashSet.add(stringTwoArray[i]);
        }
        System.out.println("现在两个散列集的元素个数分别是：" +
                oneHashSet.size() + "" + twoHashSet.size());
        // 利用 Iterator 类遍历 oneHashSet 散列集
        Iterator iterator = oneHashSet.iterator();
        System.out.print("oneHashSet 散列集的元素有：");
        while (iterator.hasNext())
            System.out.print(iterator.next() + "");
        System.out.println();
        // 利用 Iterator 类遍历 twoHashSet 散列集
        iterator = twoHashSet.iterator();
        System.out.print("twoHashSet 散列集的元素有：");
```

```
            while (iterator.hasNext())
                System.out.print(iterator.next() + "");
        System.out.println();
        // 执行并运算
        oneHashSet.addAll(twoHashSet);
        // 利用 Iterator 类遍历 oneHashSet
        iterator = oneHashSet.iterator();
        System.out.print("执行完集合并运算后,其元素有:");
        while (iterator.hasNext())
            System.out.print(iterator.next() + "");
        System.out.println();
        // 执行差运算
        oneHashSet.removeAll(twoHashSet);
        // 利用 Iterator 类遍历当前 oneHashSet
        iterator = oneHashSet.iterator();
        System.out.print("执行完集合差运算后,其元素有:");
        while (iterator.hasNext())
            System.out.print(iterator.next() + "");
        System.out.println();
        // twoHashSet 散列集增加"2"元素
        twoHashSet.add("2");
        // 执行交运算
        oneHashSet.retainAll(twoHashSet);
        // 利用 Iterator 类遍历当前 oneHashSet
        iterator = oneHashSet.iterator();
        System.out.print("执行完集合交运算后,其元素有:");
        while (iterator.hasNext())
            System.out.print(iterator.next() + "");
        System.out.println();
    }
}
```

程序运行结果:

```
现在两个散列集的元素个数分别是:4    4
oneHashSet 散列集的元素有:3   2   1   4
twoHashSet 散列集的元素有:3   1   7   5
执行完集合并运算后,其元素有:3   2   1   7   5   4
执行完集合差运算后,其元素有:2   4
执行完集合交运算后,其元素有:2
```

2) TreeSet

TreeSet 称为树集,与 HashSet 不同的是,添加在 TreeSet 中的元素将按照元素值字典序升序排列。若元素值对象不适合按字典序排列,可以使用 TreeSet(Comparator comparator)构造树集,元素可以按照指定的 comparator 比较器进行排列。

TreeSet 常用方法如下。

(1) TreeSet():构造一个新树集。

(2) TreeSet(Comparator comparator):构造一个新的空 TreeSet,它根据指定比较器进行排序。

(3) public boolean add(Object o)：向树集添加节点，添加成功返回 true，否则返回 false。

(4) public void clear()：删除所有的节点。

(5) public void contains(Object o)：如果包含节点 o 返回 true。

(6) public Object first()：返回根节点，即第一个节点(最小的节点)。

(7) public Object last()：返回最后一个节点(最大的节点)。

(8) public isEmpty()：判断是否是空树集，如果树集不含节点返回 true。

(9) public boolean remove(Object o)：删除节点 o。

(10) public int size()：返回节点数目。

下面的例子演示了 TreeSet 类的使用方法。

【例 6-21】 TreeSet 类的使用。

```
import java.util.Iterator;
import java.util.TreeSet;
public class TreeSetTest{
    public static void main(String args[]) {
        TreeSet<String> treeSet = new TreeSet<String>();
        treeSet.add("she");
        treeSet.add("is");
        treeSet.add("a");
        treeSet.add("student");
        Iterator<String> ierator = treeSet.iterator();
        while(ierator.hasNext())
            System.out.println(ierator.next());
    }
}
```

程序运行结果：

a
is
she
student

注意：此时是按照元素值字典序输出元素值的。

6.3.5 异常处理

1. 错误和异常的产生与处理.

在编程中，出错总是难免的。Java 将程序不能正常执行分为两类：错误和异常。

(1) 错误：编译程序时发现的问题，编译时会出现错误(在 MyEclipse 编程环境下，会在出现错误的行的左侧出现 标记)或警告(在 MyEclipse 编程环境下，会在出现错误的行的左侧出现 标记)。这种情形通常是由于代码本身存在问题而引起的，即代码编写上的错误。编程人员通过仔细检查，是可以修改好的。只有错误全部修改好了，程序才能运行，否则程序是运行不了的。警告不会影响程序的运行。

(2) 异常：编译时不能发现，只有在运行程序的时候，在某种特定的情况下，程序执行出现错误，这时会发生异常。异常的产生通常是编程人员不可预测的，如除数为零、数组下标越界等。异常会中断指令的正常执行，从而导致程序终止运行。

【例 6-22】 错误与异常演示。

创建 Exception1 类，如图 6-12 所示。该类中存在错误，由于"system"类的类名编写错误，应该改为"System"，改完之后没有错误，可以运行程序。但运行之后，在 Console 窗口中，出现了异常信息，提示为"java.lang.ArithmeticException：/ by zero"，即除数为零，从而后续的程序都终止了执行，即没有执行"system.out.println(d);"语句，也就没有显示 0。

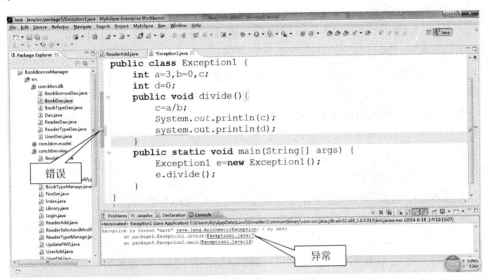

图 6-12 错误与异常演示

通过上面的例子可以看出，错误能够直接提示，通过编程人员的认真修改，是可以避免的。而异常的产生是非常隐蔽的，很难发现，因此，对于异常主要不是避免，而是异常发生后的处理。如何在发生异常之后，捕获、处理异常，保证程序能从异常中恢复，并能继续执行，从而设法使损失降低到最小，是非常重要的。

2. Java 异常类

在 Java 中，Throwable 类是所有异常和错误（此处的错误并不是前面讲的编译错误，而是异常的一种）的超类，只有由它继承来的类才能被 Java 系统或 throw 抛出，只有由它继承来的类才能被 catch 子句捕获。它包括 Error（错误类）和 Exception（异常类）：Error 类描述的是内部系统错误，如内存溢出、链接错误、虚拟机错误等，这些异常发生时，Java 虚拟机会终止线程，比较严重，一般不应当捕获它。Exception 类是所有异常类的父类，如果在 catch 结构中放入 Exception 类，那么它可以捕获到所有的异常。Exception 类的主要直接子类如下。

（1）ClassNotFoundException：没有找到类。

（2）CloneNotSupportedException：不支持复制。

(3) IllegalAccessException：没有权限访问。

(4) InstantiationException：不能创建对象。

(5) InterruptedException：线程受到打扰。

(6) NoSuchFieldException：没有该成员变量。

(7) NoSuchMethodException：没有该成员函数。

(8) RuntimeException：运行期异常。

大部分子类在正常情况下都很少出现，最后一个子类：RuntimeException（运行期异常）类非常重要，它包括几乎所有程序运行时可能会遇到，而编译时无法检查到的异常。常见的运行期异常如下。

(1) ArithmeticException：算术异常。

(2) ArrayStoreException：数组存储类型错误。

(3) ClassCastException：变量类型设置错误。

(4) IllegalArgumentException：函数的参数错误。

(5) IndexOutOfBoundsException：数组下标越界。

(6) NegativeArraySizeException：数组长度为负值。

(7) NullPointerException：使用空指针变量。

运行期异常的特点如下。

(1) 编译和运行时没有报错。

(2) 算术异常自动导出，然后被主函数中的 try … catch 结构捕获。

(3) 算术异常类是运行期异常类的一个子类，而 Java 默认自动抛出所有的运行期异常。

(4) 数组下标越界异常也是运行期异常的一个子类，因此它也是自动抛出的。

(5) Java 默认自动抛出所有的运行期异常。

(6) 如果有 try … catch 块，则运行期异常被 try … catch 块捕获。

(7) 如果没有 try … catch 块，运行期异常被抛出至主程序外，由 Java 系统自动处理。

(8) 非运行期异常类必须要手动用 try … catch 块捕获，或用 throws 关键字抛出。

3. Java 异常处理机制

Java 提供了异常处理机制，通过使用 try…catch…finally 语句来处理异常，将可能出现异常的操作放在 try 部分中，当 try 部分中的语句发生异常后，try 部分立刻结束执行；转而执行相应的 catch 部分，catch 部分进行对该异常发生后的处理；而 finally 部分放置不管异常是否发生都要执行的语句，通常用于关闭已打开的文件，关闭数据库连接等。try…catch…finally 语句中，try…catch 部分必须有，finally 部分可以省略。

try…catch…finally 语句语法如下：

```
try {
  …// 可能会发生异常的程序块
}
catch (Exception1 e1) {
  … // 处理类型 1 的异常
}
```

```
catch (Exception2 e2) {
    … // 处理类型 2 的异常
}
…
[finally(){
    … // 异常发生与否都需要处理的语句
}]
```

通过 try … catch 块捕获异常，try 将一块可能发生异常的代码包起来，执行这段代码时，一旦出现异常，就跳出 try 块，而进入后面的 catch 部分，逐一比较异常类型是否与 catch 中的异常类型相符，如果符合，则进入对应的 catch 块内进行异常处理，最后跳出整个 try…catch 块，如果有 finally 块，就执行其中的程序，否则，顺序往下执行程序。

修改例 6-22 加 try…catch…finally 进行异常处理。

具体步骤如下。

(1) 分析程序，找出可能出现异常的语句加 try，在本例中，出现异常的语句为：

```
c = a/b;
System.out.println(c);
```

(2) 分析可能出现的异常，指定 catch 块的异常类型，并对异常进行处理；本例中异常为除数为零，属于 ArithmeticException 类，在其中提示异常信息"程序出现异常,除数变量 b 不能为 0。"。

(3) 将无论异常是否出现都需要执行的语句放到 finally 块中。本例中，需要执行的语句为"System.out.println(d);"。

经过上面的分析，重新编写程序如下：

```java
public class Exception1 {
    int a = 3,b = 0,c;
    int d = 0;
    public void divide(){
        try {
            c = a/b;
            System.out.println(c);
        }catch (ArithmeticException e) {
            System.out.println("程序出现异常,除数变量 b 不能为 0.");
        }finally{
            System.out.println(d);
        }
    }
    public static void main(String[] args) {
        Exception1 e = new Exception1();
        e.divide();
    }
}
```

此时，在 Console 窗口中，出现了如图 6-13 所示信息。

【**快捷编程**】 自动生成 try…catch 块的方法如下。

(1) 先选中要加 try…catch 的语句，然后，依次单击 MyEclipse 的菜单 Source|Surround With|Try/catch Block，此时，会自动生成 try…catch 语句。

图 6-13　运行结果

(2) 先选中要加 try…catch 的语句,然后右击,依次选择 Surround With | Try/catch Block 命令,此时,会自动生成 try…catch 语句。

需要注意的是,在发生异常时,Java 会自动产生一个异常对象,并把它"抛出"try 块之外。抛出的 try 对象与各个 catch 块进行匹配。匹配原则：如果抛出的异常对象属于 catch 块里的异常类,或者属于该异常类的子类,则认为异常对象与 catch 块匹配。如果有一个 catch 块的异常类型与之相符,Java 就会停止继续比较,直接进入这个 catch 块的异常处理程序,在处理完之后,不会继续比较其他 catch 块,也不会继续执行异常发生点后面的程序,而是跳出整个 try…catch 块,执行后面的语句,如果程序正常运行,则不执行所有 catch 块中的程序内容。因此,在 catch 块的安排上,通常是按照异常类型由特殊到一般的顺序写,这样能保证异常有针对性的处理。

例如,上述的程序改写如下：

```java
public class Exception1 {
    int a = 3, b = 0, c;
    int d = 0;
    public void divide(){
        try {
            c = a/b;
            System.out.println(c);
        }catch (ArithmeticException e) {
            System.out.println("程序出现异常,变量b不能为0.");
        }catch (RuntimeException e) {
            System.out.println("程序出现运行期异常.");
        }finally{
            System.out.println(d);
        }
    }
    public static void main(String[] args) {
        Exception1 e = new Exception1();
        e.divide();
    }
}
```

在此程序中,有两个 catch 块,ArithmeticException 类为 RuntimeException 的子类。try 块中抛出的异常是除数为零的异常,在与第一个 catch 块的异常类进行比较的时候,是匹配的,因此,直接进入该块执行,显示"程序出现异常,变量 b 不能为 0。"。如果将两个 catch 块的顺序颠倒一下,则按照前后顺序,除数为零的异常为运行时异常的子类,也匹配,就会直接执行 RuntimeException 类型的 catch 块,显示"程序出现运行期异常。"。如果这样,就不知道具体是什么运行期异常了。所以,一定要注意 catch 块的顺序,通常将运行期异常放在最后,否则会覆盖了其他的特定异常处理。

4. 自定义异常

如果一个方法需要抛出一个特殊的异常，又没有合适的异常类去处理，可以自定义异常。

在 Java 中，自定义的异常类需要继承 Exception 类或其子类。另外，需要在自定义异常类中包含两个构造方法。一个构造函数是默认的无参构造方法，以适当的错误消息作为输入，来调用它的父类的构造方法；另一个构造函数是带有字符串参数的构造方法，在生成异常对象时还给出输入的描述异常原因的字符串。

【例 6-23】 自定义异常类 MyException。

```
class MyException extends Exception {
 public MyException() {}
 public MyException(String msg) {
    super(msg); }
}
```

Exception 类中已经给出了恰当的处理异常字符串的方法，因此第二个构造函数中直接调用父类的相应构造函数就可以了。

Java 系统不会自动抛出自定义异常，因为 Java 不知道什么时候需要抛出它，因此只能手动抛出异常。利用 throw 关键字产生一个新的异常对象，随后抛出该异常，正常的程序执行中断。

```
throw new MyException();
```

用 throw 产生异常对象时，可给出异常原因。

```
throw new MyException("自定义异常,异常原因为……");
用 try…catch 块捕获自定义异常
try {
 … // 其中包括抛出自定义异常的语句}
catch (MyException e) {
 System.out.println("出现自定义异常"); }
```

catch 块捕获类型相配的自定义异常 MyException，输出显示"出现自定义异常。"。

【例 6-24】 自定义异常的使用。

自定义异常类 MyException：

```
class MyException extends Exception {
 public MyException() {}
 public MyException(String msg) {
    super(msg);
 }
}
```

在 Exception2 类中，在 try 块中抛出自定义异常，在对应的 catch 块中进行处理，显示"自定义异常。"。

```
public class Exception2 {
```

```java
    int a = 3, b = 0, c;
    int d = 0;
    public void divide(){
        try {
            throw new MyException();
        } catch (ArithmeticException e) {
            System.out.println("程序出现异常,变量b不能为0。");
        }catch (RuntimeException e) {
            System.out.println("程序出现运行期异常。");
        } catch (MyException e) {
            System.out.println("自定义异常。");
        } finally{
            System.out.println(d);
        }
    }
    public static void main(String[] args) {
        Exception2 e = new Exception2();
        e.divide();
    }
}
```

程序运行结果如图 6-14 所示。

```
Problems  @ Javadoc  Declaration  Console
<terminated> ExceptionDemo2 [Java Application] C:\Users\Wy\AppData\Local\Genuitec\Common\binary\co
自定义异常。
0
```

图 6-14　运行结果

try … catch 块只能在函数内部处理异常,有时函数本身不能处理所有的异常,例如传递给函数的参数不正确,就将异常抛出函数外,由调用它的主程序处理,在函数定义部分利用 throws 关键字定义可以抛出异常。

```
void myFunc() throws MyException {
    … //函数主体
}
```

【例 6-25】　自定义异常,当被除数大于 2000 的时候,抛出自定义异常 MyException,提示"被除数参数 a 过大。"。

```java
public class Exception3 {
    int minus(int a, int b) throws MyException {
        if (a > 2000)
            throw new MyException("被除数参数a过大。");
        return a/b;
    }
    public static void main(String[] args) {
        Exception3 e3 = new Exception3();
        int a, b, c;
        a = 5000;
        b = 10;
```

```
        try {
            c = e3.minus(a, b);
            System.out.println(c);
        } catch (ArithmeticException e) {
            System.out.println("程序出现异常,除数 b 为 0。");
        } catch (MyException e) {
            System.out.println("程序出现自定义异常 MyException。");
            //利用 getMessage 方法获得异常描述字符串
            System.out.println(e.getMessage());
        } finally {
            System.out.println("程序结束。");
        }
    }
}
```

程序运行结果如图 6-15 所示。

```
<terminated> Exception3 [Java Application] C:\Users\Wy\AppData\Local\Genuitec\Common\binary
程序出现自定义异常MyException。
被除数参数a过大。
程序结束。
```

图 6-15　运行结果

6.3.6　抽象类

在面向对象的概念中,所有的对象都是通过类来描绘的,但是反过来,并不是所有的类都是用来描绘对象的,如果一个类中没有包含足够的信息来描绘一个具体的对象,这样的类就是抽象类。抽象类往往用来表征对问题领域进行分析、设计中得出的抽象概念,是对一系列看上去不同,但是本质上相同的具体概念的抽象。有时候,可能需要构造一个很抽象的父类对象,它可能仅代表一个分类或抽象概念,它的实例没有任何意义,因此不希望它能被实例化。例如,有一个父类"水果(Fruit)",它有几个子类"苹果(Apple)"、"橘子(Orange)"、"香蕉(Banana)"等。水果在这里只是作为一个分类,显然水果的实例没有什么意义(就好像一个人如果告诉你他买了一些水果但是却不告诉你是苹果还是橘子,你很难想象他到底买的是什么)。而水果类又要能被子类化,这就要求使用抽象类来解决这个问题。

在 Java 中,通过在 class 关键字前增加 abstract 修饰符,就可以将一个类定义成抽象类。抽象类不能被实例化。具体格式如下:

```
[修饰符] abstract class 类名{//抽象类
    …//类体
}
```

例如,定义抽象类水果(Fruit),程序如下:

```
public abstract class Fruit {
    …
}
```

如果试图用以下语句来获得一个实例,将无法编译成功。

```
Fruit fruit = new Fruit();
```

可以构造水果类的子类,如创建水果类的子类"苹果类(Apple)",如下:

```
public class Apple extends Fruit {
    …
}
```

抽象类除了能像普通类一样拥有一般的属性和方法,通常还拥有抽象方法。例如:抽象类"形状(Shape)"拥有抽象方法 draw()。

```
public abstract class Shape {
    …
    public abstract void draw();
    …
}
```

抽象方法与抽象的行为相对应,通常是这个行为对父对象没有意义,而子对象有具体动作。例如,方法 draw()对于类 Shape 没有意义,而类 Shape 的子类矩形(Rectangle)的方法 draw()可以有实际的动作(根据矩形的 4 个顶点画出矩形的 4 条边),子类圆(Circle)的方法 draw()也可以有实际的动作(根据圆心和半径画出圆周)。

综上,抽象类的特点总结如下。

(1) 抽象类不能被实例化,可以被继承,但不能定义成 final 类。

(2) 抽象类可以有抽象方法也可以没有抽象方法;但是如果一个类有抽象方法,那这个类只能定义为抽象类。抽象方法只有声明,没有实现。

(3) 继承抽象类的类必须实现抽象类的抽象方法,否则,也必须定义为抽象类。

【补充】 final 类即使用 final 修饰符创建的类,称为最终类。最终类中可以包含最终方法,即使用 final 修饰符的方法,一个普通类也可以包含最终方法。定义最终类和最终方法的格式如下:

```
[pubic] final class 类名 [extends ClassName]{
    final returnType methodName(inputParameters){
        …
    }
}
```

最终类不能被扩展。使用最终类和最终方法是为了保护类的完整性。

6.3.7 接口

1. 接口的概念

Java 中,一个类只能有一个父类。单继承性使得 Java 变得简单,易于管理。

但是同时也带来不便,Java 为了弥补单继承的缺点,提供了接口,一个类可以实现多个接口。

2. 接口的定义

Java 中的接口是由一些抽象方法和常量所组成的一个集合。接口的方法默认是 public

和 abstract 的;接口不能有构造方法;接口中的常量默认是 public,static 和 final 的。接口应该是 public 的,而且,一个接口能够继承多个接口。接口定义的一般格式如下:

```
[public] interface InterfaceName [extends InterfaceList]{
    //常量和抽象方法声明;
}
```

其中:

public——接口的修饰符,可以省略。如果使用 public,则该接口可以被任何一个类使用。如果省略不写,则该接口只能被同一包中的类使用。

interface——接口关键字。

InterfaceName——自定义的接口名称。

extends InterfaceList——接口继承的父接口。

【例 6-26】 定义一个接口 InterfaceA。

```
public interface InterfaceA {
    void methodA();
}
```

3. 接口的实现

一个类通过关键字 implements 声明要实现一个接口,并具体实现接口的方法。一个类(非抽象类)如果实现了接口,就必须实现该接口的所有方法,即为接口的抽象方法提供方法体。

【例 6-27】 类 ClassA 实现接口 InterfaceA。

```
public class ClassA implements InterfaceA {
    public void methodA() {
        System.out.println( "methodA of ClassA implements InterfaceA" );
    }
}
```

需要注意的是在类中实现接口的方法时,方法的名字、返回类型、参数个数及类型必须与接口中的完全一致。而且,由于接口中的方法被默认是 public 的,所以类在实现接口方法时,一定要用 public 来修饰。另外,如果接口的方法的返回类型不是 void 的,那么在类中实现该接口方法时,方法体至少要有一个 return 语句;如果是 void 型,类体除了两个大括号外,也可以没有任何语句。

如果是抽象类实现一个接口,那么抽象类中可以不具体实现接口的方法(保持其抽象性),而由其子类去实现。

【例 6-28】 抽象类 AClassB 实现接口 InterfaceA,但是没有具体实现方法 methodA()。

```
public abstract class AClassB implements InterfaceA{  }
```

子类 AClassBSub 继承抽象类 AClassB,实现接口 InterfaceA 中的具体实现方法 methodA()。注意,如果父类使用了某个接口,那么子类也就自然使用了该接口,子类不必再使用关键字 implements 声明自己使用这个接口。具体代码如下:

```java
public class AClassBSub extends AClassB{
    public void methodA() {
        System.out.println( "methodA of A ClassBSub the subclass of A ClassB" );
    }
}
```

需要注意的是如果一个类声明实现一个接口,但没有实现接口中的所有方法,那么这个类必须是 abstract 类。

4. 接口的继承

一个接口可以继承多个接口,实现该接口的非抽象类,需要将该接口及其父类接口的方法都实现。例如:

```java
interface A{
    public String AUTHOR = "张三";
    public void printA() ;
}
interface B{
    public void printB() ;
}
interface C extends A,B{
    public void printC() ;
}
class X implements C{                          // X 类实现 C 接口
    public void printA(){
        System.out.println("A、Hello World!!!") ;
    }
    public void printB(){
        System.out.println("B、Hello World") ;
    }
    public void printC(){
        System.out.println("C、Hello World ") ;
    }
};
```

5. 接口与抽象类

接口和抽象类显著的共同点是接口和抽象类都可以有抽象方法。

接口和抽象类的不同点如下。

(1) 抽象类可以有实例变量,而接口不能拥有实例变量,接口中的变量都是静态(static)的常量(final)。

(2) 抽象类可以有非抽象方法,而接口只能有抽象方法。

(3) 抽象类表示的是 is a 关系,接口表示的是 like a 关系。

在程序设计中,如何判断使用抽象类,还是使用接口呢? abstarct class 在 Java 语言中体现了一种继承关系,要想使得继承关系合理,父类和派生类之间必须存在 is a 关系,即父类和派生类在概念本质上应该是相同的。对于 interface 来说则不然,并不要求 interface 的实现者和 interface 定义在概念本质上是一致的，仅仅是实现了 interface 定义的契约而已。

例如，假设在问题领域中，有一个关于 Door 的抽象概念，该 Door 具有两个动作 open 和 close，此时可以通过 abstract class 或者 interface 来定义一个表示该抽象概念的类型，定义方式分别如下所示。

使用 abstract class 方式定义 Door：

```
abstract class Door {
  abstract void open();
  abstract void close();
}
```

使用 interface 方式定义 Door：

```
interface Door {
  void open();
  void close();
}
```

其他具体的 Door 类型可以 extends 使用 abstract class 方式定义的 Door 或者 implements 使用 interface 方式定义的 Door。看起来好像使用 abstract class 和 interface 没有大的区别。

如果现在要求 Door 还要具有报警的功能。该如何设计针对该例子的类结构呢（在本例中，主要是为了展示 abstract class 和 interface 反映在设计理念上的区别，其他方面无关的问题都做了简化或者忽略）？下面罗列出可能的解决方案，并从设计理念层面对这些不同的方案进行分析。

解决方案一：

简单地在 Door 的定义中增加一个 alarm 方法，如下：

```
abstract class Door {
    abstract void open();
    abstract void close();
    abstract void alarm();
}
```

或者：

```
interface Door {
    void open();
    void close();
    void alarm();
}
```

那么具有报警功能的 AlarmDoor 的定义方式如下：

```
class AlarmDoor extends Door {
    void open() { … }
    void close() { … }
    void alarm() { … }
}
```

或者：

```
class AlarmDoor implements Door {
    void open() { … }
    void close() { … }
    void alarm() { … }
}
```

这种方法违反了面向对象设计中的一个核心原则 ISP(Interface Segregation Priciple)，在 Door 的定义中把 Door 概念本身固有的行为方法和另外一个概念"报警器"的行为方法混在了一起。这样引起的一个问题是那些仅依赖于 Door 这个概念的模块会因为"报警器"这个概念的改变而改变，反之依然。

解决方案二：

既然 open、close 和 alarm 属于两个不同的概念，根据 ISP 原则应该把它们分别定义在代表这两个概念的抽象类中。定义方式有：这两个概念都使用 abstract class 方式定义；两个概念都使用 interface 方式定义；一个概念使用 abstract class 方式定义，另一个概念使用 interface 方式定义。

显然，由于 Java 语言不支持多重继承，所以两个概念都使用 abstract class 方式定义是不可行的。后面两种方式都是可行的，但是对于它们的选择却反映出对于问题领域中的概念本质的理解、对于设计意图的反映是否正确、合理。接下来一一来分析、说明。

如果两个概念都使用 interface 方式来定义，那么就反映出两个问题：①可能没有理解清楚问题领域，AlarmDoor 在概念本质上到底是 Door 还是报警器？②如果对于问题领域的理解没有问题，比如：通过对于问题领域的分析发现 AlarmDoor 在概念本质上和 Door 是一致的，那么在实现时就没有能够正确地揭示设计意图，因为在这两个概念的定义上（均使用 interface 方式定义）反映不出上述含义。

如果对于问题领域的正确理解是：AlarmDoor 在概念本质上是 Door，同时它又具有报警的功能。该如何来设计、实现并明确地反映该含义呢？前面已经说过，abstract class 在 Java 语言中表示一种继承关系，而继承关系在本质上是 is a 关系。所以对于 Door 这个概念，应该使用 abstarct class 方式来定义。另外，AlarmDoor 又具有报警功能，说明它又能够完成报警概念中定义的行为，所以报警概念可以通过 interface 方式定义。如下所示：

```
abstract class Door {
    abstract void open();
    abstract void close();
}
interface Alarm {
    void alarm();
}
class AlarmDoor extends Door implements Alarm {
    void open() { … }
    void close() { … }
    void alarm() { … }
}
```

这种实现方式基本上能够明确地反映出对于问题领域的理解，正确地揭示设计意图。其实 abstract class 表示的是 is a 关系，interface 表示的是 like a 关系，在选择时可以作为一个依据,当然这是建立在对问题领域的理解上的,比如:如果认为 AlarmDoor 在概念本质上是报警器,同时又具有 Door 的功能,那么上述的定义方式就要反过来了。

6. 接口小结

(1) 一个接口可以继承多个接口。

interface C extends A, B { }

是可以的。

(2) 一个类可以实现多个接口。

class D implements A,B,C{ }

(3) 但是一个类只能继承一个类,不能继承多个类。

class B extends A{ }

(4) 在继承类的同时,也可以继承接口。

class E extends D implements A,B,C{ }

6.3.8 使用 JDBC 访问数据

1. JDBC 基础

JDBC(Java Database Connectivity)是一种用于执行 SQL 语句的 Java API(Application Programming Interface,应用程序编程接口),它由一组用 Java 编程语言编写的类和接口组成。JDBC 为工具/数据库开发人员提供了一个标准的 API,使他们能够用纯 Java API 来编写数据库应用程序。有了 JDBC,向各种关系数据库发送 SQL 语句就是一件很容易的事。换言之,有了 JDBC API,就不必为访问 SQL Server 数据库专门写一个程序,为访问 Oracle 数据库又专门写一个程序,为访问 Informix 数据库又写另一个程序,等等。它可以屏蔽不同的数据库驱动程序之间的差别,只需用 JDBC API 写一个程序就够了,它可向相应的数据库发送 SQL 语句。而且,使用 Java 编程语言编写的应用程序,无须去忧虑要为不同的平台编写不同的应用程序。将 Java 和 JDBC 结合起来将使程序员只需写一遍程序就可让它在任何平台上运行。

2. JDBC 的重要类和接口

JDBC API 主要用来连接数据库和调用 SQL 命令,执行各种 SQL 语句。JDBC API 中,抽象类的实现是由驱动程序开发商提供,驱动程序实现了应用程序和某个数据库产品之间的接口。JDBC API 还提供了一系列的接口,通过它们,开发人员可以编写访问数据库的 Java 应用程序。JDBC 的重要类和接口如表 6-2 所示。

表 6-2 JDBC 的重要类和接口

方 法 名	方 法 说 明
java.sql.Drivermanager	该类用于处理驱动程序的加载和建立新数据库连接
java.sql.Connection	该接口表示到特定数据库的连接
java.sql.Statement	该接口表示用于执行静态 SQL 语句并返回它所生成结果的对象

续表

方 法 名	方 法 说 明
java.sql.PrepareStatement	该接口表示预编译的 SQL 语句的对象,派生自 Statement。预编译 SQL 效率高,且支持参数查询
java.sql.CallableStatement	该接口表示用于执行 SQL 存储过程的对象,派生自 PrepareStatement。用于调用数据库中的存储过程
java.sql.ResultSet	该接口表示数据库结果集的数据表,通常通过执行查询数据库的语句生成

3. 基于 JDBC 编写数据库程序

使用 JDBC 设计数据库程序,首先要选择数据库管理系统,然后对应用程序的数据库进行设计。在此基础上,再基于 JDBC 编写 Java 应用程序。具体的 JDBC 编程步骤如下。

1) 导入包

无论使用哪种类型的 JDBC 驱动程序,都必须在程序开始处使用 import 语句导入以下包。

import java.sql.*;   //支持标准的 JDBC 包

另外,针对系统采用的不同数据库,需要将具体的数据库驱动程序包导入到项目中。本系统采用的 SQL Server 2008 数据库管理系统,需要加载 sqljdbc4.jar 包。具体加载的方法如图 6-16 所示。

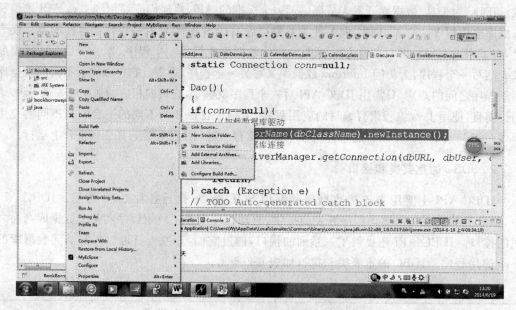

图 6-16 导入包步骤

右击项目名 BookBorrowManager,选择 Build Path 命令,再选择 Add External Archives…命令,找到 sqljdbc4.jar 文件,然后,单击"打开"按钮,如图 6-17 所示。

图 6-17 打开 sqljdbc4.jar 所在路径

然后,项目的结构目录里就生成了 Referenced Libraries,在其下面包括刚添加的驱动包 sqljdbc4.jar,如图 6-18 所示。

2) 注册 JDBC 驱动程序

在程序中必须编码,注册所安装的驱动程序,为此,可以使用 JDBC DriverManager 类的 registerDriver()方法执行注册操作,这个类为管理 JDBC 驱动程序集提供基本服务。

图 6-18 导入包后效果

也可以利用 Class.forName()方法加载指定的驱动程序,例如:

```
String dbClassName = "com.microsoft.sqlserver.jdbc.SQLServerDriver";
Class.forName(dbClassName).newInstance();
```

其中,dbClassName 是 SQL Server 数据库的驱动程序字符串,不同的数据库,连接字符串不同,加载的驱动程序也不同。

3) 创建数据库连接对象

数据库的连接可以使用 JDBC DriverManager 类的 getConnection()方法,这个方法返回一个 JDBC Connection 对象,要求输入数据库连接字符串、用户名和口令,用于标识使用的 JDBC 驱动程序,以及需要连接的数据库。

```
String dbURL = "jdbc:sqlserver://localhost:1433; DatabaseName = db_bookborrow;";
String dbUser = "sa";
static String dbPWD = "sqlserver2008";
Connection conn = DriverManager.getConnection(dbURL, dbUser, dbPWD);
```

4) 创建语句对象

一旦连接了数据库,下一步是创建一个 statement 对象,可以使用 JDBC connection 对象的 createStatement()方法。例如:

```
Statement stmt = conn.createStatement();
```

5) 执行查询、返回结果集对象

执行查询,可以使用 Statement 对象的 executeQuery()方法。该方法将 SQL 语句作为输入参数,返回一个 JDBC ResultSet 对象。

```
ResultSet rs = stmt.executeQuery("select * from book");
```

执行其他的数据库操作,可以使用 Statement 对象的 executeUpdate()方法。该方法返回一个整数值,指示受影响的行数。

```
int i = stmt.executeUpdate("delete * from book");
```

6) 处理结果集

一旦执行了查询,可以使用 ResultSet 对象的 next()方法循环操作结果。

```
while(rs.next())
    { System.out.println(rs.getString(1));}
```

输出查询结果集中每行第一列的值。

7) 关闭结果集对象、语句对象和连接对象

当执行完成操作之后,使用 close 方法,关闭 ResultSet、Statement 和 Connection 对象。

```
rs.close();
stmt.close();
conn.close();
```

在进行数据库操作的时候,会抛出 SQL 异常,生成类 java.sql.SQLException 或者子类的实例,错误可能源于 JDBC 驱动程序,也可能是数据库。因此,需要对异常进行处理。例如:

```
//关闭结果集对象
try {
        rs.close();
    } catch (SQLException e) {
        e.printStackTrace();           //在命令行打印异常信息显示在程序中出错的位置及原因
    }
```

【例 6-29】 使用 JDBC 对数据库进行访问,查询并显示编号为 11301121 的读者的学号、姓名。

```
package com.bbs.db;
import java.sql.Connection;
import java.sql.DriverManager;
import java.sql.ResultSet;
import java.sql.SQLException;
import java.sql.Statement;
```

```java
public class Dao1 {
    protected static String dbClassName = "com.microsoft.sqlserver.jdbc.SQLServerDriver";
    protected static String dbURL = " jdbc:sqlserver://localhost:1433;DatabaseName=db_bookborrow;";
    protected static String dbUser = "sa";
    protected static String dbPWD = "sqlserver2008";
    private static Connection conn = null;
    private static Statement stmt = null;
    private static ResultSet rs = null;
    public static void main(String[] args) {
        try{
            //加载数据库驱动
            try {
                Class.forName(dbClassName).newInstance();
            } catch (Exception e) {
                e.printStackTrace();
            }
            //创建数据库连接
            conn = DriverManager.getConnection(dbURL, dbUser, dbPWD);
            //创建语句对象
            stmt = conn.createStatement();
            //调用语句对象的 executeQuery()方法执行查询语句,返回结果集对象 rs
            rs = stmt.executeQuery("select * from reader where readerid = '11301121'");
            while(rs.next()){
                System.out.println(rs.getString("readerid"));
                System.out.println(rs.getString("name")); }
        } catch (SQLException e) {
            e.printStackTrace();
        } finally{
            try {
                rs.close();
            } catch (SQLException e) {
                e.printStackTrace();
            }
            try {
                stmt.close();
            } catch (SQLException e) {
                e.printStackTrace();
            }
            try {
                conn.close();
            } catch (SQLException e) {
                e.printStackTrace();
            }
        }
    }
}
```

程序运行显示编号为 11301121 的读者的读者编号和姓名,结果如下:

11301121
金鑫

通过 Statement 对象,不仅能够执行查询,还可以执行插入、修改和删除操作等,可以通过使用其 executeUpdate()方法实现。

【例 6-30】 使用 Statement 对象,实现对表 reader 的查询、插入、修改和删除操作。

```java
package com.bbs.db;
import java.sql.Connection;
import java.sql.DriverManager;
import java.sql.ResultSet;
import java.sql.SQLException;
import java.sql.Statement;
public class StatementDemo {
    protected static String dbClassName = "com.microsoft.sqlserver.jdbc.SQLServerDriver";
    protected static String dbURL = " jdbc:sqlserver://localhost:1433;DatabaseName = db_bookborrow;";
    protected static String dbUser = "sa";
    protected static String dbUser = "sa";
    protected static String dbPWD = "sqlserver2008";
    private static Connection conn = null;
    private static Statement stmt = null;
    private static ResultSet rs = null;
    private StatementDemo(){
        try {
            if(conn == null){
                //加载数据库驱动
                Class.forName(dbClassName).newInstance();
                //创建数据库连接
                conn = DriverManager.getConnection(dbURL, dbUser, dbPWD);
            }else
                return;
        } catch (Exception e) {
            e.printStackTrace();
        }
    }
    //执行查询操作,查询并显示指定编号的读者的姓名
    static void executeQuery(String rid){
        try {
            if(conn == null)
                new StatementDemo();
            stmt = conn.createStatement();
            rs = stmt.executeQuery("select * from reader where readerid = '" + rid + "'");;
            while(rs.next()){
                System.out.println(rs.getString("readerid"));
                System.out.println(rs.getString("name")); }
        } catch (SQLException e) {
            e.printStackTrace();
        }
    }
    //执行插入操作,向 reader 表中插入读者编号和姓名。插入成功,返回 1,否则,返回 - 1
    static int executeInsert(String rid,String name){
        try {
```

```java
            if(conn == null)
                new StatementDemo();
            stmt = conn.createStatement();
            String sql = "insert into reader(readerid,name) values('" + rid + "','" + name + "')";
            int n = stmt.executeUpdate(sql);
            return n;
        } catch (SQLException e) {
            // TODO Auto-generated catch block
            e.printStackTrace();
            return -1;
        }
    }
//执行修改操作,修改指定编号的读者的姓名。修改成功,返回1,否则,返回-1
    static int executeUpdate(String rid,String name){
        try {
            if(conn == null)
                new StatementDemo();
            stmt = conn.createStatement();
            String sql = "update reader set name = '" + name + "' where readerid = '" + rid + "'";
            int n = stmt.executeUpdate(sql);
            return n;
        } catch (SQLException e) {
            e.printStackTrace();
            return -1;
        }
    }
//执行删除操作,删除指定编号的读者。删除成功,返回1,否则,返回-1
    static int executeDelete(String rid){
        try {
            if(conn == null)
                new StatementDemo();
            stmt = conn.createStatement();
            String sql = "delete from reader where readerid = '" + rid + "'";
            int n = stmt.executeUpdate(sql);
            return n;
        } catch (SQLException e) {
            e.printStackTrace();
            return -1;
        }
    }
    //关闭连接
    public static void close(){
        try {
            conn.close();
        } catch (SQLException e) {
            e.printStackTrace();
        }finally{
            conn = null;
        }
    }
    public static void main(String[] args) {
```

```
            StatementDemo sd = new StatementDemo();
            sd.executeQuery("11301122");
            int i = sd.executeInsert("11301105", "李琳");
            System.out.println("执行插入,返回值为: " + i);
            int u = sd.executeUpdate("11301105", "李媛媛");
            System.out.println("执行修改,返回值为: " + u);
            int d = sd.executeDelete("11301105");
            System.out.println("执行删除,返回值为: " + d);
            sd.close();
    }
}
```

程序运行结果如图 6-19 所示。

图 6-19 运行结果

4. 使用预处理语句对象

预处理语句对象 PreparedStatement，可以使用多个输入参数执行语句。JDBC connection 对象的 preparedStatement( )方法能够定义语句对象,绑定参数,并返回一个 JDBC PreparedStatement 对象。

【例 6-31】 通过使用 PreparedStatement 对象,添加、修改、删除记录。

```
package com.bbs.db;
import java.sql.Connection;
import java.sql.DriverManager;
import java.sql.PreparedStatement;
import java.sql.ResultSet;
import java.sql.SQLException;
public class PreparedStatementDemo {
    protected static String dbClassName = "com.microsoft.sqlserver.jdbc.SQLServerDriver";
    protected static String dbURL = " jdbc:sqlserver://localhost:1433;DatabaseName = db_bookborrow;";
    protected static String dbUser = "sa";
    protected static String dbPWD = "sqlserver2008";
    private static Connection conn = null;
    private static PreparedStatement pstmt = null;
    private static ResultSet rs = null;
    private PreparedStatementDemo(){
        try {
            if(conn == null){
                //加载数据库驱动
                Class.forName(dbClassName).newInstance();
                //创建数据库连接
```

```java
                    conn = DriverManager.getConnection(dbURL, dbUser, dbPWD);
                }else
                    return;
            } catch (Exception e) {
                e.printStackTrace();
            }
        }
    }
    //执行查询操作,查询并显示指定编号的读者的姓名
    static void executeQuery(String rid){
        try {
            if(conn == null)
                new PreparedStatementDemo();
            pstmt = conn.prepareStatement("select * from reader where readerid = ?");
            pstmt.setString(1,rid);
            rs = pstmt.executeQuery();
            while(rs.next()){
                System.out.println(rs.getString("readerid"));
                System.out.println(rs.getString("name")); }
        } catch (SQLException e) {
            e.printStackTrace();
        }
    }
    /*执行插入操作,向 reader 表中插入读者编号和姓名。插入成功,返回1,否则,返回-1*/
    static int executeInsert(String rid,String name){
        try {
            if(conn == null)
                new PreparedStatementDemo();
            String sql = "insert into reader(readerid,name) values(?,?)";
            pstmt = conn.prepareStatement(sql);
            pstmt.setString(1,rid);
            pstmt.setString(2,name);
            int n = pstmt.executeUpdate();
            return n;
        } catch (SQLException e) {
            // TODO Auto-generated catch block
            e.printStackTrace();
            return -1;
        }
    }
    /*执行修改操作,修改指定编号的读者的姓名。修改成功,返回1,否则,返回-1*/
    static int executeUpdate(String rid,String name){
        try {
            if(conn == null)
                new PreparedStatementDemo();
            String sql = "update reader set name = ? where readerid = ?";
            pstmt = conn.prepareStatement(sql);
            pstmt.setString(1,name);
            pstmt.setString(2,rid);
            int n = pstmt.executeUpdate();
            return n;
        } catch (SQLException e) {
```

```java
            e.printStackTrace();
            return -1;
        }
    }
    //执行删除操作,删除指定编号的读者。删除成功,返回1,否则,返回-1
    static int executeDelete(String rid){
        try {
            if(conn == null)
                new PreparedStatementDemo();
            String sql = "delete from reader where readerid = ?";
            pstmt = conn.prepareStatement(sql);
            pstmt.setString(1,rid);
            int n = pstmt.executeUpdate();
            return n;
        } catch (SQLException e) {
            e.printStackTrace();
            return -1;
        }
    }
    //关闭连接
    public static void close(){
        try {
            conn.close();
        } catch (SQLException e) {
            e.printStackTrace();
        }finally{
            conn = null;
        }
    }
    public static void main(String[] args) {
        PreparedStatementDemo psd = new PreparedStatementDemo();
        psd.executeQuery("11301121");
        int i = psd.executeInsert("11301105", "李琳");
        System.out.println("执行插入,返回值为: " + i);
        int u = psd.executeUpdate("11301105", "李媛媛");
        System.out.println("执行修改,返回值为: " + u);
        int d = psd.executeDelete("11301105");
        System.out.println("执行删除,返回值为: " + d);
        psd.close();
    }
}
```

程序运行结果如图 6-20 所示。

```
Problems  @ Javadoc  Declaration  Console
<terminated> PreparedStatementDemo [Java Application] C:\Users\Wy\AppData\Local\Genuitec\Commo
11301121
金鑫
执行插入,返回值为: 1
执行修改,返回值为: 1
执行删除,返回值为: 1
```

图 6-20 运行结果

5. 使用 CallableStatement 调用存储过程

同样，当希望使用调用语句执行存储过程的时候，JDBC 驱动程序提供了一个 CallableStatement 对象类型，作为 java.sql.CallableStatement。

【例 6-32】 使用 CallableStatement 调用存储过程。

(1) 先在 SQL Server 2008 中，创建存储过程 proc1，检索指定编号的读者的姓名。其中，@rid 代表读者编号，为输入参数；@name 代表读者姓名，为输出参数。

```
create proc proc1
@rid char(8),
@name char(20) output
as
 select @name = name from reader where readerid = @rid
```

(2) 编写 Java 程序调用存储过程。

```
package com.bbs.db;
import java.sql.CallableStatement;
import java.sql.Connection;
import java.sql.DriverManager;
import java.sql.SQLException;
import java.sql.Types;
public class CallableStatementDemo {
    protected static String
    dbClassName = "com.microsoft.sqlserver.jdbc.SQLServerDriver";
    protected static String dbURL = " jdbc:sqlserver://localhost:1433;DatabaseName = db_bookborrow;";
    protected static String dbUser = "sa";
    protected static String dbUser = "sa";
    protected static String dbPWD = "sqlserver2008";
    private static Connection conn = null;
    private static CallableStatement cstmt = null;
    public static void main(String[] args) {
        try{
            //加载数据库驱动
            try {
                Class.forName(dbClassName).newInstance();
            } catch (Exception e) {
                e.printStackTrace();
            }
            //创建数据库连接
            conn = DriverManager.getConnection(dbURL, dbUser, dbPWD);
            cstmt = conn.prepareCall("{call proc1(?,?)}");
            cstmt.setString(1, "11301121");
            //注册输出参数,Types.CHAR 代表 SQL 中的 CHAR 类型
            cstmt.registerOutParameter(2,Types.CHAR);
            cstmt.executeUpdate();
            String str = cstmt.getString(2);
```

```
                System.out.println(str);
            } catch (SQLException e) {
                e.printStackTrace();
            } finally{
                try {
                    cstmt.close();
                } catch (SQLException e) {
                    e.printStackTrace();
                }
                try {
                    conn.close();
                } catch (SQLException e) {
                    e.printStackTrace();
                }
            }
        }
    }
}
```

程序运行结果显示出编号为 11301121 的读者的姓名，如图 6-21 所示。

图 6-21 运行结果

6.4 项目实施

本任务的项目教学实施过程如下。

1. 教师带领学生完成内容

（1）创建基本数据访问操作类 Dao.java。
（2）创建读者操作类 ReaderDao.java。

2. 学生自行完成部分

（1）创建图书操作类 BookDao.java。
（2）创建读者类型操作类 ReaderTypeDao.java。
（3）创建图书类型操作类 BookTypeDao.java。
（4）创建图书借阅操作类 BookBorrowDao.java。
（5）创建用户操作类 UserDao.java。

其中，学生自行完成部分，只给出了示例方案和核心技术点，读者可以参考并自行设计并完成。

注意本项目实施前，需要先导入数据库驱动包，本系统采用的 SQL Server 2008 数据库管理系统，需要加载 sqljdbc4.jar 包。

6.4.1 任务1：基本数据访问操作类

基本数据访问操作类 Dao.java，主要用于数据库的连接和执行基本的 SQL 语句。此类包含的方法及其描述如下。

(1) 构造方法 Dao()：实现数据库连接，获取连接对象 conn。

(2) static ResultSet executeQuery(String sql)：静态方法。执行 SQL 查询操作，返回结果集对象 ResultSet。

(3) static int executeUpdate(String sql)：静态方法。执行非查询操作，如修改、插入等，返回值为受影响的行数。

(4) public static void close()：关闭数据库连接。

图书借阅管理系统基本数据库访问类，具体代码如下。

【Dao.java】

```java
package com.bbm.db;
import java.sql.Connection;
import java.sql.DriverManager;
import java.sql.ResultSet;
import java.sql.SQLException;
public class Dao {
    //定义 dbClassName 为 SQL Server 数据库的驱动程序字符串
    protected static String dbClassName = "com.microsoft.sqlserver.jdbc.SQLServerDriver";
    //定义数据库连接字符串 dbUrl,指定连接数据库名为 db_bookborrow
    protected static String dbUrl = "jdbc:sqlserver://localhost:1433;" + "DatabaseName = db_bookborrow; ";
    //定义连接数据库的用户名 sa
    protected static String dbUser = "sa";
    //定义连接数据库的用户密码 sqlserver2008
    protected static String dbPwd = "sqlserver2008";
    //定义连接对象 conn
    private static Connection conn = null;
}
```

利用构造方法 Dao() 获得数据库连接，首先判断连接对象 conn 是否为 null，为空创建；不为空，则表示已经创建了连接对象，直接返回。在进行连接的时候，有可能出现异常，因此，对创建连接对象的语句，加 try…catch…进行异常处理。

```java
private Dao() {
    try {
        if (conn == null) {
            //注册驱动程序
            Class.forName(dbClassName).newInstance();
            //连接数据库,创建连接对象 conn
            conn = DriverManager.getConnection(dbUrl, dbUser, dbPwd);
        } else
            return;
    } catch (Exception e) {
        e.printStackTrace();
    }
}
```

创建静态方法 executeQuery(String sql),执行 SQL 查询操作,返回结果集 ResultSet。先通过"new Dao();"来创建连接对象,通过"conn.createStatement().executeQuery(sql);"语句,创建语句对象并调用语句对象的 executeQuery(sql),执行方法参数传进来的 SQL 查询语句。同样,使用 try…catch…进行异常处理。如果查询语句 SQL 执行成功,则返回查询到的结果集对象,否则,返回 null。

```
static ResultSet executeQuery(String sql) {
    try {
        if (conn == null)
            new Dao();
        return conn.createStatement().executeQuery(sql);
    } catch (SQLException e) {
        e.printStackTrace();
        return null;
    }
}
```

创建静态方法 executeUpdate(String sql),执行 SQL 非查询操作,返回整数 ResultSet。先通过"new Dao();"来创建连接对象,通过"conn.createStatement().executeQuery(sql);"语句,创建语句对象并调用语句对象的 executeUpdate(String sql),执行方法参数传进来的 SQL 语句,该语句可能为 INSERT、UPDATE 或 DELETE 语句,或者是不返回任何内容的 SQL 语句(如 SQL DDL 语句)。同样,使用 try…catch…进行异常处理。如果查询语句 SQL 执行成功,则返回受影响的行数,否则,返回−1。

```
static int executeUpdate(String sql) {
    try {
        if (conn == null)
            new Dao();
        return conn.createStatement().executeUpdate(sql);
    } catch (SQLException e) {
        e.printStackTrace();
        return -1;
    }
}
//关闭连接
public static void close() {
    try {
        conn.close();
    } catch (SQLException e) {
        e.printStackTrace();
    } finally {
        conn = null;
    }
}
```

6.4.2 任务2:读者操作类

读者操作类 ReaderDao.java,根据实际功能的需要,此类实现的方法及其描述如表 6-3 所示。

表 6-3　ReaderDao 中的方法说明

方 法 功 能	方 法 声 明	方 法 描 述
查询读者信息	public static List＜Reader＞ selectReader()	查询所有读者信息
	public static List＜Reader＞ selectReaderById (String id)	查询指定编号的读者信息
	public static List＜Reader＞ selectReaderByName (String Name)	查询指定姓名的读者信息
	public static List＜Reader＞ selectReaderByType (String Type)	查询指定类型的读者信息
	public static List＜Reader＞ selectReaderByDept (String dept)	查询指定部门的读者信息
添加读者信息	public static int insertReader(String id, String typename, String name, String age, String sex, String phone, String dept, String reg)	添加读者,包括读者编号、类型名、姓名、年龄、性别、电话、所在系部及注册日期
修改读者信息	public static int updateReader(String id, String typename, String name, Integer age, String sex, String phone, String dept, String reg)	修改指定编号的读者信息,可以修改读者类型名、姓名、年龄、性别、电话、所在系部及注册日期

1. 读者查询

1) 查询所有读者信息

此功能为读者信息查询与修改界面(图 6-22)使用,在打开此界面时,中间表格部分自动显示出当前系统所有读者的所有信息,包括:编号、类型名、姓名、年龄、性别、电话等。查询所有读者信息的方法介绍如下。

图 6-22　读者查询与修改界面

public static List<Reader> selectReader()：查看所有读者信息。无参数，返回一个 List 集合，包含查询出来的多个 Reader 类对象。

图书借阅管理系统读者操作类部分代码——查询所有读者信息方法，具体代码如下。

【ReaderDao.java】

```java
package com.bbm.db;
import java.sql.ResultSet;
import java.util.ArrayList;
import java.util.List;
import com.bbm.model.BookType;
import com.bbm.model.Reader;
/*读者管理*/
public class ReaderDao {
    //查看所有读者信息
    public static List<Reader> selectReader() {
        List<Reader> list = new ArrayList<Reader>();
        String sql = " select readerid, type, name, age, sex, phone, dept, regdate, typename, maxborrownum, limit
                from reader join readertype on reader.type = readertype.id";
        ResultSet rs = Dao.executeQuery(sql);
        try {
            while (rs.next()) {
                Reader reader = new Reader();
```

利用循环语句，获取结果集中的每个记录并创建对应的 reader 对象。查询语句返回了多行记录，都存放在结果集对象 rs 中，可以通过 rs.get×××() 方法取得，返回记录中的每行每列值，例如 rs.getInt("readerid") 的含义，是取得该行记录中的 readerid 列值。需要注意的是，方法中的 readerid 为表中的列名，必须一一对应，而且前面的 getInt 的类型也必须与表中的类型相对应。例如：rs.getInt("type")，由于 type 在 reader 表中的类型为 int，因此，此处取值的方法需要对应变为 getInt。取得了列值之后，再调用 Book 类的 set 方法，分别对应给每个属性设置值，需要注意属性需要和列名的含义对应上，如"reader.setReaderid(rs.getInt("readerid"))"语句，如果写成"reader.setReaderid(rs.getInt("type"))"就没有意义了。

```java
                reader.setReaderid(rs.getInt("readerid"));
                reader.setType(rs.getInt("type"));
                reader.setName(rs.getString("name"));
                reader.setAge(rs.getInt("age"));
                reader.setSex(rs.getString("sex"));
                reader.setPhone(rs.getString("phone"));
                reader.setDept(rs.getString("dept"));
                reader.setRegdate(rs.getDate("regdate"));
                reader.setTypename(rs.getString("typename"));
                reader.setMaxborrownum(rs.getInt("maxborrownum"));
                reader.setLimit(rs.getInt("limit"));
                list.add(reader);
            }
        } catch (Exception e) {
```

```
            e.printStackTrace();
        }
        Dao.close();
        return list;
    }
}
```

程序中的查询 SQL 语句，使用的是连接查询，因为读者类型名存储在读者类型表 readertype 中，而其余的读者信息在读者表 reader 中。因此，通过连接查询，查询出读者的类型名称 typename。

2）查询指定编号的读者信息

在查询读者信息的条件当中有一个是按照读者编号查询，输入要查询的读者的编号，即可检索出相应读者的信息。

查询方法如下：

public static List＜Reader＞ selectReaderById(String id)：静态方法。查询指定编号的读者信息。

具体代码如下：

```
public static List<Reader> selectReaderById(String id) {
    List<Reader> list = new ArrayList<Reader>();
    String sql = " select readerid, type, name, age, sex, phone, dept, regdate, typename, maxborrownum,limit  from reader join readertype on reader.type = readertype.id and readerid = '" + id + "'";
    //其余代码同 selectReader()方法,此处省略
    ...
}
```

3）查询指定姓名的读者信息

读者查询也可以按照读者的姓名查询，输入读者的姓名，进行查询，此处的查询要求实现模糊查询，即比如姓名条件可以只输入"张"，代表查询所有姓"张"的读者信息。

查询方法如下：

public static List＜Reader＞ selectReaderByName(String Name)：查询指定姓名的读者，允许模糊查询。

具体代码如下：

```
public static List<Reader> selectReaderByName(String Name) {
    List<Reader> list = new ArrayList<Reader>();
    String sql = " select readerid, type, name, age, sex, phone, dept, regdate, typename, maxborrownum,limit  from reader join readertype on reader.type = readertype.id and name like '%" + Name + "%'";
    //其余代码同 selectReader()方法,此处省略
    ...
}
```

查询语句中，使用 like 进行模糊查询。

4）查询指定部门的读者信息

可以查询指定部门的读者信息，根据输入的部门名称进行模糊匹配查询。

查询方法如下：

public static List<Reader> selectReaderByDept(String dept)：检索指定部门的读者信息。

具体代码如下：

```
public static List<Reader> selectReaderByDept(String dept) {
    List<Reader> list = new ArrayList<Reader>();
    String sql = " select readerid, type, name, age, sex, phone, dept, regdate, typename, maxborrownum,limit  from reader join readertype on reader.type = readertype.id and dept like '%"+dept+"%'";
    //其余代码同 selectReader()方法,此处省略
    …
}
```

5）查询指定类型的读者信息

可以查询指定类型的读者信息，根据输入的类型名称进行模糊匹配查询。

查询方法如下：

public static List<Reader> selectReaderByType(String type)：检索指定类型的读者信息。

具体代码如下：

```
public static List<Reader> selectReaderByType(String type) {
    List<Reader> list = new ArrayList<Reader>();
    String sql = " select readerid, type, name, age, sex, phone, dept, regdate, typename, maxborrownum,limit from reader join readertype on reader.type = readertype.id and readertype.typename like '%"+type+"%'";
    //其余代码同 selectReader()方法,此处省略
    …
}
```

2. 读者插入

在读者信息添加界面中，如图 6-23 所示，需要将读者相关信息添加到读者表中。因此，在 ReaderDao.java 中，设置了添加读者的方法，方法介绍如下。

public static int insertReader(String id,String typename,String name,String age,String sex, String phone, String dept, String reg)

图 6-23　读者插入界面

方法中参数分别为读者的编号、读者类型名、读者姓名、年龄、性别、电话、所在部门及注册日期,该方法将传入读者的信息插入到对应的读者表中,由于类别传入的参数值是类型名,而读者表中类型为读者的类型编号,所以,要根据类型名查到其对应的类型编号,最终实现插入操作。方法返回值为一整数。静态方法,通过类可以直接调用。

具体程序如下:

```java
public static int insertReader(String id, String typename, String name, String age, String sex,
String phone, String dept, String reg) {
        int typeid = 0, i = 0;
        try {
        String sql1 = "select * from readertype where typename = '" + typename + "'";

            ResultSet rs = Dao.executeQuery(sql1);
            try {
                while (rs.next()) {
                    typeid = rs.getInt("id");
                }
            } catch (Exception e) {
                e.printStackTrace();
            }
            String sql = "insert into reader(readerid,type,name,age,sex,phone,dept,regdate) 
values('" + id + "','" + typeid + "','" + name + "','" + age + "','" + sex + "','" + phone + "',
'" + dept + "','" + reg + "')";
            i = Dao.executeUpdate(sql);
        } catch (Exception e) {
            e.printStackTrace();
        }
        Dao.close();
        return i;
    }
```

需要注意的是,此方法的参数 typename 传入的是读者类型名,而在读者表中读者类型列存储的是读者类型的编号 typeid,因此,需要先根据读者的类型名,查到对应的类型编号,然后再往读者表中插入。

3. 读者修改

修改指定读者的信息,此方法中,同样需要先找到读者类型的编号,然后进行修改。修改方法介绍如下。

```java
public static int updateReader(String id, String typename, String name, Integer age, String sex,
String phone, String dept, String reg)
```

方法中参数分别为读者的编号、读者类型名、读者姓名、年龄、性别、电话、所在部门及注册日期,该方法修改指定读者编号的该读者其余信息(非编号)的信息,由于类别传入的参数值是类型名 type,而读者表中类型为读者的类型编号,所以,也要根据类型名查到其对应的类型编号,最终实现插入操作。方法返回值为一整数。静态方法,通过类可以直接调用。

具体代码如下:

```java
public static int updateReader(String id, String typename, String name, Integer age, String sex,
String phone, String dept, String reg) {
    int typeid = 0, i = 0;
    try {
        String sql1 = "select * from readertype where typename = '" + typename + "'";
        ResultSet rs = Dao.executeQuery(sql1);
        try {
            while (rs.next()) {
                typeid = rs.getInt("id");
            }
        } catch (Exception e) {
            e.printStackTrace();
        }
        String sql = "update reader set readerid = '" + id + "', type = " + typeid + ", name = '" + name + "',
age = " + age + ", sex = '" + sex + "', phone = '" + phone + "', dept = '" + dept + "', regdate = '" + reg + "' " +
        " where readerid = '" + id + "'";
        i = Dao.executeUpdate(sql);
    } catch (Exception e) {
        e.printStackTrace();
    }
    Dao.close();
    return i;
}
```

本任务中其他对象操作类的创建方法类似，下面列出其余操作类的具体要求，及核心 SQL 操作语句，具体实现过程，请读者参照读者操作类的实现过程独立完成。

6.4.3 任务3：图书操作类

图书操作类 BookDao.java，根据实际功能的需要，此类实现的方法及其描述如表 6-4 所示。

表 6-4 BookDao 中的方法说明

方法功能	方法声明	方法描述
查询图书信息	public static List<Book> selectBook()	查询所有图书信息
	public static List<Book> selectBookByISBN(String ISBN)	查询指定 ISBN 号的图书信息
	public static List<Book> selectBookByName(String Bookname)	查询指定名称的图书信息
	public static List<Book> selectBookByType(String Type)	查询指定类型的图书信息
	public static List<Book> selectBookByAuthor(String author)	查询指定作者的图书信息
	public static List<Book> selectBookByPublish(String Publish)	查询指定出版社的图书信息

续表

方法功能	方法声明	方法描述
添加图书信息	public static int insertBook（String ISBN, String typename, String Bookname, String author, String publish, String publishdate, Integer printtime, Double price）	添加图书新信息，包括图书 ISBN 号、图书类型名、书名、作者、出版社、出版日期、印刷次数及价格
修改读者信息	public static int updatebook（String ISBN, String typename, String bookname, String author, String publish, String publishdate, Integer printtime, Double unitprice）	修改指定 ISBN 号的图书信息，可以修改图书所属类型名、书名、作者、出版社、出版日期、印刷次数及价格

1．图书查询

1）查询所有图书信息

此功能为图书查询与修改界面（图 6-24）使用，在打开此界面时，中间表格部分自动显示出当前系统所有图书的所有信息，包括：图书编号、分类、名称、作者、出版社、出版日期、出版次数、单价。

public static List<Book> selectBook()：查看所有图书信息。无参数，返回一个 List 集合，包含查询出来的多个 Book 类对象。

图 6-24　图书信息查询界面

查询所有图书信息，一定注意在界面中显示的是图书分类的名称，而在数据库图书表中保存的是图书的类型编号，因此，需要查出图书对应的图书类型名，可以通过连接查询实现，SQL 语句如下：

```
String sql = "select ISBN,typeid,bookname,author,publish,publishdate,printtime,unitprice,
typename from book join booktype on book.typeid = booktype.id";
```

2）查询指定编号的图书信息

在查询图书信息的条件当中有一个是按照ISBN号查询,输入要查询的图书的ISBN号,即可检索出相应图书的信息。

查询方法如下：

public static List＜Book＞ selectBookByISBN(String ISBN)：静态方法。查询指定ISBN号的图书信息。

查询语句示例如下：

```
String sql = "select ISBN, typeid, bookname, author, publish, publishdate, printtime, unitprice, typename from book join booktype on book.typeid = booktype.id and ISBN = '" + ISBN + "'";
```

3）查询指定名称的图书信息

图书查询也可以按照书名进行查询,输入图书的名称,进行查询。此处的查询要求实现模糊查询,即比如书名条件可以只输入"Java",代表查询所有Java相关的图书信息,即只要书名中包含"Java",就都查询出来。

查询方法如下：

public static List＜Book＞ selectBookByName(String Name)：查询指定名称的图书,允许模糊查询。静态方法,可以通过类名直接调用。

查询语句示例如下：

```
String sql = "select ISBN, typeid, bookname, author, publish, publishdate, printtime, unitprice, typename from book join booktype on book.typeid = booktype.id and Bookname like '%" + Bookname + "%'";
```

4）查询指定作者的图书信息

图书查询也可以按照作者进行查询,输入作者的姓名,进行查询。此处的查询要求实现模糊查询,即比如一本书有多个作者,只知道其中作者之一是"王岩",此时,可以只输入"王岩",代表查询所有作者中含有"王岩"的相关的图书信息,即只要作者名中包含"王岩",就都查询出来。

查询方法如下：

public static List＜Book＞ selectBookByAuthor(String author)：查询指定作者名的图书,允许模糊查询。静态方法,可以通过类名直接调用。

查询语句示例如下：

```
String sql = "select ISBN, typeid, bookname, author, publish, publishdate, printtime, unitprice, typename from book join booktype on book.typeid = booktype.id and author like '%" + author + "%'";
```

此处使用连接查询,因为要获取图书的类型名。模糊查询通过使用like字符比较符进行,其中,"%"代表任意个任意字符,因此,作者名author包含给定的字符的描述方式即为：author like '%' + author + "%'"。

5）查询指定类别的图书信息

图书查询也可以按照图书的类别进行查询,输入要查询的图书类别,进行查询。此处的查询要求实现模糊查询,即操作人员不知道准确的类型名,只知道大概是计算机类,那么只输入"计算机",就可以查到所有计算机相关类别的图书信息,即只要图书类别名中包含"计算机",就都查询出来。

查询方法如下:

public static List<Book> selectBookByType(String Type):查询指定类型名的图书,允许模糊查询。静态方法,可以通过类名直接调用。

查询语句示例如下:

```
String sql = "select ISBN,typeid,bookname,author,publish,publishdate,printtime,unitprice,typename from book join booktype on book.typeid = booktype.id and typename like '%" + Type + "%'";
```

6) 查询指定出版社的图书信息

图书查询也可以按照出版社进行查询,输入出版社名,进行查询。此处的查询要求实现模糊查询,即比如要查清华大学出版社,可以只输入"清华",就可以查到所有包含"清华"两个字的出版社的所有图书,当然也包括清华大学出版社出版的图书。

查询方法如下:

public static List<Book> selectBookByPublish(String Publish):查询指定出版社名的图书,允许模糊查询。静态方法,可以通过类名直接调用。

查询语句示例如下:

```
String sql = "select ISBN,typeid,bookname,author,publish,publishdate,printtime,unitprice,typename from book join booktype on book.typeid = booktype.id and publish like '%" + Publish + "%'";
```

2. 添加图书

在图书信息添加功能中(如图 6-25 所示),需要将图书相关信息添加到图书表中。由于该界面中图书的类型为类型的名称,因此,在插入方法当中,需要根据图书类型名查询到对应的图书类型号,再插入到图书表中。

图 6-25 图书添加界面

方法介绍如下。

```
public static int insertBook(String ISBN, String typename, String bookname, String author, String publish, String publishdate, Integer printtime, Double price)
```

方法中参数分别为图书的 ISBN 号、图书类型名、书名、作者、出版社、出版日期、印刷版次及单价。该方法将传入图书的信息插入到对应的图书表中,由于类别传入的参数值是类型名,而图书表中类型为图书的类型编号,所以,要根据给定的类型名 typename 查到其对应的类型编号 typeid,再实现插入操作。方法返回值为一整数。静态方法,通过类可以直接调用。

插入图书信息方法中,用到的 SQL 语句示例如下。

需要先找到要插入图书的图书类型名 typename 所对应的类型号 typeid:

```
String sql1 = "select * from booktype where typename = '" + typename + "'";
ResultSet rs = Dao.executeQuery(sql1);
        try {
                while (rs.next()) {
                        typeid = rs.getInt("id");
                }
        } catch (Exception e) {
                e.printStackTrace();
        }
```

再将获取到的图书类型号和其余图书信息添加到图书表中:

```
String sql = "insert into Book(ISBN,typeid,bookname,author,publish,publishdate,printtime,unitprice) values('" + ISBN + "','" + typeid + "','" + Bookname + "','" + author + "','" + publish + "','" + publishdate + "','" + printtime + "'," + price + ")";
```

3. 图书修改

修改指定图书的信息,此方法中,同样需要根据图书类型名找到要修改的图书类型的编号,然后再进行修改。修改方法介绍如下。

```
public static int updatebook(String ISBN, String typename, String bookname, String author, String publish, String publishdate, Integer printtime, Double unitprice)
```

方法中参数分别为图书的 ISBN 号、图书类型名、书名、作者、出版社、出版日期、印刷版次及单价。该方法修改指定图书编号的该图书其余信息(非编号)的信息,由于类别传入的参数值是类型名,而图书表中类型为图书的类型编号,所以,也要根据类型名查到其对应的类型编号,最终实现插入操作。方法返回值为一整数。静态方法,通过类可以直接调用。

图书修改方法中,用到的 SQL 语句示例如下。

```
//先找到要修改图书的类型名
String sql1 = "select * from booktype where typename = '" + typename + "'";
ResultSet rs = Dao.executeQuery(sql1);
        try {
                while (rs.next()) {
                        typeid = rs.getInt("id");
                }
        } catch (Exception e) {
                e.printStackTrace();
        }
```

然后执行修改语句,示例如下。

```
String sql = "update book set ISBN = '" + ISBN + "',typeid = '" + typeid + "',bookname = '" +
bookname + "',author = '" + author + "',publish = '" + publish + "',publishdate = '" +
publishdate + "',printtime = '" + printtime + "',unitprice = " + unitprice + " where ISBN = '" +
ISBN + "'";
```

6.4.4 任务4：读者类型操作类

读者类型操作类 ReaderTypeDao.java，根据实际功能的需要，此类实现的方法及其描述如表6-5所示。

表6-5 ReaderTypeDao 中的方法说明

方法功能	方法声明	方法描述
查询读者类型信息	public static List < ReaderType > selectReaderType()	查询所有读者类型信息
	public static List < ReaderType > selectReaderType(String type)	查询指定类型名的读者类型信息
添加读者类型信息	public static int insertReaderType (Integer id, String typename, Integer num, Integer limit)	添加读者类型，包括读者类型编号、读者类型名、该类型可借图书数量和可借图书期限
修改读者类型信息	public static int updateReaderType (Integer id, String typename, Integer num, Integer limit)	修改指定编号的读者类型信息，可以修改读者类型名、可借图书数量和可借图书期限
删除读者类型信息	public static int deleteReaderType(Integer id)	删除指定类型编号的读者类型

1. 查询读者类型信息

1) 查询所有读者类型信息

在读者类型管理功能中（图6-26），当运行此界面时，中间的表格自动显示当前系统中的所有的读者类型信息，包括图书类型编号和图书类型名称。

图6-26 "读者类型管理"对话框

因此,在读者类型操作类中设置了查询所有读者类型信息的方法,方法介绍如下。

public static List<ReaderType> selectReaderType():查看所有读者类别信息。无参数,返回一个 List 集合,包含查询出来的多个 ReaderType 类对象。静态方法可以通过类名直接调用。

查询所有读者类型信息 SQL 语句如下:

```
String sql = "select * from readertype";
```

2) 按照读者类型名查询读者类型信息

在"读者类型管理"功能界面(图 6-26)中,可以输入要查询的读者类型名,进行模糊查询,例如,想查学生类,可以只输入"学生",则学生类型的读者类型信息会显示在下面的表格中。自动显示当前系统中的所有的读者类型信息,包括读者类型编号和读者类型名称。按照读者类型名查询读者类型信息方法如下。

public static List<ReaderType> selectReaderType(String type):模糊查看指定类型名的读者类型信息。参数为指定的类型名,返回一个 List 集合,包含查询出来的多个 ReaderType 类对象。静态方法可以通过类名直接调用。

按照类型名检索读者类型,重载了上述查询所有读者类型信息的方法,其中,实现查询的 SQL 语句示例如下:

```
String sql = "select * from readertype where typename like '%" + type + "%'";
```

2. 添加读者类型信息

在"读者类型管理"功能界面(图 6-26)中,输入读者类型编号和读者类型名称,然后,单击"添加"按钮,即可实现添加新的读者类型。添加读者类型信息方法介绍如下:

public static int insertReaderType(Integer id,String typename,Integer num,Integer limit):参数为新添加的读者类型编号、读者类型名、该类型读者可借图书数量和可借图书期限,返回一个整数。静态方法可以通过类名直接调用。

添加读者类型方法的 SQL 语句示例如下:

```
String sql = "insert into readertype values(" + id + ",'" + typename + "','" + num + "," + limit + ")";
```

3. 修改读者类型信息

在"读者类型管理"功能界面(图 6-26)中,单击中间表格中显示的某一个读者类型,相应地该读者类型的信息会自动添加到对应的读者类型编号、读者类型名称、可借图书数量及可借图书期限文本框中,然后,可以修改文本框中的读者类型名称、可借图书数量及可借图书期限,单击"修改"按钮,即可实现修改读者类型信息的功能。修改读者类型信息方法介绍如下。

public static int updateReaderType(Integer id,String typename,Integer num,Integer limit):修改指定读者类型编号的读者类型名称、可借图书数量及可借图书期限。返回一个整数。静态方法可以通过类名直接调用。

修改读者类型的 SQL 语句示例如下：

```
String sql = "update readertype set typename = '" + typename + "',maxborrownum = " + num + ",limit = " + limit + "where id = " + id + "";
```

4. 删除读者类别信息

在"读者类别管理"功能界面（图 6-26）中，单击中间表格中显示的某一个读者类别，然后，单击"删除"按钮，即可实现删除选中的读者类别信息的功能。删除读者类别信息方法介绍如下。

public static int deleteReaderType(Integer id)：删除指定读者类型编号的读者类型信息。返回一个整数。静态方法可以通过类名直接调用。

删除读者类型的 SQL 语句示例如下：

```
String sql = "delete from readertype where id = " + id + "";
```

6.4.5 任务5：图书类型操作类

图书类型操作类 BookTypeDao.java，根据实际功能的需要，此类实现的方法及其描述如表 6-6 所示。

表 6-6 BookTypeDao 中的方法说明

方法功能	方法声明	方法描述
查询图书类型信息	public static List<BookType> selectBookType()	查询所有图书类别信息
	public static List<BookType> selectBookType(String name)	查询指定类型名的图书类型信息
添加图书类型信息	public static int insertBookType(Integer id, String typename)	添加图书类型，包括图书类型编号、图书类型名
修改图书类型信息	public static int updateBookType(Integer id, String typename)	修改指定编号的图书类型信息，可以修改图书类型名
删除图书类型信息	public static int deleteBookType(Integer id)	删除指定类型编号的图书类型

1. 查询图书类型信息

1）查询所有图书类型信息

在"图书类型管理"功能中（图 6-27），当运行此界面时，中间的表格自动显示当前系统中的所有的图书类型信息，包括图书类型编号和图书类型名称。

因此，在图书类型操作类中设置了查询所有图书类型信息的方法，方法介绍如下。

public static List<BookType> selectBookType()：查看所有图书类型信息。无参数，返回一个 List 集合，包含查询出来的多个 BookType 类对象。静态方法可以通过类名直接调用。

查询所有图书类型的 SQL 语句示例如下：

```
String sql = "select * from booktype";
```

图 6-27 "图书类型管理"对话框

2) 按照图书类型名查询图书类型信息

在"图书类型管理"功能界面(图 6-27)中,可以输入要查询的图书类型名,进行模糊查询。例如,想查计算机类,可以只输入"计算机",则计算机类型的图书类型信息会显示在下面的表格中。自动显示当前系统中的所有图书类型信息,包括图书类型编号和图书类型名称。按照图书类型名查询图书类型信息方法如下。

public static List<BookType> selectBookType(String name):模糊查看指定类型名的图书类型信息。参数为指定的类型名,返回一个 List 集合,包含查询出来的多个 BookType 类对象。静态方法可以通过类名直接调用。

按照图书类型名进行模糊查找图书类型的 SQL 语句示例如下:

```
String sql = "select * from booktype where typename like '%" + name + "%'";
```

2. 添加图书类型信息

在"图书类型管理"功能界面(图 6-27)中,输入图书类型编号和图书类型名称,然后,单击"添加"按钮,即可实现添加新的图书类型。添加图书类型信息方法介绍如下。

public static int insertBookType(Integer id,String typename):参数为新添加的图书类型编号和图书类型名,返回一个整数。静态方法可以通过类名直接调用。

添加图书类型的 SQL 语句如下:

```
String sql = "insert into booktype values(" + id + ",'" + typename + "')";
```

3. 修改图书类型信息

在"图书类型管理"功能界面(图 6-27)中,单击中间表格中显示的某一个图书类型,相应地该图书类型的信息会自动地添加到对应的"图书类型编号"和"图书类型名称"文本框中,然后,可以修改文本框中的图书类型名称,单击"修改"按钮,即可实现修改图书类型信息的功能。修改图书类型信息方法介绍如下。

public static int updateBookType(Integer id,String typename):修改指定图书类型编号的图书类型名称。返回一个整数。静态方法可以通过类名直接调用。

修改图书类型的 SQL 语句示例如下:

```
String sql = "update booktype set typename = '" + typename + "',where id = " + id + "";
```

4. 删除图书类型信息

在"图书类型管理"功能界面(图 6-27)中,单击中间表格中显示的某一个图书类型,然后,单击"删除"按钮,即可实现删除选中的图书类型信息的功能。删除图书类型信息方法介绍如下。

public static int deleteBookType(Integer id):删除指定图书类型编号的图书类型信息。返回一个整数。静态方法可以通过类名直接调用。

删除图书类型的 SQL 语句示例如下:

```
String sql = "delete from booktype where id = " + id + "";
```

6.4.6 任务6:图书借阅操作类

图书借阅操作类 BookBorrowDao.java,根据实际功能的需要,此类实现的方法及其描述如表 6-7 所示。

表 6-7 BookBorrowDao 中的方法说明

方法功能	方法声明	方法描述
查询读者借书信息	public static List < BorrowBook > selectBorrowBookByReaderId (String readerid)	查询指定编号读者的借书信息
图书借阅	public static int borrowBook (String readerid,String ISBN,Date borrowdate)	图书借阅,保存借阅者的编号、借阅图书的 ISBN 号及借阅时间
图书归还	public static int returnBook (String readerid,String ISBN,Date returndate)	图书归还,保存还书者的编号、所还图书的 ISBN 号及还书时间

1. 查询读者借书信息

查询读者借书功能如图 6-28 所示,输入读者编号后回车,则该读者的借阅图书信息会自动出现在下面的表格中,因此,需要设置读者借阅查询方法。

方法介绍如下。

public static List<BorrowBook> selectBorrowBookByReaderId(String readerid):查看指定编号的读者的借书信息,返回一个 List 集合,包含查询出来的多个 BorrowBook 类对象。静态方法可以通过类名直接调用。

查看读者借书信息的 SQL 语句示例如下:

```
String sql = "select * from borrowbook where readerid = '" + readerid + "' and returndate is null";
```

2. 图书借阅

在"图书借阅"界面中,输入读者的编号,则读者姓名、读者类别及读者的借书情况都会

图 6-28 "图书借阅"界面

查询并显示出来;在 ISBN 文本框中输入该读者要借阅的图书编号,则该书的其余信息都自动显示出来;确定了读者编号和要借阅的图书 ISBN 号后,即可单击"借阅"按钮,进行图书借阅。

图书借阅方法介绍如下。

public static int borrowBook(String readerid, String ISBN, Date borrowdate):图书借阅方法,参数分别为读者编号、借阅的图书的 ISBN 号及借阅日期。该方法返回一个整数值。静态方法可以通过类名直接调用。

图书借阅的 SQL 语句示例如下:

```
String sql = "insert into borrowbook(readerid,ISBN,borrowdate) values('" + readerid + "','" + ISBN + "','" + borrowdate + "')";
```

3. 图书归还

"图书归还"界面如图 6-29 所示,输入读者编号后回车,则读者姓名、读者类别及读者已借阅图书情况都会查询并显示出来;单击表格中想要归还的图书(单击要归还图书所在的行中的任何一列的位置),则该被借阅图书的信息都自动显示在下面相对应的信息文本框中;确定了读者编号和要归还的图书的 ISBN 号后,即可单击"归还"按钮,进行图书归还。

图书归还方法介绍如下。

public static int returnBook(String readerid, String ISBN, Date returndate):图书归还方法,参数分别为读者编号、归还的图书的 ISBN 号及归还日期。该方法返回一个整数值。静态方法可以通过类名直接调用。

图 6-29 "图书归还"界面

图书归还的 SQL 语句示例如下:

```
String sql = "update borrowbook set returndate = '" + returndate + "' where readerid = '" + readerid + "' and ISBN = '" + ISBN + "'";
```

6.4.7 任务 7: 用户操作类

用户操作类 UserDao.java,根据实际功能的需要,此类实现的方法及其描述如表 6-8 所示。

表 6-8 UserDao 中的方法说明

方法功能	方法声明	方法描述
用户校验	public static Users check(String name, String password)	此方法用于在登录系统的时候,判断用户名和密码是否有效
查询所有用户	public static List<Users> selectUser()	查询所有用户信息
添加用户信息	public static int insertUser(String name, String pwd)	添加用户,包括用户名和密码
修改用户密码信息	public static int updateUserPWD(Integer id, String pwd)	修改指定编号的用户的密码
删除用户信息	public static int deleteUser(Integer id)	删除指定编号的用户信息

1. 用户校验

用户校验功能是在用户登录的时候（如图 6-30 所示），判断该用户是否存在。在登录界面中，输入完用户名和密码，单击"登录"按钮，调用此方法进行判断。

方法介绍如下。

public static Users check（String name, String password）：用户登录校验。判断用户名 name 和密码 password 是否有效，即在用户表中是否存在用户名和密码相匹配的用户记录。方法返回一个 Users 类对象。静态方法可以通过类名直接调用。

图 6-30 "图书借阅系统登录界面"

用户登录校验方法的 SQL 语句，查询用户名和密码为用户输入的值的记录。示例如下：

```
String sql = "select * from users where name = '" + name + "' and password = '" + password + "'";
```

2. 查询所有用户

查询所有用户信息功能是显示当前系统中所有用户的信息。当运行"删除用户"界面（如图 6-31 所示）时，该界面自动显示系统当前所有用户信息，就通过调用此方法实现。

图 6-31 "删除用户"界面

方法介绍如下：

public static List<Users> selectUser()：查询当前系统中所有用户信息。返回一个 List 集合，包含查询出来的多个 Users 类对象。静态方法可以通过类名直接调用。

查询所有用户信息的 SQL 语句示例如下：

```
String sql = "select * from users";
```

3. 添加用户

添加用户功能用于添加新的用户信息。

方法介绍如下。

public static int insertUser(String name, String pwd)：添加用户信息。插入用户名及

用户密码。方法返回一个整数值。静态方法可以通过类名直接调用。

添加用户的 SQL 语句示例如下:

```
String sql = "insert into users(name,password) values('" + name + "','" + pwd + "')";
```

4. 修改用户密码

修改用户密码功能是在用户登录之后,用于修改该用户密码。修改用户密码界面如图 6-32 所示。

方法介绍如下。

public static int updateUserPWD(Integer id, String pwd):修改指定编号的用户的密码。方法返回一个整数值。静态方法可以通过类名直接调用。

修改用户密码的 SQL 语句示例如下:

```
String sql = "update users set password = '" + pwd + "' where id = " + id + "";
```

图 6-32 修改用户密码界面

5. 删除用户

"删除用户"功能界面如图 6-31 所示,单击表格中要删除的某一行中的任何一列,确定要删除的用户,然后,单击"删除"按钮,此时调用此方法执行删除。

方法介绍如下。

public static int deleteUser(Integer id):删除指定编号的用户。方法返回一个整数值。静态方法可以通过类名直接调用。

删除用户的 SQL 语句示例如下:

```
String sql = "delete from users where id = " + id + "";
```

6.5 本项目实施过程中可能出现的问题

本项目主要实现图书借阅系统的相关数据访问操作类。在实施本项目的过程中,需要注意以下几点。

1. 所有方法设置为静态方法

由于本项目创建的类都是用来实现数据的相关访问操作,主要为界面实现其实质的功能,所以,方便方法的调用,建议将所有方法都定义成静态方法,这样可以直接通过类名就调用,而不用实例化类,通过类对象调用。

2. 读者类型及图书类型的处理

在本项目中,对读者和图书的管理界面,包括添加、修改和删除中,类型显示出来的都是类型名,而在数据库中对应的读者表和图书表中,类型存储的都是类型的编号,如果进行类型名与类型编号的转换,是需要解决的难点问题。

在执行读者和图书的相关查询的时候,将读者表及读者类型表、图书表及图书类型表进行连接,从而获取到相应的类型名,显示在界面中。在添加、修改和删除过程中,根据界面用户选择的类型名,先查询读者类型表或图书类型表,得到对应的类型编号,再对读者表或图书表进行添加、修改和删除操作。

经过上述操作,可以将读者表及读者类型表、图书表及图书类型表进行连接,返回的数据为:读者基本信息中包含读者类型名,图书基本信息中包含图书类型名。用得到的结果集的每一行来创建一个读者类对象或图书类对象,因此,系统中设计的读者类和图书类中,不仅需要包含读者表和图书表的相应的信息,而且包含读者类型表和图书类型表的相应的信息,即读者类中的属性对应了读者表和读者类型表中的字段,图书类中的属性对应了图书表和图书类型表中的字段。

3. SQL 语句的书写格式

在本项目各类的方法中,都使用了 SQL 语句,此处的 SQL 语句是作为一个 String 类型变量来定义的,因此,其格式应该在正常 SQL 语句的基础上加上双引号""。比如,查询所有图书类型信息的 SQL 语句格式为:

```
String sql = "select * from booktype";
```

如果需要将方法参数传给 SQL 语句,则应该用"+"进行连接。比如,按照类型名查看图书类型的 SQL 语句格式为:

```
String sql = "select * from booktype where typename like '%" + name + "%'";
```

其中,name 为方法参数,将其用在 SQL 语句中,需要在其前后用"+"进行连接。此语句中,使用了 like 关键字,表示要进行模糊查询,其中,%代表一个或多个字符,因此,此 SQL 语句的作用,即是查询图书类型名中包含参数值 name 即可。

4. 查询结果集的处理

对于查询操作,返回结果集对象,对于数据库查询返回的是一行或多行记录,而在 Java 程序设计中,需要将返回的记录转换为相应的对象。比如,将查询到的图书类型表中的图书类型记录转换成图书类型类对象,用如下的方法实现:

```
while (rs.next()) {
            BookType booktype = new BookType();
            booktype.settypeid(rs.getInt("id"));
            booktype.settypename(rs.getString("typename"));
            list.add(booktype);
        }
```

其中,rs.next()方法进行结果集的遍历。语句 booktype.settypeid(rs.getInt("id"));中的 rs 代表循环中的某一行,id 代表查询结果集中某一行的 id 列,此处一定要注意,id 为图书类型表中的列名,不能随便写。在通过 booktype 类对象的 settypeid 方法,将查询结果集中的某行的 id 列的值赋给一个 booktype 类对象的 typeid 属性。再通过 booktype.

settypename(rs.getString("typename"));语句,获得该 booktype 类对象的 typename 属性,从而得到了一个完整的 booktype 类对象,将其添加到集合对象 list 中,这样得到的 list 就包含查询的所有结果集对象,是查询出的所有图书类型的结果集对象集合。

5. 数据库混合模式的设置

在使用 JDBC 进行数据库连接的时候,需要输入连接数据库的用户名和密码,此时要求采用"SQL Server 身份验证"方式登录,如果安装 SQL Server 的时候没有选择混合模式,会出现如图 6-33 所示的错误。

图 6-33　登录失败问题

解决方法:先以"Windows 身份验证"方式登录,然后如图 6-34 所示选中 localhost(…),右击,选择"属性"命令,弹出如图 6-35 所示界面,将"服务器身份验证"设置为"SQL Server 和 Windows 身份验证模式"。

图 6-34　右击蓝色选中部分

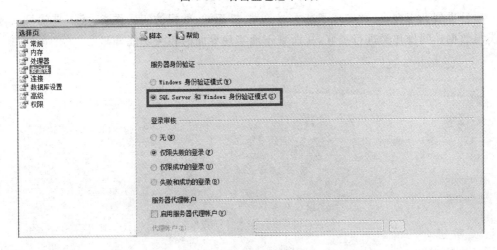

图 6-35　修改身份验证方式

接下来,设置用户 sa 的登录密码。如图 6-36 所示依次展开"安全性"|"登录名",找到 sa 账户,右击,选择"属性"命令,设置 sa 的密码,如图 6-37 所示。

图 6-36　找到 sa 用户

图 6-37　设置 sa 的密码

然后单击"确定"按钮。重启 SQL 服务,就可以用 sa 以"SQL Server 身份验证"方式登录了。

6.6　后续项目

项目进展到现在,已经实现了基本对象类、界面类、数据访问操作类,接下来就可以将界面类与数据访问操作类进行关联,从而真正地实现界面的相关功能。

子项目 7　图书借阅管理系统功能设计与实现

7.1　项目任务

在该子项目中要完成以下任务：实现图书借阅系统各界面功能。

具体任务如表 7-1 所示。

表 7-1　各界面功能表

包　　名	文　件　名	说　　明
com.bbm.view	Login.java	登录界面功能实现
	Library.java	系统主界面功能实现
	BookAdd.java	图书添加界面功能实现
	BookBorrow.java	图书借阅界面功能实现
	BookReturn.java	图书归还界面功能实现
	BookSelectandUpdate.java	图书查询与修改界面功能实现
	BookTypeManage.java	图书类型管理界面功能实现
	ReaderAdd.java	读者添加界面功能实现
	ReaderSelectandUpdate.java	读者查询与修改界面功能实现
	ReaderTypeManage.java	读者类型管理界面功能实现
	FineSet.java	罚金设置界面功能实现
	UpdatePWD.java	更改用户密码界面功能实现
	UserAdd.java	添加用户界面功能实现
	UserDel.java	删除用户界面功能实现

具体任务成果如图 7-1 所示。

```
▲ 📁 BookBorrowManager
  ▲ 🗁 src
    ▷ ⊞ com.bbm.db
    ▷ ⊞ com.bbm.model
    ▲ ⊞ com.bbm.view
      ▷ 🗊 BookAdd.java
      ▷ 🗊 BookBorrow.java
      ▷ 🗊 BookReturn.java
      ▷ 🗊 BookSelectandUpdate.java
      ▷ 🗊 BookTypeManage.java
      ▷ 🗊 FineSet.java
      ▷ 🗊 Index.java
      ▷ 🗊 Library.java
      ▷ 🗊 Login.java
      ▷ 🗊 ReaderAdd.java
      ▷ 🗊 ReaderSelectandUpdate.java
      ▷ 🗊 ReaderTypeManage.java
      ▷ 🗊 UpdatePWD.java
      ▷ 🗊 UserAdd.java
      ▷ 🗊 UserDel.java
```

图 7-1　图书借阅系统界面类文件组织结构

7.2　项目的提出

"图书借阅管理系统"的界面最终是需要与用户进行交互的，之前已经完成的界面都是静态的界面，没有实现任何的功能，就像画了一张静态图。在前两章的基础上，可以将界面和实现的方法进行关联，从而实现每个界面的功能。为用户提供良好的用户体验。

本章主要针对"图书借阅管理系统"，实现其各个界面的功能，主要是使用 Java 事件处理机制，为相应的组件添加监听器，进行事件响应。重点掌握 Java 委托型事件处理模式、事件的处理技术等。

7.3　实施项目的预备知识

7.3.1　Java 事件处理机制

GUI 程序设计归根到底要完成以下两个层面的任务。

（1）首先要完成程序外观界面的设计，其中包括创建窗体，在窗体中添加菜单、工具栏及多种 GUI 组件，设置各类组件的大小、位置、颜色等属性。这个层次的工作可以认为是对程序静态特征的设置，在子项目 5 中已经得到了解决。

（2）其次要为各种组件对象提供响应与处理不同事件的功能支持，从而使程序具备与用户或外界事物交互的能力，使程序"活"起来。这个层次的工作可以认为是对程序动态特征的处理。

1. Java 事件处理模式

很多 OOP 语言是将事件处理方法作为对象的成员方法，发生事件时，由对象自己调用相应的事件处理方法，如 VB、Delphi。

而 Java 采用了委托型事件处理模式，即对象（指组件）本身没有用成员方法来处理事件,而是将事件委托给事件监听者处理,这就使得组件更加简练。

能产生事件的组件叫做事件源。如果希望对事件进行处理,可调用事件源的注册方法把事件监听者注册给事件源,当事件源发生事件时,事件监听者就代替事件源对事件进行处理,这就是所谓的委托。

事件监听者可以是一个自定义类或其他容器,如 JFrame。它们本身也没有处理方法,需要使用事件接口中的事件处理方法。因此,事件监听者必须实现事件接口。

2. Java 事件处理的核心概念

1) 事件

事件是用户在界面上的一个操作(通常使用各种输入设备,如鼠标、键盘等来完成)。当一个事件发生时,该事件用一个事件对象来表示。事件对象有对应的事件类。不同的事件类描述不同类型的用户动作。事件类包含在 java.awt.event 和 javax.swing.event 包中。

2) 事件源

产生事件的组件叫事件源。例如,在一个按钮上单击鼠标时,该按钮就是事件源,会产生一个 ActionEvent 类型的事件。

3) 事件处理器(事件处理方法)

事件处理器是一个接收事件对象并对其进行相应处理的方法。事件处理器包含在一个类中,这个类的对象负责检查事件是否发生,若发生就激活事件处理器进行处理。

4) 事件监听器类

(1) 包含事件处理器,并负责检查事件是否发生,若发生就激活事件处理器进行处理的类叫做事件监听器类。其实例就是事件监听器对象。事件监听器类必须实现事件监听器接口或继承事件监听器适配器类。

(2) 事件监听器接口定义了处理事件必须实现的方法。事件监听器适配器类是对事件监听器接口的简单实现。目的是为了减少编程的工作量。

(3) 事件监听器接口和事件监听器适配器类也都包含在 java.awt.event 和 javax.swing.event 包中。

5) 注册事件监听器

为了能够让事件监听器检查某个组件(事件源)是否发生了某些事件,并且在发生时激活事件处理器进行相应的处理,必须在事件源上注册事件监听器。这是通过使用事件源组件的以下方法来完成的:

addXxxListener(事件监听器对象)

其中,Xxx 对应相应的事件类。

3. Java 事件处理过程

Java 中事件处理的整个流程如图 7-2 所示,具体如下。

(1) 事件监听器的产生。实现某个事件监听器接口的类就可以作为事件监听器使用。

(2) 把事件监听器注册到事件源上。采用 addXxxListener 方式,如 button.addActionListener(监听器)。

(3) 事件的产生。如用户执行交互操作,单击按钮,就会自动产生该事件的一个对象。

(4) 系统把产生出来的事件对象自动返回给已注册过的监听器。
(5) 由该监听器来指派相应的方法(事件处理器)处理事件。

图 7-2　Java 中事件处理的流程图

4. Java 事件处理编程方法

要处理某 GUI 组件(假定为事件源 G)上发生的 XxxEvent 事件,其通用的编程方法如下。

(1) 编写一个监听器类,该监听器类实现了 XxxListener 接口(假定监听器类的类名为 MyXxxListener)。

(2) 在 MyXxxListener 中的相应事件处理方法中编写事件处理代码(事件处理器)。

(3) 调用 GUI 组件 G 的 addXxxListener()方法注册事件监听器对象。代码如下:

`G.addXxxListener(new MyXxxListener());`

(4) 要处理 G 上的多种事件,可以编写多个相应的监听器类,进行多次注册。也可以编写一个实现了多个监听器接口的类,进行一次注册。

7.3.2　Java 事件类

设计一个图形界面,不仅需要创建窗口并向窗口中添加组件,还要使组件能响应用户操作,实现交互运行。事件是程序运行中出现的行为和动作的反映。图形界面都是事件驱动的,即当用户和界面进行交互通信时产生事件,并由此触发事件处理程序。典型的事件包括单击鼠标、单击按钮和在文本框中输入数据等。

如图 7-3 所示,在 Java 中,AWTEvent 类是所有事件类的最上层,它继承了 java.util. EventObject 类,而 java.util.EventObject 又继承了 java.lang.Object 类。

根据事件的不同特征,将 Java 事件类分为如下两种。

(1) 低级事件继承自 ComponentEvent 类,如 ContainerEvent、FocusEvent、WindowEvent 与 KeyEvent 等。

(2) 语义事件直接继承自 AWTEvent,如 ActionEvent、AdjustmentEvent 与 ComponentEvent 等。

1. 低级事件

低级事件表示低级输入或在屏幕上的可视构件窗口中发生的系统事件,具体描述如表 7-2 所示。

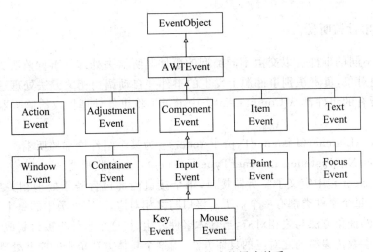

图 7-3　Java 事件类所构成的层次关系

表 7-2　低级事件列表

事 件 名 称	事 件 说 明	事件的触发条件
ComponentEvent	组件事件	缩放、移动、显示或隐藏组件
InputEvent	输入事件	操作键盘或鼠标
KeyEvent	键盘事件	键盘按键被按下或释放
MouseEvent	鼠标事件	鼠标移动、拖动或鼠标被按下、释放或单击
FocusEvent	焦点事件	组件得到或失去焦点
ContainerEvent	容器事件	容器内组件的添加或删除
WindowEvent	窗口事件	窗口被激活、关闭、图标化、恢复等操作

2．语义事件

语义事件又称为高级事件，包括用户接口组件产生的用户定义信息，事件的具体描述如表 7-3 所示。

表 7-3　语义事件列表

事 件 名 称	事 件 说 明	事件源组件	事件的触发条件
ActionEvent	行为事件	JButton JTextField JComboBox JTimer	单击按钮、选择菜单项、选择列表项、定时器设定时间到、文本域内输入回车符等操作
ItemEvent	选项事件	JCheckBox JRadioButton JChoice JList	选择列表选项
TextEvent	文本事件	JTextField JTextAtea	输入、改变文本内容
AdjustmentEvent	调整事件	JScrollBar	调整滚动条

7.3.3 事件监听器

Java中,不同的事件可以交由不同类型的事件监听器去处理。事件监听器是Java事件处理中的关键对象,负责识别事件源上发生的事件并自动调用相关方法处理这个事件。

Java中所有的组件都从Component类中继承了将事件处理授权给监听器的方法,主要有以下两个。

(1) addXxxListener(ListenerType listener):为某个组件增加监听器。

(2) removeXxxListener(ListenerType listener):去除监听器。

java.awt.event包中定义了监听器接口,每个接口内部包含若干处理相关事件的抽象方法。一般说来,每个事件类都有一个监听器接口与之相对应,而事件类中的每个具体事件类型都有一个具体的抽象方法与之相对应,当具体事件发生时,这个事件将被封装成一个事件类的对象作为实际参数传递给与之对应的具体方法,由这个具体方法负责响应并处理发生的事件。

例如,与ActionEvent类事件对应的接口是ActionListener,这个接口定义了抽象方法:

public void actionPerformed(ActionEvent e);

凡是要处理ActionEvent事件的类都必须实现ActionListener接口,实现ActionListener接口就必须重载上述的actionPerformed()方法,在重载的方法体中,通常需要调用参数e的有关方法。

表7-4为Java常用的事件对应的监听器接口及其监听器接口定义的抽象方法。

表7-4 事件类接口抽象方法表

事 件 类	监听器接口	监听器接口定义的抽象方法(事件处理器)
ActionEvent	ActionListener	actionPerformed(ActionEvent e)
AdjustmentEvent	AdjustmentListener	adjustmentValueChanged(AdjustmentEvent e)
ItemEvent	ItemListener	itemStateChanged(ItemEvent e)
TextEvent	TextListener	textValueChanged(TextEvent e)
MouseEvent	MouseListener	mouseClicked(MouseEvent e)
		mouseEntered(MouseEvent e)
		mouseExited(MouseEvent e)
	MouseMotionListener	mousePressed(MouseEvent e)
		mouseReleased(MouseEvent e)
		mouseDragged(MouseEvent e)
		mouseMoved(MouseEvent e)
KeyEvent	KeyListener	keyTyped(KeyEvent e)
		keyPressed(KeyEvent e)
		keyReleased(KeyEvent e)
WindowEvent	WindowListener	windowActivated(WindowEvent e)
		windowClosed(WindowEvent e)
		windowClosing(WindowEvent e)
		windowDeactivated(WindowEvent e)
		windowDeiconified(WindowEvent e)
		windowIconified(WindowEvent e)
		windowOpened(WindowEvent e)

比较特殊的情况有两个：一个是 InputEvent 类，因为它不对应具体的事件，所以没有监听者与之相对应；另一个是 MouseEvent 类，它有两个监听者接口与之相对应，一个是 MouseListener 接口（其中的方法可以响应 MOUSE_CLICKED，MOUSE_ENTERED，MOUSE_EXITED，MOUSE_PRESSED，MOUSE_RELEASED 5 个具体事件），另一个是 MouseMotionListener 接口（其中的方法可以响应 MOUSE_DRAGGED，MOUSE_MOVED 两个事件）。

表 7-5 为事件源注册监听器的方法、监听的事件类型及相应的事件源。

表 7-5 注册事件类监听的主要方法列表

注册监听器方法	监听的事件类型	使用注册方法的事件源类（AWT 组件）
addActionListener()	ActionEvent	Button、TextFiled、MenuItem、List
addTextListener()	TextEvent	TextComponent
addItemListener()	ItemEvent	Choice、List
addAdjustmentListener()	AdjustmentEvent	Scrollbar、ScorllPaneAdjustable
addContainerListener()	ContainerEvent	Container
addComponentListener()	ComponentEvent	Component
addKeyListener()	KeyEvent	Component
addMouseListener()	MouseEvent	Component
addMouseMotionListener()	MouseEvent	Component
addFocusListener()	FocusEvent	Component
addWindowListener()	WindowEvent	Window

【例 7-1】 给按钮添加事件响应，演示 ActionEvent。

```
package package6;
import java.awt.FlowLayout;
import java.awt.event.ActionEvent;
import java.awt.event.ActionListener;
import javax.swing.JButton;
import javax.swing.JFrame;
public class ActionEventDemo extends JFrame{
    public ActionEventDemo()
    {
        setTitle("单击按钮事件响应");
        JButton jb = new JButton("Press Me!");
        jb.addActionListener(new JButtonHandler());
        setLayout(new FlowLayout());
        add(jb);
        setSize(300,100);
        setVisible(true);
    }
    public static void main(String[] args) {
        ActionEventDemo aed = new ActionEventDemo();
    }
}
// JbuttonHandler 为内部类，在此作为监听器类
class JButtonHandler implements ActionListener
```

```
        {
            public void actionPerformed(ActionEvent e)
            {
                System.out.println("ActionEvent occurred");
            }
    }
```

运行结果如图 7-4 所示,单击按钮,在控制台上打印出:ActionEvent occurred。

图 7-4 例 7-1 运行结果

7.3.4 事件适配器

从前面的学习中了解到,当非抽象类实现接口时,必须实现接口中声明的所有类方法。这使得在某些时候,当用实现接口的类对象作为监听器时,即使只需要实现其中的一部分方法,也必须在类中实现接口中的所有方法。例如,需要关闭窗口时只需实现 WindowListener 接口中的 WindowClosing 方法,但如果创建的类实现 WindowListener 接口,则类中必须对 WindowListener 接口中的所有方法给予实现,比较麻烦。

为方便起见,Java 在 java.awt.event 包中声明了一组带 Adapter 标记的类(适配器类),用来实现那些包含多于一个方法的处理事件接口。在适配器类的定义中实现了对应接口的所有方法,不过方法体中均不包含任何语句。例如,WindowListener 接口声明了如下 7 种方法。

```
public interface WindowListener extends EventListener
{
    public void windowOpened(WindowEvent e);
    public void WindowClosed(WindowEvent e);
    public void WindowClosing(WindowEvent e);
    public void WindowActivated(WindowEvent e);
    public void WindowDeactivated(WindowEvent e);
    public void WindowIconified(WindowEvent e);
    public void WindowDeiconified(WindowEvent e);
}
```

WindowAdapter 类作为其对应的适配器类,定义如下。

```
Public abstract class WindowAdapter implements WindowListener
{
    public void windowOpened(WindowEvent e){}
    public void WindowClosed(WindowEvent e){}
    public void WindowClosing(WindowEvent e){}
    public void WindowActivated(WindowEvent e){}
    public void WindowDeactivated(WindowEvent e){}
    public void WindowIconified(WindowEvent e){}
    public void WindowDeiconified(WindowEvent e){}
}
```

这样,当使用适配器子类创建的对象作监听器时,就只需重写所需要的方法。比如,要处理窗口关闭事件,使用 WindowAdapter 类对象作监听器,只需重写 windowClosing 方法即可。表 7-6 给出了 Java 提供的适配器类。

表 7-6 低级事件监听器接口与适配器类对照表

事 件 类 型	事 件 监 听 借 口	事 件 适 配 器
ContainerEvent	ContainerListener()	ContainAdapter
ComponentEvent	ComponentListener()	ComponentAdapter
KeyEvent	KeyListener	KeyAdapter
MouseEvent	MouseListener	MouseAdapter
MouseEvent	MouseMotionListener	MouseMotionAdapter
FocusEvent	FouseListener	FocusAdapter
WindowEvent	WindowEvent	WindowAdapter

【例 7-2】 使用适配器实现窗口关闭处理程序。

```java
import java.awt.Color;
import java.awt.Frame;
import java.awt.Label;
import java.awt.event.WindowAdapter;
import java.awt.event.WindowEvent;
import java.awt.event.WindowListener;
public class EventAdapterDemo {
    EventAdapterDemo(){
        Frame frm = new Frame("EventAdapterDemo");
        Label lbl = new Label("Hello java!");
        frm.setSize(200,200);
        frm.setBackground(Color.yellow);
        frm.setLocation(250,250);
        frm.add(lbl);
        frm.setVisible(true);
        frm.addWindowListener(new WindowAdapter(){
            public void windowClosing(WindowEvent e){
                System.out.println("window closing");
                System.exit(0);
            }
        });
    }
    //内部类实现监听器接口
//    class WinListener implements WindowListener{
//        public void windowClosing(WindowEvent e){
//            System.out.println("window closing");
//            System.exit(0);
//        }
//        public void windowOpened(WindowEvent e){}
//        public void windowIconified(WindowEvent e){}
//        public void windowDeiconified(WindowEvent e){}
//        public void windowClosed(WindowEvent e){}
//        public void windowActivated(WindowEvent e){}
//        public void windowDeactivated(WindowEvent e){}
//    }
```

```java
//使用适配器实现窗口关闭处理程序
class WinListener extends WindowAdapter{
    public void windowClosing(WindowEvent e){
        System.out.println("window closing");
        System.exit(0);
    }
}
    public static void main(String[] args) {
        new EventAdapterDemo();
    }
}
```

可以单击右上方的关闭按钮关闭窗口。关闭功能需要事件处理。

7.3.5 内部类

类除了有成员变量和方法之外,还可以包含一种特殊成员:内部类。内部类就是在一个类中声明另一个类,内部类的特点如下。

(1) 内部类可以声明为 private、protected 或 public。
(2) 内容类可以定义为 abstract。
(3) 内部类不能与包含它的类同名。
(4) 内部类可以使用包含它的类的成员变量,包括类和实例成员变量。

使用内部类的主要原因如下。

(1) 一个内部类的对象可以访问外部类的成员方法和变量,包括私有的成员。但外部类不能直接访问内部类的成员。
(2) 实现事件监听器时,采用内部类非常方便。
(3) 编写事件驱动程序。
(4) 当类与接口(或者是接口与接口)发生方法命名冲突的时候,必须使用内部类来实现。

内部类包括如下几种:成员内部类、局部内部类、静态内部类和匿名内部类。

1. 成员内部类

成员内部类,作为外部类的一个成员存在,与外部类的属性、方法并列,可看作外部类的实例变量。

【例 7-3】 成员内部类的使用。

```java
public class MemberInnerClassDemo {
    private String name;
    public MemberInnerClassDemo() {
    }
    public MemberInnerClassDemo(String name) {
        this.name = name;
    }
    //私有内部类
```

```java
    public class MemberInnerClass {
        public void hello(){
            //引用外部类对象
            System.out.println("直接引用: " + name);
            System.out.println("this 引用: " + MemberInnerClassDemo.this.name);
        }
    }
    public void start(){
        MemberInnerClass inner = new MemberInnerClass();
        inner.hello();
    }
    public static void main(String[] args) {
        MemberInnerClassDemo outer = new MemberInnerClassDemo("张三");
        outer.start();
    }
}
```

程序运行结果如图 7-5 所示。

图 7-5 例 7-3 运行结果

内部类的对象有个隐式引用，它引用了实例化该内部对象的外围对象，通过这个指针，可以访问外围对象的全部状态，可使用 this 直接引用外围类对象。

（1）在内部类中访问实例变量：this.属性，或直接引用属性。

（2）在内部类中访问外部类的实例变量：外部类名.this.属性。

内部类不可以有静态属性和方法（final 的除外），因为 static 在加载类的时候创建，这时内部类还没被创建。内部类是不能直接实例化的，在创建成员内部类的实例时，外部类的实例必须存在。在外部类的内部可以直接使用 Inner inner ＝ new Inner();，因为外部类知道 inner 是哪个类。

而在外部类的外部，要生成一个内部类对象，需要通过外部类对象生成。可以使用如下代码（其中，OuterClass 代表外部类；InnerClass 代表内部类）：

```
OuterClass outer = new OuterClass();
OuterClass.InnerClass inner = outer.new InnerClass();
```

或

```
OuterClass.InnerClass inner = new OuterClass().new InnerClass();
```

但是下面的用法是错误的：

```
OuterClass.InnerClass inner = new OuterClass.InnerClass();
```

2. 局部内部类

在方法中定义的内部类称为局部内部类。

局部内部类的特点如下：

(1) 与局部变量类似，不能用 public、protected 和 private 进行声明，其范围为定义它的代码块；

(2) 可以访问外部类的所有成员；

(3) 可以访问局部变量(含参数)，但局部变量必须被声明为 final；

(4) 在类外不可直接生成局部内部类，保证局部内部类对外是不可见的，即对外部是完全隐藏的；

(5) 在方法中才能调用其局部内部类；

(6) 局部内部类不能声明接口和枚举。

【例 7-4】 局部内部类的使用。

```java
package package6;
public class LocalInnerClassDemo {
    public void getInner(){
        class LocalInnerClass{
            public void show(){
                System.out.println("局部内部类的对象中的show方法。");
            }
        }
        LocalInnerClass inner = new LocalInnerClass();
        inner.show();
    }
    public static void main(String[] args) {
        //创建外部类对象
        LocalInnerClassDemo outer = new LocalInnerClassDemo();
        //调用外部类中的getInner()方法
        outer.getInner();
    }
}
```

运行结果如图 7-6 所示。

图 7-6　例 7-4 运行结果

在非静态成员内部类中可以访问外部类的任何成员，而在局部内部类中一样可以访问外部类的成员，但却不可以访问同在一个局部的普通局部变量。例如，将例 7-4 中的程序改写如下，出现了编译错误，如图 7-7 所示。

出现错误，是因为在局部内部类中访问了局部变量 x，要求局部变量 x 声明为最终类型，也就是在局部内部类中不能访问普通的局部变量。将局部变量 x 定义为 final 类型的，即 final int x=10；就编译通过了。之所以产生这个问题，是因为普通的局部变量随着所在语句块的执行结束而消亡，而创建的局部内部类对象并不会随着语句块的结束而消亡。如果在语句块结束后，调用了局部内部类对象中访问普通局部变量的方法就要出现问题，因为此时要访问的局部变量不存在了。final 修饰的局部变量的存储方式与普通局部变量不同，其不会因为语句块的结束而消失，因此可以被局部内部类访问。

```
package package6;

public class LocalInnerClassDemo {

    public void getInner(){
        int x=10;
        class LocalInnerClass{
            public void show(){
                System.out.println("局部内部类访问方法中的局部变量, x="+x);
            }
        }
        LocalInnerClass inner=new LocalInnerClass();
        inner.show();
    }
    public static void main(String[] args) {
        //创建外部类对象
        LocalInnerClassDemo outer=new LocalInnerClassDemo();
        //调用外部类中的getInner()方法
```

图 7-7 局部内部类访问普通局部变量出错

3．静态内部类

如果不需要内部类对象与其外部类对象之间有联系，在内部类不需要访问外部类对象时，应该使用静态内部类，内部类声明为 static，通常也称为嵌套类。

静态内部类的特点如下。

（1）静态内部类定义在类中，在任何方法外，用 static 定义。
（2）静态内部类能直接访问外部类的静态成员。
（3）不能直接访问外部类的实例成员。
（4）静态内部类里面可以定义静态成员（其他内部类不可以）。
（5）生成（new）一个静态内部类不需要外部类成员，这是静态内部类和成员内部类的区别。

静态内部类的对象可以直接生成：

```
OuterClass.InnerClass inner = new OuterClass.InnerClass ();
```

成员内部类的对象需要通过外部类对象生成：

```
OuterClass.InnerClassinner = new OuterClass ().new InnerClass ();
```

（6）静态内部类不可用 private 来进行定义。
（7）声明在接口中的内部类自动成为 static 和 public。

【例 7-5】 静态内部类的使用。

```
package package6;
public class StaticInnerClassDemo {
    static class StaticInnerClass{
        public void show(){
            System.out.println("静态内部类的对象。");
        }
```

```
    }
    public void getInner(){
        StaticInnerClass inner = new StaticInnerClass();
        inner.show();
    }
    public static void main(String[] args) {
        //在外部类外创建静态内部类的对象
StaticInnerClassDemo.StaticInnerClass inner = new StaticInnerClassDemo.StaticInnerClass();
        inner.show();
        //调用外部类中的 getInner()方法
        new StaticInnerClassDemo().getInner();
    }
}
```

程序运行结果如图 7-8 所示。

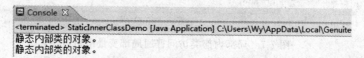

图 7-8 例 7-5 运行结果

4. 匿名内部类

匿名内部类是指没有名字的内部类。由于构造方法的名字必须和类名相同,而匿名类没有类名,所以,匿名内部类没有构造方法。匿名内部类在声明类的同时也创建了对象。匿名类可以被视为非静态的内部类,所以,它们具有和方法内声明的非静态内部类一样的权限和限制。匿名内部类的声明要么是基于继承的,要么是基于实现接口的。如果一个类用于继承其他类或是实现接口,而不需要增加额外的方法,只是实现或覆盖方法,并且只是为了获得一个对象实例,这时就可以使用匿名类。

【例 7-6】 匿名内部类的使用。使用匿名内部类来实现单击按钮动作事件处理。当单击按钮时,提示消息对话框,显示"通过匿名内部类实现事件响应。"。

```
package package6;
import java.awt.event.ActionEvent;
import java.awt.event.ActionListener;
import javax.swing.JButton;
import javax.swing.JFrame;
import javax.swing.JOptionPane;
import javax.swing.JPanel;
public class AnonymousInnerClassDemo extends JFrame{
    private JButton jb;
    private JPanel jp;
    private JOptionPane jo;
    public AnonymousInnerClassDemo(){
        setSize(100,100);
        JButton jb = new JButton("内部类演示");
        //此处使用匿名内部类
        jb.addActionListener(new ActionListener(){
```

```
            public void actionPerformed(ActionEvent e) {
                jo.showMessageDialog(null, "通过匿名内部类实现事件响应。");
            }
        });
        JPanel jp = new JPanel();
        jp.add(jb);
        add(jp);
        setVisible(true);
    }
    public static void main(String[] args) {
        AnonymousInnerClassDemo aicd = new AnonymousInnerClassDemo();
    }
}
```

运行结果如图 7-9 所示,单击"内部类演示"按钮,出现如图 7-10 所示的运行结果。

图 7-9　例 7-6 运行结果 1

图 7-10　例 7-6 运行结果 2

7.3.6　多态

多态性将函数的功能与实现分开,也就是说,将"做什么"与"怎样做"分开了。利用多态性,程序代码的组织以及可读性都得到了提高,也使得程序更易于扩展。前面介绍过的方法重写 Overriding 和重载 Overloading 是 Java 多态性的不同表现。

重写 Overriding 是父类与子类之间多态性的一种表现。在 Java 中子类可继承父类中的方法,而不需要重新编写相同的方法。但有时子类并不想原封不动地继承父类的方法,而是想做一定的修改,这就需要采用方法的重写。方法重写又称方法覆盖。重写具有以下的特点。

(1) 子类中重写的方法与其父类原有方法有相同的名称和参数,子类中重写的方法将覆盖原有父类的方法。

(2) 如需调用父类中原有的方法,可使用 super 关键字,该关键字引用了当前类的父类。

(3) 子类函数的访问修饰权限不能少于父类的。

重载 Overloading 是一个类中多态性的一种表现。如果在一个类中定义了多个同名的方法,它们或有不同的参数个数或有不同的参数类型,则称为方法的重载(Overloading)。重载具有以下的特点。

(1) 方法重载是让类以统一的方式处理不同类型数据的一种手段。多个同名函数同时存在,具有不同的参数个数/类型。

(2) Java 的方法重载,就是在类中可以创建多个方法,它们具有相同的名字,但具有不同的参数和不同的定义。调用方法时通过传递给它们的不同参数个数和参数类型来决定具体使用哪个方法,这也是多态性的体现。

(3) 重载的时候,方法名要一样,但是参数类型和个数不一样,返回值类型可以相同也可以不相同。

一个父类的引用变量可以指向不同的子类对象,并且在运行时根据父类引用变量所指向对象的实际类型执行相应的子类方法,这就是类的多态性。

【例 7-7】 类的多态性。

```java
package package6;
class Animal{
    void cry(){};
}
class Dog extends Animal{
    void cry(){
        System.out.println("汪汪");
    }
}
class Cat extends Animal{
    void cry(){
        System.out.println("喵喵");
    }
}
class Sheep extends Animal{
    void cry(){
        System.out.println("咩咩");
    }
}
public class PolymorphicDemo {
    public static void main(String[] args) {
        Animal animal;
        animal = new Dog();
        animal.cry();
        animal = new Cat();
        animal.cry();
        animal = new Sheep();
        animal.cry();
    }
}
```

程序运行结果如图 7-11 所示。

图 7-11 例 7-7 运行结果

7.4 项目实施

本任务的项目教学实施过程如下。

1．教师带领学生完成内容

(1) 实现登录界面功能。
(2) 实现主界面功能。
(3) 实现读者信息管理界面功能。

2．学生自行完成部分

(1) 实现图书信息管理界面功能。
(2) 实现图书借阅与归还界面功能。
(3) 实现基础信息维护相关界面功能。
(4) 实现用户管理相关界面功能。

学生自行完成部分,仅给出可供参考的设计步骤,具体的设计方案,需要读者自行完成。同时,读者也可以自行设计并编码,实现相应的功能即可。

本项目是在项目 6 的基础上,即在完成了界面的基础上,实现界面的功能即交互,其中每个任务,都需要完成以下内容。

(1) 找出事件源。
(2) 注册监听器。
(3) 定义监听器类。
(4) 重写事件处理方法(其中需要调用数据访问操作类方法)。

项目 5 已经完成了每个类的界面设计部分,本项目在此基础上仅补充了功能实现的代码。需要注意,整个程序如果要正常运行(包括界面与功能),需要将项目 5 中的程序和本项目中对应的程序整合。

7.4.1 任务1：实现登录界面功能

登录界面主要实现用户登录的校验,通过查询用户表中是否存在用户名和密码与用户输入的信息相匹配的记录来判断,如果存在此记录,则登录成功,打开图书借阅系统主界面；否则,提示出错信息。另外,还要实现"重置"按钮的功能,即清空"用户名"文本框和"密码"文本框中的内容。

本任务中导入需要的类如下：

```
//需要导入的事件处理相关的类
import java.awt.event.ActionEvent;
import java.awt.event.ActionListener;
//如果用户登录失败,要提示出错信息,需要导入使用的对话框类JOptionPane
import javax.swing.JOptionPane;
//导入数据访问操作类
```

```
import com.bbm.db.UserDao;
//导入实体类
import com.bbm.model.Users;
```

1. "登录"按钮功能实现

系统登录界面如图 7-12 所示。如果不输入用户名和密码,直接单击"登录"按钮,弹出提示框,如图 7-13 所示。如果用户名和密码错误,单击"登录"按钮,弹出提示框,如图 7-14 所示。如果用户名和密码正确,则运行系统主界面。

图 7-12　系统登录界面

图 7-13　不输入用户名和密码错误提示　　　图 7-14　用户名和密码错误提示

(1) 确定事件源、事件、监听器及需要重写的事件处理方法。
① 事件源:"登录"按钮 loginJB。
② 事件:单击按钮产生 ActionEvent 事件。
③ 监听器:ActionListener。
④ 需要重写的事件处理方法:actionPerformed(ActionEvent e)。
(2) 创建事件监听器类,重写事件处理方法。

根据上面的分析,以内部类的方式创建事件监听器类,重写事件处理方法 actionPerformed(ActionEvent e)。

方法功能描述如下。

```
if(用户名和密码不为空){
    根据输入的用户名和密码到用户表中检索,返回一个 Users 类对象;
    if(返回的 Users 类对象的用户名不为空){
        登录成功,运行主界面;
    }else{
        登录失败,提示错误信息;
        清空"用户名"文本框和"密码"文本框;
    }
```

```
}else{
    没有输入用户名或密码,提示出错信息;
}
```

事件监听器类具体代码如下:

```
class LoginAction implements ActionListener {
    public void actionPerformed(ActionEvent e) {
        if (!"".equals(usernameJTF.getText()) && !"".equals(new String(pwdJPF.getPassword()))) {
            user = UserDao.check(usernameJTF.getText(), new String(pwdJPF.getPassword()));
            if (user.getName() != null) {
                try {
                    Library frame = new Library();
                    frame.setVisible(true);
                    Login.this.setVisible(false);
                } catch (Exception ex) {
                    ex.printStackTrace();
                }
            } else {
                JOptionPane.showMessageDialog(null, "您输入的用户名或密码错误,不能登录!");
                usernameJTF.setText("");
                pwdJPF.setText("");
            }
        } else {
            JOptionPane.showMessageDialog(null, "请输入用户名和密码!");
        }
    }
}
```

(3) 给事件源注册监听器。

事件源为 loginJB,注册监听器的方法为 addActionListener(new LoginAction()),其中,new LoginAction()为上面创建的事件监听器类对象。

```
loginJB.addActionListener(new LoginAction());
```

2. "重置"按钮功能实现

单击"重置"按钮,清空"用户名"文本框和"密码"文本框中的内容。
(1) 确定事件源、事件、监听器及需要重写的事件处理方法。
① 事件源:"重置"按钮 resetJB。
② 事件:单击按钮产生 ActionEvent 事件。
③ 监听器:ActionListener。
④ 需要重写的事件处理方法:actionPerformed(ActionEvent e)。
(2) 创建事件监听器类,重写事件处理方法。

根据上面的分析,以内部类的方式创建事件监听器类,重写事件处理方法 actionPerformed(ActionEvent e)。

事件监听器类具体代码如下:

```java
class ResetAction implements ActionListener {
    public void actionPerformed(final ActionEvent e) {
        usernameJTF.setText("");
        pwdJPF.setText("");
    }
}
```

(3) 给事件源注册监听器。

事件源为 resetJB,注册监听器的方法为 addActionListener(new ResetAction()),其中,new ResetAction()为上面创建的事件监听器类对象。

```java
resetJB.addActionListener(new ResetAction());
```

完整的 Login.java 程序源码如下(既包含界面又包含功能):

```java
/*登录窗体*/
package com.bbm.view;
import java.awt.BorderLayout;
import java.awt.Font;
import java.awt.GridLayout;
import java.awt.Toolkit;
import java.awt.event.ActionEvent;
import java.awt.event.ActionListener;
import javax.swing.JButton;
import javax.swing.JFrame;
import javax.swing.JLabel;
import javax.swing.JOptionPane;
import javax.swing.JPanel;
import javax.swing.JPasswordField;
import javax.swing.JTextField;
import javax.swing.SwingConstants;
import com.bbm.db.UserDao;
import com.bbm.model.Users;
public class Login extends JFrame{
//序列化,为了保持版本的兼容性,即在版本升级时反序列化仍保持对象的唯一性
    private static final long serialVersionUID = 1L;
    private JPanel textJP,loginJP,buttonJP;
    private Font f1 = new Font("黑体", Font.BOLD, 32);
    private JLabel textJL,usernameJL,passwordJL;
    private JTextField usernameJTF;
    private JPasswordField pwdJPF;
    private JButton loginJB,resetJB;
    private static Users user;
    public Login(){
        setSize(260,180);
        //在整个界面的中间位置显示
        int width = Toolkit.getDefaultToolkit().getScreenSize().width;
        int height = Toolkit.getDefaultToolkit().getScreenSize().height;
        this.setLocation(width/2 - 200, height/2 - 150);
        setTitle("图书借阅系统登录界面");
        textJP = new JPanel();                          //提示信息面板
```

```java
            loginJP = new JPanel();                        //登录信息面板
            buttonJP = new JPanel();                       //登录取消按钮面板
            //提示信息面板
            textJL = new JLabel();
            textJL.setFont(f1);
            textJL.setText("图书借阅系统");
            textJP.add(textJL);
            this.add(textJP,BorderLayout.NORTH);
            //登录信息面板设计
            loginJP.setLayout(new GridLayout(2,2));
            usernameJL = new JLabel("用户名：");
            usernameJL.setHorizontalAlignment(SwingConstants.CENTER);
            usernameJTF = new JTextField();
            passwordJL = new JLabel("密    码：");
            passwordJL.setHorizontalAlignment(SwingConstants.CENTER);
            pwdJPF = new JPasswordField();
            loginJP.add(usernameJL);
            loginJP.add(usernameJTF);
            loginJP.add(passwordJL);
            loginJP.add(pwdJPF);
            this.add(loginJP,BorderLayout.CENTER);
            //按钮面板设计
            loginJB = new JButton("登录");
            loginJB.addActionListener(new LoginAction());
            resetJB = new JButton("重置");
            resetJB.addActionListener(new ResetAction());
            buttonJP.add(loginJB);
            buttonJP.add(resetJB);
            this.add(buttonJP,BorderLayout.SOUTH);
            setDefaultCloseOperation(JFrame.EXIT_ON_CLOSE);    //关闭窗口时,退出程序
            this.setVisible(true);                             //设置窗体显示,否则不显示
            setResizable(false);                               //取消最大化
    }
        public static void setUser(Users user) {
            Login.user = user;
        }
        public static Users getUser() {
            return user;
        }
    }
// 单击"登录"按钮事件监听器类
    class LoginAction implements ActionListener {
        public void actionPerformed(ActionEvent e) {
if (!"".equals(usernameJTF.getText()) && !"".equals(new String(pwdJPF.getPassword()))) {
            user = UserDao.check(usernameJTF.getText(), new String(pwdJPF.getPassword()));
                if (user.getName() != null) {
                    try {
                        Library frame = new Library();
                        frame.setVisible(true);
                        Login.this.setVisible(false);
                    } catch (Exception ex) {
                        ex.printStackTrace();
```

```
                    }
                } else {
                    JOptionPane.showMessageDialog(null, "您输入的用户名或密码错误,不能登录!");
                        usernameJTF.setText("");
                        pwdJPF.setText("");
                }
            } else {
                JOptionPane.showMessageDialog(null, "请输入用户名和密码!");
            }
        }
    }
    // 单击"重置"按钮事件监听器类
    class ResetAction implements ActionListener {
        public void actionPerformed(final ActionEvent e) {
            usernameJTF.setText("");
            pwdJPF.setText("");
        }
    }
    public static void main(String[] args) {
        new Login();
    }
}
```

7.4.2　任务2：实现主界面功能

图书借阅系统主界面主要实现当用户单击菜单项时,能够打开相应菜单功能的界面。本任务中导入需要的类如下：

```
//需要导入的事件处理相关的类
import java.awt.event.ActionEvent;
import java.awt.event.ActionListener;
```

单击"读者信息添加"菜单项,打开"读者信息添加"窗体。
（1）确定事件源、事件、监听器及需要重写的事件处理方法。
① 事件源："读者信息添加"菜单项 readerAddJMI。
② 事件：ActionEvent 事件。
③ 监听器：ActionListener。
④ 需要重写的事件处理方法：actionPerformed(ActionEvent e)。
（2）创建事件监听器类,重写事件处理方法。
根据上面的分析,以内部类的方式创建事件监听器类,重写事件处理方法 actionPerformed(ActionEvent e)。

事件监听器类具体代码如下：

```
class ReaderAddListener implements ActionListener{
    public void actionPerformed(ActionEvent e) {
        new ReaderAdd();
    }
}
```

(3) 给事件源注册监听器。

事件源为 readerAddJMI,注册监听器的方法为 addActionListener（new ReaderAddListener()),其中,new ReaderAddListener()为上面创建的"读者信息添加"菜单项事件监听器类对象。

readerAddJMI.addActionListener(new ReaderAddListener());

其他菜单项功能实现与上述过程类似,请读者参看上述的步骤,自行完成主界面的所有菜单项的事件响应。并在项目 5 界面设计的基础上,补全 Library.java 程序,既实现界面又实现功能。

7.4.3 任务 3:实现读者信息添加功能

读者信息添加窗体如图 7-15 所示,主要实现新增读者的功能,输入读者的基本信息,单击"添加"按钮,对输入的信息进行校验,如果数据满足要求,将数据插入对应的读者表中;否则,提示相应的出错信息。单击"关闭"按钮,关闭读者信息添加窗体。同时,读者类别自动显示当前系统中所有的读者类型名;注册日期自动显示为系统当前时间,不可编辑;性别默认为男。

图 7-15 读者信息添加窗体

本任务中导入需要的类如下:

```
//需要导入的事件处理相关的类
import java.awt.event.ActionEvent;
import java.awt.event.ActionListener;
//用于格式化注册日期
import java.text.SimpleDateFormat;
//导入使用的对话框类 JOptionPane
import javax.swing.JOptionPane;
//导入数据访问操作相关类
import com.bbm.db.ReaderDao;
import com.bbm.db.ReaderTypeDao;
import java.util.List;
//导入实体类
import com.bbm.model.ReaderType;
```

1．"添加"按钮功能实现

单击"添加"按钮时,对用户输入的读者信息进行校验。要求编号和姓名不能为空,且编号必须为8位,当输入的读者编号不是8位的时候,出现如图7-16所示提示。另外,读者姓名不能为空提示如图7-17所示。

图7-16 读者编号位数错误提示

图7-17 读者姓名不能为空错误提示

当所有信息填写正确之后,单击"添加"按钮,弹出如图7-18所示提示。同时,将新的读者信息插入读者表中。

(1) 确定事件源、事件、监听器及需要重写的事件处理方法。

① 事件源:"添加"按钮 addJB。
② 事件:单击按钮产生 ActionEvent 事件。
③ 监听器:ActionListener。
④ 需要重写的事件处理方法:actionPerformed(ActionEvent e)。

图7-18 读者信息添加成功提示

(2) 创建事件监听器类,重写事件处理方法。

根据上面的分析,以内部类的方式创建事件监听器类,重写事件处理方法 actionPerformed(ActionEvent e)。

方法功能描述如下:

```
if(读者编号文本框文本长度为0){
    提示编号不能为空;
}
if(读者编号文本框文本长度不为8){
    提示编号必须为8位;
}
if(读者姓名文本框文本长度为0){
    提示姓名不能为空;
}
获取用户输入的读者信息;
        调用 ReaderDao.insertReader(…)方法向读者表执行插入操作;
    if(执行插入操作返回的结果是1){
        显示添加成功;
        关闭读者添加窗体;
    }
}
```

图书信息"添加"按钮事件监听器类具体代码如下:

```
class ReaderAddActionListener implements ActionListener{
    private JRadioButton button1;
    //重载构造方法,带有参数 JRadioButton 类对象,用来接收传入的性别按钮
    ReaderAddActionListener(JRadioButton button1) {
```

```java
            this.button1 = button1;
        }
    public void actionPerformed(final ActionEvent e) {
        if (IDJTF.getText().length() == 0) {
            JOptionPane.showMessageDialog(null, "读者编号不可以为空");
            return;
        }
        if (IDJTF.getText().length() != 8) {
            JOptionPane.showMessageDialog(null, "读者编号位数为8位");
            return;
        }
        if (readerNameJTF.getText().length() == 0) {
            JOptionPane.showMessageDialog(null, "读者姓名不可以为空");
            return;
        }
        String ID = IDJTF.getText().trim();        //读者编号
        //获取读者的类型
        String readertype = (String) readertypeJCB.getSelectedItem();
         //读者姓名
        String name = readerNameJTF.getText().trim();
        String age = ageJTF.getText().trim();
        String sex = "女";
         //读者性别,在调用此类时传入"男"性别按钮,此处的button1即代表"男"性别按钮,如
         //果被选择,就代表性别是男,否则,性别为女
        if (button1.isSelected()) {
            sex = "男";
        }
        String phone = phoneJTF.getText().trim();
        String dept = deptJTF.getText().trim();
        String regdate = regtimeJTF.getText().trim();
    //调用ReaderDao的插入读者信息方法,返回整数值,如果为1,则代表插入成功,否则,插入失败
        int i = ReaderDao.insertReader(ID,readertype,name,age,sex,phone, dept,regdate);
        if (i == 1) {
            JOptionPane.showMessageDialog(null, "添加成功");
               //关闭读者信息添加窗体
            ReaderAdd.this.setVisible(false);
        }
      }
   }
}
```

(3) 给事件源注册监听器。

事件源为 addJB,注册监听器的方法为 addActionListener(new ReaderAddActionListener (JRB1)),其中,new ReaderAddActionListener(JRB1)为上面创建的读者信息"添加"按钮事件监听器类对象,JRB1 为"男"性别按钮,将其作为监听器类的参数,传递读者的性别信息。

```java
addJB.addActionListener(new ReaderAddActionListener(JRB1));
```

2. "关闭"按钮功能实现

单击"关闭"按钮,关闭读者信息添加窗体。

(1) 确定事件源、事件、监听器及需要重写的事件处理方法。
① 事件源："关闭"按钮 closeJB。
② 事件：ActionEvent 事件。
③ 监听器：ActionListener。
④ 需要重写的事件处理方法：actionPerformed(ActionEvent e)。
(2) 创建事件监听器类，重写事件处理方法。

根据上面的分析，以内部类的方式创建事件监听器类，重写事件处理方法 actionPerformed(ActionEvent e)。

"关闭"按钮事件监听器类具体代码如下：

```java
class CloseActionListener implements ActionListener {
        public void actionPerformed(final ActionEvent e) {
            setVisible(false);
        }
}
```

(3) 给事件源注册监听器。

事件源为 closeJB，注册监听器的方法为 addActionListener(new CloseActionListener())，其中，new CloseActionListener()为上面创建的"关闭"按钮事件监听器类对象。

```java
closeJB.addActionListener(new CloseActionListener());
```

3. 注册日期自动显示当前时间功能实现

当运行读者信息添加窗体的时候，"注册日期"文本框的内容自动显示为当前系统时间。

```java
//创建"注册日期"文本框
regtimeJTF = new JTextField();
//格式化日期值
SimpleDateFormat format = new SimpleDateFormat("yyyy-MM-dd");
//获取系统当前时间
String str = format.format(new java.util.Date());
//将系统当前时间添加到文本框中
regtimeJTF.setText(str);
//设置"注册日期"文本框不可编辑，即默认的注册日期即为当前日期，不能修改
regtimeJTF.setEditable(false);
```

4. 读者类别自动显示功能实现

当运行读者信息添加窗体的时候，"读者类别"下拉列表框的内容自动显示为当前系统中已有的读者类型。此功能是通过查询读者类型表中的类型，并将其显示到对应的下拉列表框中实现的。

```java
//"读者类型"下拉列表
readertypeJCB = new JComboBox();
//调用 ReaderTypeDao.selectReaderType()查询所有读者类别
List<ReaderType> list = ReaderTypeDao.selectReaderType();
```

```java
for (int i = 0; i < list.size(); i++) {
    //rt 以 ReaderType 类对象来保持查询返回的每个读者类别的记录
    ReaderType rt = list.get(i);
    //获取每个读者类别类对象的读者类型值添加到下拉列表中
    readertypeModel.addElement(rt.getName());
}
```

完整的 ReaderAdd.java 程序源码如下（既包含界面又包含功能）：

```java
package com.bbm.view;
import java.awt.BorderLayout;
import java.awt.FlowLayout;
import java.awt.GridLayout;
import java.awt.event.ActionEvent;
import java.awt.event.ActionListener;
import java.text.SimpleDateFormat;
import java.util.List;
//相关组件类
import javax.swing.ButtonGroup;
import javax.swing.JButton;
import javax.swing.JComboBox;
import javax.swing.JFrame;
import javax.swing.JLabel;
import javax.swing.JOptionPane;
import javax.swing.JPanel;
import javax.swing.JRadioButton;
import javax.swing.JTextField;
import javax.swing.SwingConstants;
import javax.swing.border.EmptyBorder;
import com.bbm.db.ReaderDao;
import com.bbm.db.ReaderTypeDao;
import com.bbm.model.ReaderType;
public class ReaderAdd extends JFrame {
//序列化,为了保持版本的兼容性,即在版本升级时反序列化仍保持对象的唯一性
    private static final long serialVersionUID = 1L;
    private JPanel readerAddJP,sexJP,buttonJP;
    private ButtonGroup buttonGroup = new ButtonGroup();
    private JRadioButton JRB1,JRB2;
    private JLabel, IDJL, categoryJL, readerNameJL, sexJL, phoneJLabel, deptJLabel, ageJLabel, regJLabel;
    private JTextField IDJTF,readerNameJTF,phoneJTF,
    deptJTF,ageJTF,regtimeJTF;
    private JComboBox readertypeJCB;
    private JButton addJB,closeJB;
    //构造方法,界面初始化
    public ReaderAdd(){
        setBounds(200, 200, 500, 200);
        setTitle("读者信息添加");
        //按钮面板
        buttonJP = new JPanel();
        //读者信息添加面板设计
```

```java
readerAddJP = new JPanel();
readerAddJP.setBorder(new EmptyBorder(5, 10, 5, 10));
final GridLayout gridLayout = new GridLayout(4, 4);
gridLayout.setVgap(10);
gridLayout.setHgap(10);
readerAddJP.setLayout(gridLayout);
getContentPane().add(readerAddJP);
IDJL = new JLabel("编号: ");
IDJL.setHorizontalAlignment(SwingConstants.CENTER);
readerAddJP.add(IDJL);
IDJTF = new JTextField();
readerAddJP.add(IDJTF);
readerNameJL = new JLabel("姓名: ");
readerNameJL.setHorizontalAlignment(SwingConstants.CENTER);
readerAddJP.add(readerNameJL);
readerNameJTF = new JTextField();
readerAddJP.add(readerNameJTF);
categoryJL = new JLabel("类别: ");
categoryJL.setHorizontalAlignment(SwingConstants.CENTER);
readerAddJP.add(categoryJL);
//下拉列表
readertypeJCB = new JComboBox();
//从数据库中取出图书类别
 List < ReaderType > list = ReaderTypeDao.selectReaderType();
 for (int i = 0; i < list.size(); i++) {
    ReaderType rt = list.get(i);
     readertypeJCB.addItem(rt.getName());
 }
readerAddJP.add(readertypeJCB);
sexJL = new JLabel("性别: ");
sexJL.setHorizontalAlignment(SwingConstants.CENTER);
readerAddJP.add(sexJL);
sexJP = new JPanel();
 final FlowLayout flowLayout = new FlowLayout();
 flowLayout.setHgap(0);
 flowLayout.setVgap(0);
 sexJP.setLayout(flowLayout);
 readerAddJP.add(sexJP);
JRB1 = new JRadioButton();
sexJP.add(JRB1);
JRB1.setSelected(true);
buttonGroup.add(JRB1);
JRB1.setText("男");
JRB2 = new JRadioButton();
sexJP.add(JRB2);
buttonGroup.add(JRB2);
JRB2.setText("女");
ageJLabel = new JLabel("年龄: ");
ageJLabel.setHorizontalAlignment(SwingConstants.CENTER);
readerAddJP.add(ageJLabel);
ageJTF = new JTextField();
```

```java
        readerAddJP.add(ageJTF);
        phoneJLabel = new JLabel("电话: ");
        phoneJLabel.setHorizontalAlignment(SwingConstants.CENTER);
        readerAddJP.add(phoneJLabel);
        phoneJTF = new JTextField();
        readerAddJP.add(phoneJTF);
        deptJLabel = new JLabel("所在部门: ");
        deptJLabel.setHorizontalAlignment(SwingConstants.CENTER);
        readerAddJP.add(deptJLabel);
        deptJTF = new JTextField();
        readerAddJP.add(deptJTF);
        regJLabel = new JLabel("注册日期: ");
        regJLabel.setHorizontalAlignment(SwingConstants.CENTER);
        readerAddJP.add(regJLabel);
        regtimeJTF = new JTextField();
        SimpleDateFormat format = new SimpleDateFormat("yyyy-MM-dd");
        String str = format.format(new java.util.Date());
        regtimeJTF.setText(str);
        regtimeJTF.addKeyListener(new DateListener());
        readerAddJP.add(regtimeJTF);
        //按钮面板设计
        addJB = new JButton("添加");
        addJB.addActionListener(new ReaderAddActionListener(JRB1));
        closeJB = new JButton("关闭");
        closeJB.addActionListener(new CloseActionListener());
        buttonJP.add(addJB);
        buttonJP.add(closeJB);
        this.add(readerAddJP,BorderLayout.CENTER);
        this.add(buttonJP,BorderLayout.SOUTH);
        this.setVisible(true);                    //设置窗体显示,否则不显示
        setResizable(false);                      //取消最大化
    }
//"添加"按钮事件监听器类
class ReaderAddActionListener implements ActionListener{
    private final JRadioButton button1;
    ReaderAddActionListener(JRadioButton button1) {
        this.button1 = button1;
    }
    public void actionPerformed(final ActionEvent e) {
        if (IDJTF.getText().length() == 0) {
            JOptionPane.showMessageDialog(null,"读者编号不可以为空");
            return;
        }
        if (IDJTF.getText().length() != 8) {
            JOptionPane.showMessageDialog(null,"读者编号位数为8位");
            return;
        }
        if (readerNameJTF.getText().length() == 0) {
            JOptionPane.showMessageDialog(null,"读者姓名不可以为空");
            return;
        }
```

```java
            String ID = IDJTF.getText().trim();
            // 获取选择的读者类型
            String readertype = (String) readertypeJCB.getSelectedItem();
            String name = readerNameJTF.getText().trim();
            String age = ageJTF.getText().trim();
            //获取读者的性别
            String sex = "女";
            if (button1.isSelected()) {
                sex = "男";
            }
            String phone = phoneJTF.getText().trim();
            String dept = deptJTF.getText().trim();
            String regdate = regtimeJTF.getText().trim();
            int i = ReaderDao.insertReader(ID,readertype,name,age,sex,phone,dept,regdate);
            if (i == 1) {
                JOptionPane.showMessageDialog(null, "添加成功");
                ReaderAdd.this.setVisible(false);
            }
        }
    }
    //"关闭"按钮的事件监听器类
    class CloseActionListener implements ActionListener {
        public void actionPerformed(final ActionEvent e) {
            setVisible(false);
        }
    }
    public static void main(String[] args) {
        new ReaderAdd();
    }
}
```

7.4.4 任务4：实现读者信息查询与修改功能

打开"读者信息查询与修改"界面，默认显示当前系统所有读者信息。另外，可以按条件进行特定读者的查询，条件包括：读者编号、姓名、类型、系部，其中，姓名、类型以及系部可以进行模糊查询。如果要修改某个读者的信息，则选中表格中某个读者，相应的该读者的信息就会出现在下面，如图7-19所示。然后，可以修改该读者的指定信息，修改结束后，单击"修改"按钮，保存本次修改操作。

本任务中需要导入的类如下：

```java
//导入需要的事件处理相关的类
import java.awt.event.ActionEvent;
import java.awt.event.ActionListener;
import java.awt.event.MouseAdapter;
import java.awt.event.MouseEvent;
//导入数据访问操作相关类
import com.bbm.db.ReaderDao;
import com.bbm.db.ReaderTypeDao;
import com.bbm.model.Reader;
import com.bbm.model.ReaderType;
import java.util.List;
```

图 7-19 读者查询与修改

1．显示全部读者信息功能实现

当运行读者信息查询与修改窗体时，中间的表格部分直接显示出了系统当前的所有读者的相关信息。

```
//定义一维数组,作为表的表头
private String[] readersearch = { "编号","类型","姓名","年龄","性别","电话","系部",
"注册日期" };
//将查询到的读者信息转换成二维对象数组
    private Object[][] getSelect(List<Reader> list) {
        Object[][] results = new Object[list.size()][readersearch.length];
        for (int i = 0; i < list.size(); i++) {
            Reader reader = list.get(i);
            results[i][0] = reader.getReaderid();
            results[i][1] = reader.getTypename();
            results[i][2] = reader.getName();
            results[i][3] = reader.getAge();
            results[i][4] = reader.getSex();
            results[i][5] = reader.getPhone();
            results[i][6] = reader.getDept();
            results[i][7] = reader.getRegdate();
        }
        return results;
    }
//显示读者信息面板
 select_resultJP = new JPanel();
```

```
//由于读者信息较多,将读者信息放到滚动面板。创建滚动面板
 jscrollPane = new JScrollPane();
 jscrollPane.setPreferredSize(new Dimension(400, 200));
//调用 ReaderDao.selectReader()查询所有读者信息,并通过上面定义的 getSelect,将获取到的所
//有读者信息存放到二维对象数组中,用来创建表格
 Object[][] results = getSelect(ReaderDao.selectReader());
//创建表格,results 为查询出来的读者信息作为表数据;readersearch 为对应的表头
 jtable = new JTable(results, readersearch);
//执行此语句,则在表格的下面会出现横向的滚动条,表中数据分散显示,即没有在当前表格中显示
//全,需要拖动才能看到全部数据,如图 7-20 所示;不使用此语句,则数据集中全部显示在当前表格
//中,不允许拖动,如图 7-21 所示
 jtable.setAutoResizeMode(JTable.AUTO_RESIZE_OFF);
//将表格作为 jscrollPane 的视图显示
 jscrollPane.setViewportView(jtable);
//将 jscrollPane 添加到 select_resultJP 中
 select_resultJP.add(jscrollPane);
```

图 7-20 带滚动条

图 7-21 不带滚动条

2. 按条件查询指定读者信息功能实现

在下拉列表中对查询条件:读者编号、姓名、类型、系部,进行选择,然后,单击"查询"按钮,检索指定要求的读者信息。其中,要求姓名、类型以及系部可以进行模糊查询。

(1)确定事件源、事件、监听器及需要重写的事件处理方法。

① 事件源:"查询"按钮 selectJB。

② 事件:ActionEvent 事件。

③ 监听器:ActionListener。

④ 需要重写的事件处理方法：actionPerformed(ActionEvent e)。

(2) 创建事件监听器类，重写事件处理方法。

根据上面的分析，以内部类的方式创建事件监听器类，重写事件处理方法 actionPerformed(ActionEvent e)。在此方法中，每次查询之后，需要更新表格中的数据。"查询"按钮事件监听器类具体代码如下：

```java
//按条件查询读者
    class SelectAction implements ActionListener{
    public void actionPerformed(ActionEvent arg0) {
            //condition用来存放用户选择的查询条件
            String condition = (String) conditionJCB.getSelectedItem();
            //按读者编号查询
            if (condition.equals("读者编号")) {
                Object [ ] [ ] results = getSelect(ReaderDao.selectReaderById(select_conditionJTF.getText().trim()));
                jtable = new JTable(results, readersearch);
                jscrollPane.setViewportView(jtable);
                jtable.setAutoResizeMode(JTable.AUTO_RESIZE_OFF);
                //对表格添加监听,用于响应用户选择某一读者信息操作
                jtable.addMouseListener(new TableListener());
            //按读者姓名查询
            } else if (condition.equals("姓名")) {
                Object [ ] [ ] results = getSelect(ReaderDao.selectReaderByCondition(select_conditionJTF.getText().trim()));
                jtable = new JTable(results, readersearch);
                jscrollPane.setViewportView(jtable);
                jtable.setAutoResizeMode(JTable.AUTO_RESIZE_OFF);
                jtable.addMouseListener(new TableListener());
            //按读者类型查询
            }else if (condition.equals("类型")) {
                Object [ ] [ ] results = getSelect(ReaderDao.selectReaderByType(select_conditionJTF.getText().trim()));
                jtable = new JTable(results, readersearch);
                jscrollPane.setViewportView(jtable);
                jtable.setAutoResizeMode(JTable.AUTO_RESIZE_OFF);
                jtable.addMouseListener(new TableListener());
            //按读者所在系部查询
            }else if (condition.equals("系部")) {
                Object [ ] [ ] results = getSelect(ReaderDao.selectReaderByDept(select_conditionJTF.getText().trim()));
                jtable = new JTable(results, readersearch);
                jscrollPane.setViewportView(jtable);
                jtable.setAutoResizeMode(JTable.AUTO_RESIZE_OFF);
                jtable.addMouseListener(new TableListener());
            }
        }
    }
```

(3) 给事件源注册监听器。

事件源为 selectJB，注册监听器的方法为 addActionListener(new SelectActionListener())，

其中，new SelectActionListener()为上面创建的"查询"按钮事件监听器类对象。

```
selectJB.addActionListener(new SelectActionListener());
```

3. 选择要修改的读者信息并显示在其对应的组件中功能实现

本任务中，按照上述的方法查询到满足条件的读者后，可以选中表格中显示的某一个读者。当在某一个读者所在行的任一列单击的时候，该读者的信息对应地显示到下面的组件中，例如，读者姓名显示到下面的"姓名"文本框中。

(1) 确定事件源、事件、适配器及需要重写的事件处理方法。

① 事件源：存放查询出来的读者信息的表格 jtable。
② 事件：MouseEvent 事件。
③ 适配器：MouseAdapter。
④ 需要重写的事件处理方法：mouseClicked(MouseEvent e)。

(2) 创建事件适配器类，重写事件处理方法。

根据上面的分析，以内部类的方式创建事件适配器类，重写事件处理方法 mouseClicked(MouseEvent e)。当鼠标单击表格中的某一行的任意一列时，将该行的读者信息分别添加到界面中对应的组件中。表格事件适配器类具体代码如下：

```java
class TableListener extends MouseAdapter {
    public void mouseClicked(MouseEvent e) {
        //变量 selRow 保存选中的行
        int selRow = jtable.getSelectedRow();
    //通过 jtable.getValueAt(selRow, 0)的方法获取选中行中的第一列，注意从 0 开始
        IDJTF.setText(jtable.getValueAt(selRow, 0).toString().trim());
        readertypeJCB.setSelectedItem(jtable.getValueAt(selRow, 1).toString().trim());
        readerNameJTF.setText(jtable.getValueAt(selRow, 2).toString().trim());
        ageJTF.setText(jtable.getValueAt(selRow, 3).toString().trim());
        // JRB1 为性别"男"的按钮，JRB2 为性别"女"的按钮。
        if (jtable.getValueAt(selRow, 4).toString().trim().equals("男"))
            JRB1.setSelected(true);
        else
            JRB2.setSelected(true);
        phoneJTF.setText(jtable.getValueAt(selRow, 5).toString().trim());
        deptJTF.setText(jtable.getValueAt(selRow, 6).toString().trim());
        regJTF.setText(jtable.getValueAt(selRow, 7).toString().trim());
    }
}
```

(3) 给事件源注册监听器。

事件源为 jtable，注册监听器的方法为 addMouseListener(new TableListener())，其中，new TableListener()为上面创建的单击表格事件适配器类对象。

```
jtable.addMouseListener(new TableListener());
```

4. 读者信息修改功能实现

选中要修改的读者并将其信息放置到对应的组件中之后,就可以对读者进行修改了,注意读者编号不允许修改,数据更改之后,单击"修改"按钮,将修改的信息更新到读者表中。

(1) 确定事件源、事件、监听器及需要重写的事件处理方法。

① 事件源:"修改"按钮 updateJB。
② 事件:ActionEvent 事件。
③ 监听器:ActionListener。
④ 需要重写的事件处理方法:actionPerformed(ActionEvent e)。

(2) 创建事件监听器类,重写事件处理方法。

根据上面的分析,以内部类的方式创建事件监听器类,重写事件处理方法 actionPerformed(ActionEvent e),实现修改指定编号读者的信息的功能。

"修改"按钮事件监听器类具体代码如下:

```java
class ReaderUpdActionListener implements ActionListener {
    public void actionPerformed(final ActionEvent e) {
        String id = IDJTF.getText().trim();
        String type = (String)readertypeJCB.getSelectedItem();
        String name = readerNameJTF.getText().trim();
        Integer age = Integer.parseInt(ageJTF.getText().trim());
        String sex = "男";
        if (!JRB1.isSelected()) {
            sex = "女";
        }
        String phone = phoneJTF.getText().trim();
        String dept = deptJTF.getText().trim();
        String regdate = regJTF.getText().trim();
        //执行对读者表的修改
        int i = ReaderDao.updateReader(id,type,name,age,sex,phone,dept,regdate);
        System.out.println(i);
        if (i == 1) {
            JOptionPane.showMessageDialog(null, "修改成功");
            Object[][] results = getSelect(ReaderDao.selectReader());
            jtable = new JTable(results, readersearch);
            jscrollPane.setViewportView(jtable);
            jtable.setAutoResizeMode(JTable.AUTO_RESIZE_OFF);
        }
    }
}
```

(3) 给事件源注册监听器。

事件源为 updateJB,注册监听器的方法为 addActionListener(new ReaderUpdActionListener()),其中,new ReaderUpdActionListener()为上面创建的"修改"按钮事件监听器类对象。

```java
updateJB.addActionListener(new ReaderUpdActionListener());
```

5. "关闭"按钮功能实现

单击"关闭"按钮,关闭读者信息查询与修改窗体。具体实现同读者信息添加功能中的"关闭"按钮相似,请读者参考并自行完成。

完整的 ReaderSelectandUpdate.java 程序源码如下(既包含界面又包含功能):

```java
package com.bbm.view;
import java.awt.BorderLayout;
import java.awt.Dimension;
import java.awt.FlowLayout;
import java.awt.GridLayout;
import java.awt.event.ActionEvent;
import java.awt.event.ActionListener;
import java.awt.event.MouseAdapter;
import java.awt.event.MouseEvent;
import java.util.List;
import javax.swing.ButtonGroup;
import javax.swing.JButton;
import javax.swing.JComboBox;
import javax.swing.JFrame;
import javax.swing.JLabel;
import javax.swing.JOptionPane;
import javax.swing.JPanel;
import javax.swing.JRadioButton;
import javax.swing.JScrollPane;
import javax.swing.JTable;
import javax.swing.JTextField;
import javax.swing.SwingConstants;
import javax.swing.border.EmptyBorder;
import com.bbm.db.ReaderDao;
import com.bbm.db.ReaderTypeDao;
import com.bbm.model.Reader;
import com.bbm.model.ReaderType;
public class ReaderSelectandUpdate extends JFrame{
    //序列化,为了保持版本的兼容性,即在版本升级时反序列化仍保持对象的唯一性
    private static final long serialVersionUID = 1L;
    private JPanel selectJP,select_conditionJP,select_resultJP,sexJP,updateJP,buttonJP;
    private ButtonGroup buttonGroup = new ButtonGroup();
    private JLabel IDJL,typeJL,readerNameJL,sexJL,phoneJL,deptJL,ageJL,regJL;
    private JTextField select_conditionJTF,IDJTF,readerNameJTF,phoneJTF,deptJTF,ageJTF,regJTF;
    private JComboBox conditionJCB,readertypeJCB;
    private JScrollPane jscrollPane;
    private DefaultComboBoxModel readertypeModel;
    private JRadioButton JRB1,JRB2;
    private JTable jtable;
    private JButton selectJB,updateJB,closeJB;
    //存放读者信息表格的表头数据
    private String[] readersearch = { "编号", "类型", "姓名","年龄", "性别", "电话", "系部", "注册日期" };
    private Object[][] getSelect(List<Reader> list) {
```

```java
        Object[][] results = new Object[list.size()][readersearch.length];
        for (int i = 0; i < list.size(); i++) {
            Reader reader = list.get(i);
            results[i][0] = reader.getReaderid();
            results[i][1] = reader.getTypename();
            results[i][2] = reader.getName();
            results[i][3] = reader.getAge();
            results[i][4] = reader.getSex();
            results[i][5] = reader.getPhone();
            results[i][6] = reader.getDept();
            results[i][7] = reader.getRegdate();
        }
        return results;
    }
    //构造方法
    public ReaderSelectandUpdate(){
        setBounds(200, 200, 500, 500);
        setTitle("读者信息查询与修改");
        //读者信息查询面板设计
        selectJP = new JPanel();
        selectJP.setLayout(new BorderLayout());
        //查询条件面板
        //查询条件下拉列表框
        select_conditionJP = new JPanel();
        conditionJCB = new JComboBox();
        String[] array = { "读者编号","姓名","类型","系部"};
        for (int i = 0; i < array.length; i++) {
            conditionJCB.addItem(array[i]);
        }
        select_conditionJP.add(conditionJCB);
        //查询条件文本框
        select_conditionJTF = new JTextField();
        select_conditionJTF.setColumns(20);
        select_conditionJP.add(select_conditionJTF);
        //查询条件按钮
        selectJB = new JButton();
        selectJB.setText("查询");
        selectJB.addActionListener(new SelectActionListener());
        select_conditionJP.add(selectJB);
        selectJP.add(select_conditionJP, BorderLayout.NORTH);
        //查询结果面板
        select_resultJP = new JPanel();
        jscrollPane = new JScrollPane();
        jscrollPane.setPreferredSize(new Dimension(400, 200));
        Object[][] results = getSelect(ReaderDao.selectReader());
        jtable = new JTable(results, readersearch);
        jtable.setAutoResizeMode(JTable.AUTO_RESIZE_OFF);
        jtable.addMouseListener(new TableListener());
        jscrollPane.setViewportView(jtable);
        select_resultJP.add(jscrollPane);
        selectJP.add(select_resultJP,BorderLayout.CENTER);
```

```java
//读者信息修改面板设计
updateJP = new JPanel();
updateJP.setBorder(new EmptyBorder(5, 10, 5, 10));
GridLayout gridLayout = new GridLayout(4, 4);
gridLayout.setVgap(10);
gridLayout.setHgap(10);
updateJP.setLayout(gridLayout);
IDJL = new JLabel("编号: ");
IDJL.setHorizontalAlignment(SwingConstants.CENTER);
updateJP.add(IDJL);
IDJTF = new JTextField();
updateJP.add(IDJTF);
readerNameJL = new JLabel("姓名: ");
readerNameJL.setHorizontalAlignment(SwingConstants.CENTER);
updateJP.add(readerNameJL);
readerNameJTF = new JTextField();
updateJP.add(readerNameJTF);
typeJL = new JLabel("类别: ");
typeJL.setHorizontalAlignment(SwingConstants.CENTER);
updateJP.add(typeJL);
//下拉列表
readertypeJCB = new JComboBox();
// 从数据库中取出图书类别
List<ReaderType> list = ReaderTypeDao.selectReaderType();
for (int i = 0; i < list.size(); i++) {
    ReaderType rt = list.get(i);
    readertypeJCB.addItem(rt.getName());
}
updateJP.add(readertypeJCB);
sexJL = new JLabel("性别: ");
sexJL.setHorizontalAlignment(SwingConstants.CENTER);
updateJP.add(sexJL);
sexJP = new JPanel();
final FlowLayout flowLayout = new FlowLayout();
flowLayout.setHgap(0);
flowLayout.setVgap(0);
sexJP.setLayout(flowLayout);
updateJP.add(sexJP);
JRB1 = new JRadioButton();
sexJL.add(JRB1);
JRB1.setSelected(true);
buttonGroup.add(JRB1);
JRB1.setText("男");
JRB2 = new JRadioButton();
sexJL.add(JRB2);
buttonGroup.add(JRB2);
JRB2.setText("女");
ageJL = new JLabel("年龄: ");
ageJL.setHorizontalAlignment(SwingConstants.CENTER);
updateJP.add(ageJL);
ageJTF = new JTextField();
```

```java
        updateJP.add(ageJTF);
        phoneJL = new JLabel("电话：");
        phoneJL.setHorizontalAlignment(SwingConstants.CENTER);
        updateJP.add(phoneJL);
        phoneJTF = new JTextField();
        updateJP.add(phoneJTF);
        deptJL = new JLabel("所在部门：");
        deptJL.setHorizontalAlignment(SwingConstants.CENTER);
        updateJP.add(deptJL);
        deptJTF = new JTextField();
        updateJP.add(deptJTF);
        regJL = new JLabel("注册日期：");
        regJL.setHorizontalAlignment(SwingConstants.CENTER);
        updateJP.add(regJL);
        regJTF = new JTextField();
        updateJP.add(regJTF);
        //按钮面板设计
        buttonJP = new JPanel();
        updateJB = new JButton("修改");
        updateJB.addActionListener(new ReaderUpdActionListener());
        closeJB = new JButton("关闭");
        closeJB.addActionListener(new CloseActionListener());
        buttonJP.add(updateJB);
        buttonJP.add(closeJB);
        this.add(selectJP,BorderLayout.NORTH);
        this.add(updateJP,BorderLayout.CENTER);
        this.add(buttonJP,BorderLayout.SOUTH);
        this.setVisible(true);              //设置窗体显示,否则不显示
        setResizable(false);                //取消最大化
    }
    //按条件查询读者
    class SelectActionListener implements ActionListener{
        public void actionPerformed(ActionEvent arg0) {
            String condition = (String) conditionJCB.getSelectedItem();
            if (condition.equals("读者编号")) {
                Object[][] results = getSelect(ReaderDao.selectReaderById(select_conditionJTF.getText().trim()));
                jtable = new JTable(results, readersearch);
                jscrollPane.setViewportView(jtable);
                jtable.setAutoResizeMode(JTable.AUTO_RESIZE_OFF);
                jtable.addMouseListener(new TableListener());
            } else if (condition.equals("姓名")) {
                Object[][] results = getSelect(ReaderDao.selectReaderByCondition(select_conditionJTF.getText().trim()));
                jtable = new JTable(results, readersearch);
                jscrollPane.setViewportView(jtable);
                jtable.setAutoResizeMode(JTable.AUTO_RESIZE_OFF);
                jtable.addMouseListener(new TableListener());
            }else if (condition.equals("类型")) {
                Object[][] results = getSelect(ReaderDao.selectReaderByType(select_conditionJTF.getText().trim()));
```

```java
                jtable = new JTable(results, readersearch);
                jscrollPane.setViewportView(jtable);
                jtable.setAutoResizeMode(JTable.AUTO_RESIZE_OFF);
                jtable.addMouseListener(new TableListener());
            }else if (condition.equals("系部")) {
                Object[][] results = getSelect(ReaderDao.selectReaderByDept(select_conditionJTF.getText().trim()));
                jtable = new JTable(results, readersearch);
                jscrollPane.setViewportView(jtable);
                jtable.setAutoResizeMode(JTable.AUTO_RESIZE_OFF);
                jtable.addMouseListener(new TableListener());
            }
        }
    }
    //表格事件适配器类
    class TableListener extends MouseAdapter {
        public void mouseClicked(final MouseEvent e) {
            int selRow = jtable.getSelectedRow();
            IDJTF.setText(jtable.getValueAt(selRow, 0).toString().trim());
            readertypeJCB.setSelectedItem(jtable.getValueAt(selRow, 1).toString().trim());
            readerNameJTF.setText(jtable.getValueAt(selRow, 2).toString().trim());
            ageJTF.setText(jtable.getValueAt(selRow, 3).toString().trim());
            if (jtable.getValueAt(selRow, 4).toString().trim().equals("男"))
                JRB1.setSelected(true);
            else
                JRB2.setSelected(true);
            phoneJTF.setText(jtable.getValueAt(selRow, 5).toString().trim());
            deptJTF.setText(jtable.getValueAt(selRow, 6).toString().trim());
            regJTF.setText(jtable.getValueAt(selRow, 7).toString().trim());
        }
    }
    class ReaderUpdActionListener implements ActionListener {
        public void actionPerformed(final ActionEvent e) {
            String id = IDJTF.getText().trim();
            String type = (String)readertypeJCB.getSelectedItem();
            String name = readerNameJTF.getText().trim();
            Integer age = Integer.parseInt(ageJTF.getText().trim());
            String sex = "男";
            if (!JRB1.isSelected()) {
                sex = "女";
            }
            String phone = phoneJTF.getText().trim();
            String dept = deptJTF.getText().trim();
            String regdate = regJTF.getText().trim();
            int i = ReaderDao.updateReader(id,type,name,age,sex,phone,dept,regdate);
            System.out.println(i);
            if (i == 1) {
                JOptionPane.showMessageDialog(null, "修改成功");
                Object[][] results = getSelect(ReaderDao.selectReader());
                //model.setDataVector(results, readersearch);
                //jtable.setModel(model);
```

```
                    jtable = new JTable(results, readersearch);
                    jscrollPane.setViewportView(jtable);
                    jtable.setAutoResizeMode(JTable.AUTO_RESIZE_OFF);
                }
            }
        }
    //"关闭"按钮的事件监听器类
    class CloseActionListener implements ActionListener {
        public void actionPerformed(final ActionEvent e) {
                setVisible(false);
            }
        }
    //主方法
        public static void main(String[] args) {
            new ReaderSelectandUpdate();
        }
}
```

本任务中其他界面功能的实现方法类似,下面仅列出其余功能,具体内容,请读者参照读者信息管理功能的实现过程,独立完成。

7.4.5 任务 5:实现图书信息添加功能

"图书信息添加"窗体如图 7-22 所示。主要实现新增图书的功能,输入图书的基本信息,单击"添加"按钮,对输入的信息进行校验,如果数据满足要求,将数据插入到对应的图书表中;否则,提示相应的出错信息。单击"重置"按钮,清空所有图书的信息,重新输入。单击"关闭"按钮,关闭图书信息添加窗体。

图 7-22 "图书信息添加"对话框

1. "添加"按钮功能实现

单击"添加"按钮时,对用户输入的图书信息进行校验。要求 ISBN、书名、作者、出版社及单价不能为空,且 ISBN 为 10 位。当所有信息填写正确之后,单击"添加"按钮,提示添加成功。同时,将新的图书信息插入到图书表中。

2. "重置"按钮功能实现

单击"重置"按钮,清空所有图书信息,允许用户重新输入。

3. "关闭"按钮功能实现

单击"关闭"按钮，关闭图书信息添加窗体。自行设计实现。

4. 图书编号是否重复校验功能实现

当用户输入图书的 ISBN 后，鼠标移走的时候，要求判断该图书 ISBN 号是否已经存在，如果存在，则提示"添加书号重复！"。

7.4.6 任务 6：实现图书信息查询与修改功能

打开图书查询与修改窗体，可以对图书信息进行查询和修改。如图 7-23 所示图书信息查询界面，默认显示当前系统所有图书信息。也可以实现条件查询，包括按照 ISBN、图书名称、图书类别、作者、出版社进行检索，其中，图书名称、图书类别、作者、出版社可以实现模糊查询。

图 7-23 图书查询界面

1. 显示全部图书信息功能实现

当运行图书查询与修改窗体时，在图书信息查询界面中表格部分直接显示出了系统当前的所有图书的相关信息。

2. 按条件查询指定图书信息功能实现

在下拉列表中对查询条件：ISBN、图书名称、图书类别、作者、出版社，进行选择，然后，单击"查询"按钮，进行检索指定要求的图书信息。其中，图书名称、图书类别、作者、出版社可以实现模糊查询。

3. "退出"按钮功能实现

单击"退出"按钮，关闭图书查询与修改窗体。自行设计实现。

4．根据输入的 ISBN 号检索图书信息

用户在图书信息修改界面中，输入要修改图书的 ISBN 号后回车，则该书的相关信息自动出现在对应的组件中，然后，可以进行修改。

5．读者信息修改功能实现

图 7-24 为图书修改界面，首先输入要修改的图书的 ISBN 号，然后回车，此时，该图书的其余信息将全部显示出来，用户可以修改其中的信息，修改结束，单击"修改"按钮，保存修改后的信息。

图 7-24　图书信息修改界面

6．"关闭"按钮功能实现

单击"关闭"按钮，关闭图书查询与修改窗体。自行设计完成。

7.4.7　任务 7：实现图书借阅管理功能

在图书借阅界面中输入读者的编号，回车，则其对应的读者姓名和类别信息自动生成，同时，该读者的借书情况也显示在中间的表格中，运行效果如图 7-25 所示。在该界面的下半部分，输入该读者要借阅的图书的 ISBN 号，回车，图书的其余信息也都全部显示出来。其中，当前日期为自动生成，是系统的当前时间，操作人员为当前登录系统的管理员名，自动生成。读者和图书的信息确定之后，就可以单击"借阅"按钮，进行借阅操作。

1．读者信息查询功能

输入读者编号之后，回车，读者的姓名、类别及其借书情况，自动出现在相应的组件中。

图 7-25 "图书借阅"界面

2．图书信息查询功能

输入要借阅图书的 ISBN 号，回车，则图书的信息都显示在对应的组件中。

3．"借阅"按钮功能

确定了读者和要借阅的信息之后，单击"借阅"按钮，进行图书借阅，将借阅的信息保存到图书借阅表中。

4．"关闭"按钮功能

单击"关闭"按钮，关闭图书借阅窗体。自行设计完成。

注意：独立运行功能完整的 BookBorrow.java 程序，可能会出现如下错误信息：

```
Exception in thread "main" java.lang.NullPointerException
    at com.bbm.view.BookBorrow.<init>(BookBorrow.java:179)
    at com.bbm.view.BookBorrow.main(BookBorrow.java:264)
```

因为界面中的操作人员的信息是自动生成的，其值为登录系统的用户的用户名，没有先运行登录界面，而直接运行此程序，没有操作人员的用户名，因此出现上面的错误。正确的运行方式是按顺序运行，即：登录界面->图书借阅管理->图书借阅。

7.4.8　任务 8：实现图书归还功能

在图书归还窗体中，输入读者的编号，回车，其对应的读者姓名和类别信息自动生成，同时，该读者的借书情况也显示在中间的表格中，运行效果如图 7-26 所示。单击表格中要归还的图书,界面下半部分的图书信息会自动生成。归还时,还要统计是否有超期现象,如果超期,要根据设置的罚金标准,计算罚金;如果未超期,则在超期天数中显示"没有超过规定天数",对应罚金显示为 0。单击"归还"按钮,出现"归还成功"提示框,单击其中的"确定"按钮,则图 7-26 中读者借阅的该书的信息将不再出现。

图 7-26 "图书归还"界面

1. 读者信息查询功能

同图书借阅管理功能中的读者信息查询功能一样,在此不再赘述。具体代码请读者自行完成。

2. 选择要归还的图书功能

在查询出来的借阅结果中,选择表格中的要归还的某一行图书信息,方法为单击要归还图书所在行的任意一列即可,则该图书的信息自动显示在下面的各图书信息组件中。

事件适配器类具体代码如下。

下面仅列出计算超期天数和罚金的方法:

```
//设置超期天数值
// borrowday 代表借阅时间,returnday 代表归还时间
java.sql.Date borrowday,returnday;
borrowday = java.sql.Date.valueOf(jtable.getValueAt(selRow, 2).toString().trim());
returnday = java.sql.Date.valueOf(returndate.getText().trim());
//计算归还日期减借阅日期所得微秒数
```

```java
Long m_intervalday = returnday.getTime() - borrowday.getTime();
//计算所得的天数
Long borrowtime = m_intervalday / 1000 / 60 / 60 / 24;
List<Reader> list1 = ReaderDao.selectReaderById(readeridJTF.getText().trim());
//limit保存该读者能借阅的天数信息
int limit;
for (int i = 0; i < list1.size(); i++) {
    Reader reader = list1.get(i);
    limit = reader.getLimit();
    if(borrowtime > limit){
        overlimitJTF.setText(String.valueOf(borrowtime));
        //用超期天数乘每天的罚金得到总罚金
        Double zfk = Double.valueOf(borrowtime) * FineSet.fine;
        fineJTF.setText(String.valueOf(zfk));
    } else{
        overlimitJTF.setText("没有超过规定天数");
        fineJTF.setText("0");
    }
}
```

3. 图书归还功能实现

单击"归还"按钮,将指定读者借阅的图书归还。

4. "关闭"按钮功能实现

单击"关闭"按钮,关闭图书归还窗体。与其他的"关闭"按钮功能类似,请读者自行完成。

注意：本程序与前面的图书借阅程序一样都不能独立运行,这里也需要先获取到登录的用户名信息,然后才能运行,因此顺序运行为：登录界面→图书借阅管理→图书归还。

7.4.9 任务9：实现读者类别设置功能

单击"基础信息维护"菜单下的"读者类别设置"子菜单,出现如图 7-27 所示的界面,该界面实现了读者类别的查询、添加、修改、删除操作。打开界面默认显示当前所有读者的类别的信息,也可以针对读者类型进行模糊查询。如果要添加读者类别,在下面的文本框中填入相应的读者类型编号、读者类型名称、可借图书数量、可借图书期限信息,单击"添加"按钮,实现新增读者类别。如果要修改现有读者类别信息,则单击中间表格中的要修改的类型,下面的文本框中会自动生成该读者类型的原有信息,可以修改除读者类型编号之外的其余信息,修改结束,单击"修改"按钮保存即可。要删除某个读者类型,也是选中表格中对应类型,直接单击"删除"按钮就可以将选中的类型删除。

图 7-27 "读者类别管理"界面

1．自动显示所有读者类型信息

当运行读者类别管理界面时，表格中自动显示当前系统中所有的读者类别信息。

2．按读者类型查询

在"读者类型"文本框中输入类型名称，然后，单击"查询"按钮，实现按输入的名称模糊查询的功能。

3．添加读者类型

单击"添加"按钮，将输入的读者类别编号、读者类别名称、可借图书数量及可借图书期限添加到图书类型表中。

4．给表格添加监听器

当单击表格中的某一行的任一列时，则该读者类型信息会自动显示在下面对应的文本框中。

5．修改读者类型

选中表格中要修改的读者类型，即单击表格中的某一行的任一列，则该读者类型信息会自动显示在下面对应的文本框中，然后，可以修改非类型编号的信息，之后单击"修改"按钮，保存更新的信息。

6．删除读者类型

选择表格中要删除的读者类型，然后，单击"删除"按钮进行删除。

7. 退出

单击"退出"按钮,关闭读者类型管理窗体。类似读者信息添加中"关闭"按钮的功能实现。在此不再赘述。

7.4.10 任务10:实现图书类别设置功能

单击"基础信息维护"菜单下的"图书类别设置"子菜单,出现如图7-28所示的界面,该界面需要实现图书类别的查询、添加、修改、删除操作。具体操作与实现同"读者类别设置",此处不再详述。由读者自行完成。

图7-28 "图书类别管理"界面

7.4.11 任务11:实现罚金设置功能

罚金设置功能,按照每天为单位,设置超期罚款单价。程序读者自行设计实现。

7.4.12 任务12:实现修改密码功能

修改密码功能,默认只能修改当前用户的密码,其中,用户名为当前登录系统的管理员,首先输入原密码,再输入新密码,并确认新密码,然后,单击"确认"按钮,实现密码的修改,如图7-29所示。

根据功能的要求,程序需要给"确认"按钮添加事件监听,此时,要校验用户输入的新密码和确认新密码是否一致,如果一致则修改成功;否则,提示出错信息。给"取消"按钮添加事件监听,实现关闭修改密码窗体。

图7-29 "修改密码"界面

其中,判断用户输入的新密码和确认新密码是否一致的代码,如果写成如下的语句:

```
String pwd1 = newpwd1JPF.getPassword().toString().trim();
String pwd2 = newpwd2JPF.getPassword().toString().trim();
```

然后进行如下的判断,用户输入的新密码和确认新密码是否一致,若一致修改,否则,不允许修改。

```
if(pwd1.equals(pwd2)){
    int i = UserDao.updateUserPWD(id,pwd2);
    if (i == 1) {
        JOptionPane.showMessageDialog(null, "修改成功");
        //更新表中数据
        UpdatePWD.this.setVisible(false);
    }
}else{
    JOptionPane.showMessageDialog(null, "新密码与确认密码不一致,请重新输入!");
    newpwd1JPF.setText(null);
    newpwd2JPF.setText(null);
}
```

通过上述的程序修改完密码之后,用修改之后的密码登录,登录不成功,原因是由于新修改的密码通过密码框存到数据库里的是加密之后的密码,并不是修改的真实数据,因此,需要通过以下语句,获取到密码框中的真实文本内容进行存储。

```
String pwd1 = String.valueOf(newpwd1JPF.getPassword());
String pwd2 = String.valueOf(newpwd2JPF.getPassword());
```

再次修改密码,可以正常登录。

运行此程序,同样需要注意的是,由于用户名是需要运行登录界面才能得到的,因此,要按照顺序执行:登录界面→用户管理→修改密码。

7.4.13 任务13:实现用户添加功能

单击"用户管理"菜单下的"用户添加"子菜单,出现如图7-30所示的界面。输入新增的用户名及密码,单击"添加"按钮保存。

根据功能的要求,程序需要给"添加"按钮添加事件监听,实现添加用户的功能;给"取消"按钮添加事件监听,实现关闭添加用户窗体。添加完用户之后,可以用新添加的用户登录。此程序需要读者自行完成,也可据此自行设计与实现。

图7-30 "添加用户"界面

7.4.14 任务14:实现用户删除功能

单击"用户管理"菜单下的"用户删除"子菜单,出现如图7-31所示的界面。该界面默认显示的是当前系统所有的用户信息,如果要删除某一用户,鼠标单击选中该用户,然后单击"删除"按钮,即可将该用户删除。

根据功能的要求,程序需要给"删除"按钮添加事件监听,实现删除用户的功能;给"退

图 7-31 "删除用户"界面

出"按钮添加事件监听,实现关闭删除用户窗体。此程序需要读者自行完成,也可据此自行设计与实现。

7.5 本项目实施过程中可能出现的问题

1. 日期时间值的处理

在 Java 中要处理日期时间型的数据,有以下两个类可以使用。

(1) java.util.Date 是在除了 SQL 语句的情况下使用的。

(2) java.sql.Date 是针对 SQL 语句使用的,它只包含日期而没有时间部分。

它们都有 getTime 方法返回毫秒数,可以直接构建。java.util.Date 是 java.sql.Date 的父类,前者是常用的表示时间的类,通常格式化或者得到当前时间都是用它。它们之间可以互相转换。

1) java.sql.Date 转为 java.util.Date

```
java.sql.Date date = new java.sql.Date();
java.util.Date d = new java.util.Date (date.getTime());
```

2) java.util.Date 转为 java.sql.Date

```
java.util.Date utilDate = new Date();
java.sql.Date sqlDate = new java.sql.Date(utilDate.getTime());
```

2. 文本框与密码框

JTextField 处理的是普通文本域,JPasswordField 处理的是密码文本域。

JTextField 的 getText() 是从 JTextComponent 类中继承而来的,返回 String 类型。当取得值为空值的时候,(equals(""))返回 true。

JPasswordField 的 getText() 已经过期,用 getPassword()代替,返回 char[]数组类型。因为是 char[]类型,其 equals 方法是来自最原始的 Object 类,其相当于"=="(比较两者的地址是否一致,即指向的内存是否相同)。所以永远都不会相等,即当遇到数组类型时,不能用 equals 方法来比较。应该把 char[]类型转化为 String 类型(因为 String 类型的 equals 被

String 类 override 过,表示对比两者的内容是否相等)。

char[]数组转变成 String 类型有以下两种方法。

1) nameTextField.getPassword().toString()

打印出此信息,发现是类似"C@35ce36"的,即不能提取出来真实值,原因是这里调用的还是 Object 的 toString 方法,它的值遵循这个公式:"getClass().getName() + '@' + Integer.toHexString(hashCode())"。所以这个方法不行。

2) String.valueOf(nameTextField.getPassword())

该方法能真实地返回文本框中输入的字符串。此方法用在修改用户密码和添加用户功能中,否则,新的密码不好用,不能登录。

3. 字符串比较

注意：不能用"=="来代替.equals(""),前者表示比较两者地址是否相等,后者表示比较两者内容是否相等。

4. 修改密码等界面运行错误的处理

在独立运行图书借阅、图书归还、修改密码等界面的时候,会出现错误,原因是这些界面中都用到了登录的用户的信息,因此,需要先进行登录,然后,再顺序执行相应的功能。

7.6 后续项目

本项目到此,核心功能已全部完成,读者可以根据以上所学的内容进行功能扩充,比如项目中仅实现了读者和图书的添加、查询和修改,没有实现其删除的功能,根据本章的内容,可以自行完成。

后续要实现图书借阅系统运行进度界面。

子项目 8　图书借阅管理系统运行进度界面设计与实现

8.1　项目任务

实现图书借阅管理系统运行进度界面 Index.java。具体运行效果如图 8-1 所示。

图 8-1　图书借阅系统运行进度界面

8.2　项目的提出

在运行图书借阅管理系统时,为了增强用户体验的效果,在运行的初始,最好能给用户一个运行进度显示提示,因此,本项目运行线程来实现系统的动态运行进度显示。

本章主要针对图书借阅管理系统,实现系统运行进度显示,本项目主要使用进度条和线程完成任务。要求重点掌握线程的相关概念及使用。

8.3 实施项目的预备知识

8.3.1 线程的概念

有些应用程序需要做到"一心二用",一个在前台随时听候用户调遣,另一个在后台完成用户交待的工作。例如,利用浏览器浏览网页时,受速度限制,网页不可能一下子就全部显示出来,对于单线程程序,我们只能耐心地等待网页全部显示出来,然后才能继续控制浏览器。多线程程序:线程一,下载并显示网页;线程二,在前台响应用户的输入,如果用户想翻动页面,线程二会立即做出响应。

多线程是指在单个的程序内可以同时运行多个不同的线程完成不同的任务。利用多线程程序就可以做到这一点,只需要让程序启动两个线程,一个在前台接受用户指令,另一个在后台进行具体工作。如果一个程序中同时启动了两个或更多个线程,则称为多线程程序。

1. 进程

在操作系统的管理中,进程是一个重要的概念。进程是指基于某个数据集合的程序的一次动态运行。进程和程序是一对既有联系又截然不同的概念,程序能保存在计算机系统的辅存上,只要没有人为删除或存储设备损坏就会一直存在且不会变化,而进程只能存在于计算机系统的内存中,是无法永久保存的。进程是程序的一次动态运行,这意味着即便是同一个程序的两次不同的运行,在操作系统内也是以两个不同进程的身份存在的,操作系统对程序的每次运行信息用新建的一个进程控制块(一种数据结构)进行保存。操作系统主要依据进程控制块中的信息进行对进程的管理。

从组成情况来说,进程是程序、数据集合和进程控制块的统一体。

在计算机系统中可同时存在多个进程,进程和进程相互独立,它们各自拥有自己的资源和数据。进程可以并发执行(单处理机)和并行执行(多处理机),操作系统的调度程序负责进程的切换调度。

在只支持进程技术的操作系统中,进程既是处理器调度的基本单位,同时也是资源分配的基本单位。

2. 线程

线程是进程内一个相对独立、可调度的执行单元,使用进程的资源和环境,必须依附于进程而存在。虽然同一进程中的线程能共享进程申请到的系统资源,但每一个线程都拥有一点自己的私有资源(比如程序计数器、本地存储、一组堆栈)。

线程相比于进程具有如下优点。

(1) 线程创建和撤销的系统开销(占用处理器的时间)比进程创建和撤销的开销要少得多。创建线程仅需建立线程控制表相应表目或有关队列。而创建进程要创建进程控制块表和初始化,进入有关进程队列,建立地址空间,分配所需资源等。撤销的情况类似。

(2) 处理器在线程间切换的开销也远比进程间切换的开销小。线程的切换发生在同一地址空间内,只需修改线程控制表或队列。而进程切换涉及地址空间的切换,还需完成其他工作。

(3) 线程比进程通信更加容易。线程共享同一进程的地址空间,通信时不需系统内核参与。进程通信往往要求系统内核参与,以提供通信机制和保护机制。

线程与可执行程序的区别如下。

(1) 线程不是一个完整的可执行程序,它不能自动开始。

(2) 线程在程序中运行,由程序来启动一个线程。

(3) 程序的作用是给线程加上一段创建并启动线程的代码。

8.3.2 线程的创建

1. Runnable 接口和 Thread 类

多线程是指一个程序中可以有多段代码同时运行,那么这些代码写在哪里,如何创建线程对象呢?

在 java.lang 包中定义了 Runnable 接口和 Thread 类,Java 语言用其来实现多线程编程。

Runnable 接口中只定义了一个方法,它的格式为:

public abstract void run()

这个方法要由实现了 Runnable 接口的类实现。Runnable 对象称为可运行对象,一个线程的运行就是执行该对象的 run()方法。

Thread 类实现了 Runnable 接口,因此 Thread 对象也是可运行对象。同时 Thread 类也是线程类,该类的主要方法如表 8-1 所示。

表 8-1 Thread 类的主要方法

方 法 名 称	方 法 说 明
Public Thread()	初始化创建的线程对象
Public Thread(Runnable target)	初始化创建的线程对象,使该对象可执行对象 target 中的 run 方法
Public thread(String name)	初始化创建的线程对象,并设其名字为 name
Public static Thread currentThread()	返回目前正在执行的线程
Public void destroy()	消灭当前线程
Public final String getName()	返回当前线程名称
Public final int getPriority()	返回当前线程优先级
Public final void setPriority(int newPriority)	定义当前线程优先级为 newPriority
Public void interrupt()	中断当前线程
Public void run()	执行当前线程
Public void start()	启动当前线程
Public static void sleep(long millis) throws InterruptedException	当前线程睡眠 millis 毫秒

创建线程一般有以下两种方法。

(1) 通过继承 Thread 类直接创建线程对象。

(2) 通过继承 Runnable 接口间接创建线程对象。

2．创建线程的方法——继承 Thread 类

步骤 1：定义一个类继承 Thread 类。
步骤 2：重新定义 run()方法。
步骤 3：实例化线程对象。
步骤 4：结束线程。当线程类的 run 方法执行完后,线程会自动结束,无须人工干预。

【例 8-1】 以龟兔赛跑的故事,来演示线程的应用。

程序结构说明：

（1）ThreadDemo 类：程序的入口类。其中,main 方法为入口方法,创建并启动两个线程。

（2）RabbitThread 类：兔子线程类。其中,run 方法为模拟兔子跑步的方法。

（3）TortoiseThread 类：乌龟线程类。其中,run 方法为模拟乌龟跑步的方法。

```java
public class ThreadDemo {
 public static void main(String[] args) {
     RabbitThread rabbit = new RabbitThread("兔子");
     TortoiseThread tortoise = new TortoiseThread("乌龟");
     rabbit.start();
     tortoise.start();
 }
}
class RabbitThread extends Thread {
 public double distance;
 public RabbitThread(String str) {
     super(str);
 }
 public void run() {
     distance = 0.0;
     for(int i = 0; i < 10; i++) {
       distance += 10.0;
       System.out.println("兔子跑了" + distance + "米");
       try {
         sleep((long)(Math.random() * 1000));
       } catch (InterruptedException e) { }
     }
     System.out.println("兔子跑到了终点!");
 }
}
class TortoiseThread extends Thread {
 public double distance;
 public TortoiseThread(String str) {
     super(str);
 }
 public void run() {
     distance = 0.0;
     for(int i = 0; i < 10; i++) {
```

```
        distance += 10.0;
        System.out.println("        乌龟跑了" + distance + "米");
        try {
          sleep((long)(Math.random() * 1000));
        } catch (InterruptedException e) {}
      }
      System.out.println("        乌龟跑到了终点!");
    }
  }
```

第一次运行结果：

乌龟跑了 10.0 米
兔子跑了 10.0 米
兔子跑了 20.0 米
兔子跑了 30.0 米
乌龟跑了 20.0 米
兔子跑了 40.0 米
兔子跑了 50.0 米
乌龟跑了 30.0 米
兔子跑了 60.0 米
兔子跑了 70.0 米
乌龟跑了 40.0 米
乌龟跑了 50.0 米
兔子跑了 80.0 米
乌龟跑了 60.0 米
乌龟跑了 70.0 米
乌龟跑了 80.0 米
兔子跑了 90.0 米
乌龟跑了 90.0 米
兔子跑了 100.0 米
乌龟跑了 100.0 米
兔子跑到了终点!
乌龟跑到了终点!

第二次运行结果：

兔子跑了 10.0 米
乌龟跑了 10.0 米
兔子跑了 20.0 米
乌龟跑了 20.0 米
乌龟跑了 30.0 米
兔子跑了 30.0 米
兔子跑了 40.0 米
兔子跑了 50.0 米
乌龟跑了 40.0 米
乌龟跑了 50.0 米
乌龟跑了 60.0 米
兔子跑了 60.0 米
乌龟跑了 70.0 米

乌龟跑了 80.0 米
兔子跑了 70.0 米
乌龟跑了 90.0 米
兔子跑了 80.0 米
兔子跑了 90.0 米
兔子跑了 100.0 米
乌龟跑了 100.0 米
兔子跑到了终点!
乌龟跑到了终点!

运行结果对比:
(1) 程序运行时,主程序中会自动创建一个兔子线程和一个乌龟线程。
(2) 两个线程是先后创建的,但线程的运行过程是独立的。
(3) 对比两次运行结果,虽然两次都是兔子先出发但两次比赛的结果并不相同。这正是因为两个线程是独立运行的结果。

程序说明:
(1) 建立自己的线程类。

线程类继承自 Thread 类。必须覆盖 Thread 类的 run 方法。当主程序运行该线程时,实际上就是运行 run 方法中的代码。run 方法运行完毕以后,线程自动结束。run 方法的作用相当于主程序的 main 方法。

(2) 在主程序中创建线程对象,代码如下:

```
RabbitThread rabbit = new RabbitThread("兔子");
TortoiseThread tortoise = new TortoiseThread("乌龟");
```

构造方法中的参数表示线程名称。在本例中,给 RabbitThread 线程起名叫"兔子",TortoiseThread 线程起名叫"乌龟"。

(3) 启动线程。

通过调用线程对象的 start 方法实现,下面的代码启动了两个线程。

```
rabbit.start();
tortoise.start();
```

(4) 结束线程。

当线程类的 run 方法执行完后,线程会自动结束,无须人工干预。

3. 创建线程的方法二——实现 Runnable 接口

步骤1:定义一个类,实现 Runnable 接口。如:

```
class RunnaleThread implements Runnale { … }
```

步骤2:重新定义 run()方法。

步骤3:实例化线程对象。

```
RunnaleThread rt = new RunnaleThread ();        //创建包含线程实体的 rt 类对象
    Thread thread = new Thread(rt);             //创建线程对象,将线程实体与线程对象关联
```

步骤 4：启动线程。

【例 8-2】

```java
package package7;
public class RunnableDemo {
    public static void main(String[] args) {
        RabbitRunnable rr = new RabbitRunnable ();
        Thread rabbit = new Thread(rr);
        TortoiseRunnable tt = new TortoiseRunnable ();
        Thread tortoise = new Thread(tr);
        rabbit.start();
        tortoise.start();
    }
}
class RabbitRunnable implements Runnable {
    public double distance;
    public void run() {
        distance = 0.0;
        for(int i = 0; i < 10; i++) {
            distance += 10.0;
            System.out.println("兔子跑了" + distance + "米");
            try {
                Thread.sleep((long)(Math.random() * 1000));
            } catch (InterruptedException e) {}
        }
        System.out.println("兔子跑到了终点!");
    }
}
class TortoiseRunnable implements Runnable  {
    public double distance;
    public void run() {
        distance = 0.0;
        for(int i = 0; i < 10; i++) {
            distance += 10.0;
            System.out.println("乌龟跑了" + distance + "米");
            try {
                Thread.sleep((long)(Math.random() * 1000));
            } catch (InterruptedException e) {}
        }
        System.out.println("乌龟跑到了终点!");
    }
}
```

程序运行结果同例 8-1 一样，两个线程仍然是独立运行的，所以，乌龟和兔子最终的比赛结果是随机的。

程序说明：

（1）让普通的类实现 Runnable 接口。

```java
class RabbitRunnable implements Runnable { … }
```

(2) 实现 Runnable 接口的 run 方法。

public void run() { … }

(3) 创建一个普通类的对象。

RabbitRunnable rr = new RabbitRunnable();

(4) 创建一个线程(Thread)对象,在线程对象构造方法的参数中需要给出普通类的对象。

Thread rabbit = new Thread(rr);

(5) 调用线程对象的 start 方法,线程对象会启动线程,并且在该线程中运行普通类的 run 方法。

rabbit.start();

4. 创建线程的两种方法的比较

下面比较两者的特点和应用领域。

(1) 直接继承 Thread 类的线程创建方法,在实例化的线程对象中已包含线程体 run()方法。

(2) 实现 Runnable 接口的线程创建方法,在一个非线程对象中定义线程体 run()方法,而实例化的线程对象要能调用这个线程体就必须与那个非线程对象建立关联。

(3) 直接继承线程 Thread 类。该方法编写简单,可以直接操作线程,适用于单重继承情况,因而不能再继承其他类。

(4) 实现 Runnable 接口。当一个线程已继承了另一个类时,就只能用实现 Runnable 接口的方法来创建线程。

【例 8-3】 利用线程动态显示当前时间。

```
package package7;
import java.awt.*;
import java.util.*;
import javax.swing.*;
import java.text.DateFormat;
public class ClockDemo extends JFrame{
  private Thread clockThread = null;
  private ClockJPanel cjp = new ClockJPanel();
  public ClockDemo(){
      setSize(240,100);
      clockThread = new Thread(cjp,"Clock");
      clockThread.start();
      add(cjp);
      setVisible(true);
  }
  public static void main(String[] args) {
      new  ClockDemo();
  }
```

```
        }
    class ClockJPanel extends JPanel implements Runnable{
        public void paint (Graphics g) {
            super.paint (g);
            Calendar cal = Calendar.getInstance();
            Date date = cal.getTime();
            DateFormat dateFormatter = DateFormat.getTimeInstance();
            g.setColor(Color.BLUE);
            g.setFont(new Font("TimesNewRoman",Font.BOLD,36));
            g.drawString(dateFormatter.format(date), 50, 50);
        }
        public void run() {
            //每隔一秒,更新显示时间
            while (true) {
                repaint();
                try {
                    Thread.sleep(1000);
                } catch (InterruptedException e){ }
            }
        }
    }
```

程序运行结果如图 8-2 所示。

图 8-2　例 8-3 运行结果

显示的时间随着系统时间的更新而更新。例题中定义了 ClockJPanel 类,该类主要用于动态生成系统时间,使用线程实现。其中,paintComponent()方法,方法参数为 Graphics 类对象。Java 提供了 Graphics 类用于绘图和显示格式化文字的工具。绘图必须在一个容器中进行,因此 ClockJPanel 类继承了 JPanel,所以,要在此创建线程只能采用实现 Runnable 接口的方式。本例中使用到的 Graphics 类的方法如下。

setColor(Color c):将此图形上下文的当前颜色设置为指定颜色。

setFont(Font font):将此图形上下文的字体设置为指定字体。

drawString(AttributedCharacterIterator iterator, int x, int y):依据 TextAttribute 类的规范应用指定迭代器的属性,呈现迭代器的文本。最左侧字符的基线位于此图形上下文坐标系的位置。

例题中,repaint()是 Component 类的方法,用于重绘组件,用其来更新显示时间。

8.3.3　线程的状态及调度

1. 线程的生命周期

线程的运行是一个动态的过程,也是一次线程从产生、运行到消亡的过程,可以形象地称这个过程为线程的生命周期。线程从创建、运行到结束总是处于下面 5 个状态之一:创建状态、就绪状态、运行状态、等待状态及死亡状态,如图 8-3 所示。通过对线程的控制与调度可使线程在这些状态间转化。

图 8-3　线程生命周期状态图

2. 线程状态

在任一时刻，一个线程对象一定会处于一种状态。在线程的生命周期中，线程会在以下几种状态中发生转换。

1) 创建状态

该状态是使用 new 运算符创建了的线程对象所处的状态。这种状态下，线程对象仅在内存中存在，但没有被分配运行所需的资源。当线程处于该状态时，仅能启动线程，调用任何其他方法都是无意义的且会引发 IllegalThreadStateException 异常（实际上，当调用线程的状态所不允许的任何方法时，运行时系统都会引发 IllegalThreadStateException 异常）。

2) 就绪状态

一个新创建的线程并不自动开始运行，要执行线程，必须调用线程的 start() 方法。当线程对象调用 start() 方法时即启动了线程，当 start() 方法返回后，线程就处于就绪状态。这种状态下，线程对象被分配了除处理器之外的所有资源，只等待调度获得处理器控制权就可运行 run()。在单 CPU 的计算机系统中，不可能同时运行多个线程，一个时刻仅有一个线程处于运行状态。因此此时可能有多个线程处于就绪状态。对多个处于就绪状态的线程是由 Java 运行时系统的线程调度程序来调度的。

3) 运行状态

当线程获得 CPU 时间后，它才真正开始执行 run() 方法，此时线程对象所处的状态即为运行状态。这种状态下，线程对象获得了处理器的控制权，处理器执行线程体中的语句。在单处理器系统中，任一时刻，只有一个线程处于这种状态，而在多处理器系统中，能处于运行状态的线程数最多与系统内处理器数相同。

4) 等待状态

等待状态又称为阻塞状态，是处于运行状态的线程由于需要等待某种资源或条件而不得不暂停运行所进入的状态。这种状态下，线程对象暂时让出 CPU，暂停运行，直到所需资源或条件得到满足后才转入就绪状态。

等待状态的形成原因有如下几种情况。

① 线程的 sleep 方法被调用。
② 线程的 suspend 方法被调用。
③ 线程的 wait 方法执行等待一个条件变量。
④ 线程因输入输出被阻塞。

对于每一种进入等待状态的入口，都有一条相应的退出方法使线程返回就绪状态，而且每个退出方法只对相应的入口有效。

以上原因对应的退出方法分别如下。

（1）经过指定数目的毫秒时间即自动可返回可运行状态。

（2）调用 resume 方法恢复被挂起的线程。

（3）wait()执行后的等待需调用 notify 或 notifyAll 来放弃。

（4）因输入输出被阻塞的线程只有当输入输出完成后才能返回。

例如，线程调用 sleep 方法后，进入休眠状态，当休眠时间到后，线程自动转入就绪状态，然后等待处理器调度后进入运行状态。

5) 死亡状态

死亡状态是线程结束时线程对象所处的状态。这种状态下，垃圾收集器将该线程对象删除，系统收回线程占用的资源。

导致线程死亡有两个原因：自然死亡和意外终止。

自然死亡指线程的正常退出。当 run() 方法结束后，线程就自然死亡了；当进程因故停止运行，系统终止该进程中的所有线程，则线程被意外终止。如正在运行的进程遇到暂时断电，则这个进程中所有的线程将全部死亡。

8.3.4 线程调度与优先级

1. 线程调度

线程调度的意义在于合理分配处理器资源给多个处于就绪状态的线程，使这些线程都能有机会运行，避免因多个线程争用有限资源而导致应用系统死机或者崩溃。线程调度由线程调度管理器负责，线程调度管理器负责依据线程调度算法对处于就绪状态的线程进行排队，并实现处理器在线程间的分配。当处理器空闲时，线程调度管理器会选中就绪队列中队首的线程，该线程获得处理器控制权而进入运行状态。

为了控制线程的运行策略，Java 定义了线程调度器来监控系统中处于就绪状态的所有线程。线程调度器按照线程的优先级决定哪个线程投入处理器运行。在多个线程处于就绪状态的条件下，具有高优先级的线程会在低优先级线程之前得到执行。线程调度器同样采用"抢占式"策略来调度线程执行，即当前线程执行过程中有较高优先级的线程进入就绪状态，则高优先级的线程立即被调度执行。具有相同优先级的所有线程采用轮转的方式来共同分配 CPU 时间片。

2. 线程优先级

为了将系统线程和用户线程进行区分，Java 定义了线程的优先级策略。优先级用于表示一个线程是否优先于其他线程运行的权利。Java 将线程的优先级分为 10 个等级，分别用 1~10 之间的数字表示，数字越大表明线程的级别越高。在 Thread 类中，成员变量 MIN_PRIORITY、MAX_PRIORITY 和 NORMAL_PRIORITY 分别表示线程最低、最高和普通优先级，用数字表示分别为 1、10 和 5。当一个线程对象被创建时默认为普通优先级，其线程优先级是 5。

在 Java 中最低优先级的线程是一个名为守护(Daemon)的线程，这是一个特殊的线程，主要为系统中的其他对象和线程提供服务。这种类型的线程可以用一个用户线程转化而来。典型的守护线程例子是垃圾收集器线程，它始终在低级别的状态中运行，用于实时监控和管理系统中的可回收资源。

线程的优先级通常根据线程功能的性质来分配。例如，如果线程的大部分时间用于等待输入并且任务会很快完成，那么一般会分配较高的优先级。相反，执行某些无关紧要的后台任务的线程（特别是那些需要长时间运行的线程）就应该分配较低优先级。例如，编写本书所用的文字处理程序在用户不显式要求对文档进行拼写检查时，使用低优先级线程进行自动拼写检查。

线程的优先级可以在程序运行过程中设置。可以用 setPriority 方法改变线程的优先级从而可以让线程优先被调度运行，可以调用 getPriority 方法获取线程的优先级从而了解线程被调度的先后情况。

在 Java 中，线程的优先级通过线程对象的 setPriority 方法设置。

```java
// 将线程设为最低优先级
thread1.setPriority(Thread.MIN_PRIORITY);
// 将线程设为最高优先级
thread1.setPriority(Thread.NORM_PRIORITY);
// 设为普通优先级(默认值)
thread1.setPriority(Thread.MAX_PRIORITY);
// 设优先级为 3
thread1.setPriority(3);
```

【例 8-4】 龟兔赛跑例子中，将兔子线程的优先级设为最低，乌龟线程的优先级设为最高。

```java
rabbit.setPriority(Thread.MIN_PRIORITY)
tortoise.setPriority(Thread.MAX_PRIORITY);
为了充分演示优先级的作用，将两个线程类的休眠时间设为 0: sleep(0);
public class ThreadDemo1 {
  public static void main(String[] args) {
      RabbitThread1 rabbit = new RabbitThread1("兔子");
      TortoiseThread1 tortoise = new TortoiseThread1("乌龟");
      rabbit.setPriority(Thread.MIN_PRIORITY);
      tortoise.setPriority(Thread.MAX_PRIORITY);
      rabbit.start();
      tortoise.start();
  }
}
class RabbitThread1 extends Thread {
  public double distance;
  public RabbitThread1(String str) {
      super(str);
  }
  public void run() {
      distance = 0.0;
      for(int i = 0; i < 10; i++) {
        distance += 10.0;
        System.out.println("兔子跑了" + distance + "米");
        try {
```

```java
            sleep(0);
        } catch (InterruptedException e) {}
    }
    System.out.println("兔子跑到了终点!");
  }
}
class TortoiseThread1 extends Thread {
  public double distance;
  public TortoiseThread1(String str) {
    super(str);
  }
  public void run() {
    distance = 0.0;
    for(int i = 0; i < 10; i++) {
      distance += 10.0;
      System.out.println("                    乌龟跑了" + distance + "米");
      try {
        sleep(0);
      } catch (InterruptedException e) {}
    }
    System.out.println("                    乌龟跑到了终点!");
  }
}
```

程序运行结果如下：

乌龟跑了 10.0 米
乌龟跑了 20.0 米
乌龟跑了 30.0 米
乌龟跑了 40.0 米
乌龟跑了 50.0 米
乌龟跑了 60.0 米
乌龟跑了 70.0 米
乌龟跑了 80.0 米
乌龟跑了 90.0 米
乌龟跑了 100.0 米
乌龟跑到了终点!
兔子跑了 10.0 米
兔子跑了 20.0 米
兔子跑了 30.0 米
兔子跑了 40.0 米
兔子跑了 50.0 米
兔子跑了 60.0 米
兔子跑了 70.0 米
兔子跑了 80.0 米
兔子跑了 90.0 米
兔子跑了 100.0 米
兔子跑到了终点!

虽然兔子线程先启动，但乌龟线程具有更高的优先级，因此后者立即抢断了前者的执行，直到乌龟线程全部执行完后，才轮到兔子线程的执行。

8.3.5 线程的同步

1. 线程同步的概念

前面所提到的线程都是独立的，而且异步执行，也就是说每个线程都包含运行时所需要的数据或方法，而不需要外部的资源或方法，也不必关心其他线程的状态或行为。但是经常有一些同时运行的线程需要共享数据，此时就需考虑其他线程的状态和行为，否则就不能保证程序运行结果的正确性。这就涉及线程的同步与资源共享的问题。

下面的例子说明，多个线程共享资源，如果不加以控制可能会产生冲突。

【例 8-5】 银行账户的存取款线程设计。

本例设计 4 个类，银行账户类 Account1、存款线程类 Save1、取款线程类 Fetch1 和银行账户应用类 AccountApplication1。

```java
package package7;
public class AccountApplication1{
    public static void main(String[] args) {
        Account1 a1 = new Account1();
        (new Save1(a1,100)).start();
        (new Save1(a1,200)).start();
        (new Fetch1(a1,500)).start();
    }
}
class Account1
{
    private int value;
    void put(int i)                        //欲存入金额 i
    {
        value = value + i;                 //存入时,value 值增加
    }
    int get(int i)                         //欲取金额 i,返回实际取到金额
    {
        if (value > i)
            value = value - i;             //取走时,value 值减少
        else                               //账户金额不够所取时
        {
            i = value;
            value = 0;                     //取走全部所余金额
        }
        return i;
    }
    int howmatch()                         //查看账户上现有金额
    {
        return value;
    }
}
class Save1 extends Thread                 //存款线程
{
```

```java
    private Account1 a1;
    private int amount;
    public Save1(Account1 a1,int amount)
    {
        this.a1 = a1;
        this.amount = amount;
    }
    public void run()
    {
        int k = a1.howmatch();
        try
        {
            sleep(1);                               //花费时间
        }
        catch(InterruptedException e)
        {
            System.out.println(e);
        }
        a1.put(amount);
        System.out.println("现有"+k+", 存入"+amount+", 余额"+a1.howmatch());
    }
}
class Fetch1 extends Thread                         //取款线程
{
    private Account1 a1;
    private int amount;
    public Fetch1(Account1 a1,int amount)
    {
        this.a1 = a1 ;
        this.amount = amount;
    }
    public void run()
    {
        int k = a1.howmatch();
        try
        {
            sleep(1);                               //花费时间
        }
        catch(InterruptedException e)
        {
            System.out.println(e);
        }
System.out.println("现有"+k+", 取走"+a1.get(amount)+", 余额"+a1.howmatch());
    }
}
```

程序运行结果如下：

现有 0, 存入 100, 余额 100
现有 0, 存入 200, 余额 300
现有 0, 取走 300, 余额 0

上述程序的运行结果明显不对,原因就是,两个线程类在访问同一个账户对象,而又没有对账户实现互斥访问。

2.线程同步的实现

上述程序的运行结果说明了多个线程访问同一个对象出现了冲突。为了保证运行结果正确,可以使用 Java 语言的 synchronized 关键字,用该关键字修饰方法。用 synchronized 关键字修饰的方法称为同步方法,表明在任何时刻该方法只能被一个线程执行。Java 平台为每个具有 synchronized 代码段的对象关联一个对象锁,这样任何线程在访问对象的同步方法时,首先必须获得对象锁,然后才能进入 synchronized 方法,这时其他线程就不能再同时访问该对象的同步方法了(包括其他的同步方法)。

Synchronized 关键字有以下两种用法。

1) 锁定一个方法

同步方法声明格式如下:

```
synchronized <方法返回值类型> <方法名>()
{
<方法体>
}
```

当一个线程调用一个同步方法时,它首先判断该方法上的锁是否锁定,如果未锁,则执行该方法,同时给这个方法上锁,以便以独占方法运行方法体,运行完后给这个方法释放锁。如果方法被锁定,则该线程必须等待,直至方法锁被占用线程释放。

2) 锁定一段代码

synchronized 修饰的一段代码称为一个临界区,表明任何时刻只能有一个线程获得特定资源的锁。其声明格式如下:

```
synchronized(<对象名>)
{
        <语句块>
}
```

当一个线程要执行这段代码时,它只有获取特定对象的锁才能执行。在特定对象锁未释放的情况下,线程必须等待。

注意:这种锁定方式是针对某个特定对象而言的。如果两个线程对不同的对象进行并发操作,则它们可以同时进入临界区,因为此时任何一个对象的锁定对另外的线程都不会产生影响。

【例 8-6】 带锁定的存取款线程设计。

```
package package7;
public class AccountApplication2{
    public static void main(String[] args) {
        Account2 a2 = new Account2();
        (new Save2(a2,100)).start();
        (new Save2(a2,200)).start();
        (new Fetch2(a2,500)).start();
```

```java
        }
    }
    class Account2
    {
        private int value;
        void put(int i)                            //欲存入金额 i
        {
            value = value + i;                     //存入时,value 值增加
        }
        int get(int i)                             //欲取金额 i,返回实际取到金额
        {
            if (value > i)
                value = value - i;                 //取走时,value 值减少
            else                                   //账户金额不够所取时
            {
                i = value;
                value = 0;                         //取走全部所余金额
            }
            return i;
        }
        int howmatch()
        {
            return value;                          //查看账户上现有金额
        }
    }
    class Save2 extends Thread                     //存款线程
    {
        private Account2 a2;
        private int amount;
        public Save2(Account2 a2,int amount)
        {
            this.a2 = a2;
            this.amount = amount;
        }
        public void run()
        {
            //互斥访问对象 a2
synchronized(a2){
            int k = a2.howmatch();
            try
            {
                sleep(1);                          //花费时间
            }
            catch(InterruptedException e)
            {
                System.out.println(e);
            }
            a2.put(amount);
            System.out.println("现有" + k + ", 存入" + amount +
    ", 余额" + a2.howmatch());
        }
```

```
        }
}
class Fetch2 extends Thread                    //取款线程
{
    private Account2 a2;
    private int amount;
    public Fetch2(Account2 a2,int amount)
    {
        this.a2 = a2 ;
        this.amount = amount;
    }
    public void run()
    {
        //互斥访问对象 a2
    synchronized(a2){
        int k = a2.howmatch();
            try
            {
                sleep(1);                       //花费时间
            }
            catch(InterruptedException e)
            {
                System.out.println(e);
            }
            System.out.println("现有" + k + ", 取走" + a2.get(amount) +
", 余额" + a2.howmatch());
        }
    }
}
```

程序运行结果：

现有 0, 存入 100, 余额 100
现有 100, 存入 200, 余额 300
现有 300, 取走 300, 余额 0

8.4 项目实施

图书借阅系统在登录界面之前,会先运行进度页面如图 8-4 所示。在进度页面中,要显示进度条和相关的进度比例的数值。

实现代码如下。

```
/*
 * 功能：实现闪屏界面
 * 日期：2014.7.11
 */
package com.bbm.view;
import java.awt.*;
import javax.swing.*;
```

```java
public class Index extends JWindow implements Runnable{
    //定义与进度条相关的组件
    JProgressBar jpb;                              //定义进度条
    JLabel jl1;                                    //用于在窗体的上方放一张图片,下方是进度条
    int width,height;                              //用于获取显示屏分辨率大小
    public static void main(String []args){
        Index index = new Index();
        //创建 index 线程
        Thread t = new Thread(index);
        //启动线程
        t.start();
    }
    //构造方法
    public Index()
    {
        //创建标签,并在标签上放置一张图片
        jl1 = new JLabel(new ImageIcon("img/library.jpg"));
        //创建进度条
        jpb = new JProgressBar();
        //设置进度条属性
        jpb.setStringPainted(true);                //显示当前进度值信息
        jpb.setIndeterminate(false);               //确定进度条执行完成后不来回滚动
        jpb.setBorderPainted(false);               //设置进度条边框不显示
        jpb.setBackground(Color.darkGray);         //设置进度条的背景色
        //添加组件
        this.add(jl1,BorderLayout.NORTH);
        this.add(jpb,BorderLayout.SOUTH);
        //设置窗体属性
        this.setSize(725,337);
        //设置窗体显示的位置
        width = Toolkit.getDefaultToolkit().getScreenSize().width;
        height = Toolkit.getDefaultToolkit().getScreenSize().height;
        this.setLocation(width/2 - 400,height/2 - 150);
        //设置窗口显示
        this.setVisible(true);
    }
    //进度条线程的 run 方法,用于设置线程的属性
    public void run() {
    //定义一个数组,存放进度条显示时需要的数据
        int[]progressValue = {0,1,5,8,14,17,26,35,38,43,49,56,65,71,75,78,86,94,98,99,100};
        for(int i = 0;i < progressValue.length;i++)
        {
            try {
                //休眠 1 秒,再执行
                Thread.sleep(1000);
            } catch (InterruptedException e) {
                e.printStackTrace();
            }
            jpb.setValue(progressValue[i]);        //取得数组中的进度值
        }
```

```
            //当进度完成后,执行相应的操作,如切换到其他的窗口,同时关闭进度条窗口等
                new Login();
                //关闭进度条窗口
                this.dispose();
            }
        }
```

图 8-4　图书借阅系统运行界面

8.5　本项目实施过程中可能出现的问题

该项目在执行过程中,重点是线程的使用,本项目中需要注意的问题如下。

1. JWindow 的使用

以往的程序主要使用 JFrame,而本文件中使用的是 JWindow。由于 JWindow 是一个容器,可以显示在用户桌面上的任何位置。它没有标题栏、窗口管理按钮或者其他与 JFrame 关联的修饰。此处,只是显示系统运行的进度,因此,不需要标题栏、窗口管理按钮等,所以选用 JWindow。

2. 创建线程的方法

由于本程序需要继承 JWindow 类,因此,创建线程需要通过实现 Runnable 接口。

3. 进度显示数据的处理

进度显示数据,定义在一个数组中,利用线程来动态逐一显示。

8.6　项目总结

到此为止,整个项目主体功能全部实现。后续可以考虑继续完善此项目,建议完善的内容如下。

(1) 针对不同的用户提供不同的功能,实现分权限管理,建议分为读者、操作员及管理员。读者可以查询个人基本信息和借阅图书信息;操作员主要负责图书的借阅与归还;管理员负责图书管理、读者管理、基础信息维护及用户管理。

(2) 本项目没有考虑图书馆中一本书存有多本的情况(即一个 ISBN 号的图书一次购进多本),如果有多本,需要实现每借出一本,图书的数量减 1;每还一本,图书的数量加 1;同时,在借书的时候,需要先判断库存图书的数量是否为 0,如果为 0,则不可以借阅。

读者也可以根据真实的需要,进行重新设计与实现。

参 考 文 献

［1］ 匡泰,王岩.Java 面向对象程序设计与应用开发教程[M].大连：大连理工大学出版社,2011.
［2］ 梁爽.SQL Server 2008 数据库应用技术(项目教学版)[M].北京：清华大学出版社,2013.
［3］ 杨玥.C#程序设计[M].北京：清华大学出版社,2013.
［4］ 百度知道,http://zhidao.baidu.com.
［5］ CSDN,http://www.csdn.net.